U0295586

大飞机出版工程　总主编／顾诵芬

民机先进航电系统及应用系列

主编／冯培德　执行主编／金德琨

民用飞机无线电通信导航监视系统

Radio Communication Navigation and Surveillance System for Civil Aircraft

王勇　刘天华　罗斌　等／编著

上海交通大学出版社
SHANGHAI JIAO TONG UNIVERSITY PRESS

内容提要

本书主要介绍了民用飞机无线电通信导航监视(CNS)系统的基本概念、发展历程、系统设计和集成技术等内容;详细阐述了民用飞机通信、无线电导航、监视各系统的工作原理、系统典型架构和所需相关机载设备;根据 ICAO 和各国的发展规划,讲述了 CNS 系统发展趋势;同时依据技术发展方向和需求,讲述了民用飞机无线电通信导航监视系统的关键技术。本书针对民用飞机无线电通信导航监视系统,具有覆盖面广、针对性强等特点,因此,可作为民用航空电子通信、导航、监视领域相关专业的教学指导用书,也可以为从事民用航空电子系统研究、开发、生产及管理的人员提供参考。

图书在版编目(CIP)数据

民用飞机无线电通信导航监视系统/王勇等编著. —上海:上海交通大学出
版社,2019(2020 重印)
大飞机出版工程
ISBN 978 - 7 - 313 - 22772 - 0

Ⅰ.①民… Ⅱ.①王… Ⅲ.①民用飞机−无线电通信−环境监测系统②民
用飞机−无线电导航系统−环境监测系统 Ⅳ.①V243.1②V249.32

中国版本图书馆 CIP 数据核字(2020)第 003705 号

民用飞机无线电通信导航监视系统
MINYONG FEIJI WUXIANDIAN TONGXIN DAOHANG JIANSHI XITONG

编 著 者:王 勇 刘天华 罗 斌 等
出版发行:上海交通大学出版社   地 址:上海市番禺路 951 号
邮政编码:200030   电 话:021 - 64071208
印 制:上海盛通时代印刷有限公司   经 销:全国新华书店
开 本:710mm×1000mm 1/16   印 张:28
字 数:379 千字
版 次:2020 年 11 月第 1 版   印 次:2020 年 11 月第 2 次印刷
书 号:ISBN 978 - 7 - 313 - 22772 - 0
定 价:275.00 元

版权所有 侵权必究
告读者:如发现本书有印装质量问题请与印刷厂质量科联系
联系电话:021 - 37910000

大飞机出版工程
丛书编委会

总 主 编　顾诵芬（航空工业集团公司科技委原副主任、中国科学院和中国工程院院士）

副总主编　贺东风（中国商用飞机有限责任公司董事长）

　　　　　林忠钦（上海交通大学校长、中国工程院院士）

编 委 会　王礼恒（中国航天科技集团公司科技委主任、中国工程院院士）

　　　　　王宗光（上海交通大学原党委书记、教授）

　　　　　刘　洪（上海交通大学航空航天学院原副院长、教授）

　　　　　任　和（中国商飞上海飞机客户服务公司副总工程师、教授）

　　　　　李　明（航空工业集团沈阳飞机设计研究所科技委委员、中国工程院院士）

　　　　　吴光辉（中国商用飞机有限责任公司副总经理、总设计师、中国工程院院士）

　　　　　汪　海（上海交通大学航空航天学院研究员）

　　　　　张卫红（西北工业大学副校长、教授）

　　　　　张新国（中国航空工业集团原副总经理、研究员）

　　　　　陈迎春（中国商用飞机有限责任公司 CR929 飞机总设计师、研究员）

　　　　　陈宗基（北京航空航天大学自动化科学与电气工程学院教授）

　　　　　陈　勇（中国商用飞机有限责任公司工程总师、ARJ21 飞机总设计师、研究员）

　　　　　陈懋章（北京航空航天大学能源与动力工程学院教授、中国工程院院士）

　　　　　金德琨（航空工业集团公司原科技委委员、研究员）

　　　　　赵越让（中国商用飞机有限责任公司总经理、研究员）

　　　　　姜丽萍（中国商用飞机有限责任公司制造总师、研究员）

　　　　　曹春晓（航空工业集团北京航空材料研究院研究员、中国工程院院士）

　　　　　敬忠良（上海交通大学航空航天学院原常务副院长、教授）

　　　　　傅　山（上海交通大学电子信息与电气工程学院研究员）

民机先进航电系统及应用系列

编委会

主　　编　冯培德(中国航空工业集团公司科技委副主任、中国工程院院士)

执行主编　金德琨(中国航空工业集团公司科技委委员、研究员)

编　　委　(按姓氏笔画排序)

王国庆(中国航空工业无线电电子研究所原所长、研究员，上海交通大学教授)

王金岩(中国航空工业无线电电子研究所所长、研究员)

牛文生(中国航空工业西安航空计算技术研究所党委书记、研究员)

成　伟(民航东北地区管理局审定处原副处长、研究员)

肖　刚(上海交通大学航空航天学院副院长、教授)

吴建民(中国航空工业无线电电子研究所副总工程师、研究员)

陈骊醒(中国航空工业西安飞机工业(集团)有限责任公司副总经理)

周贵荣(中国商用飞机有限责任公司副总设计师、研究员)

赵清洲(陕西千山航空电子有限责任公司党委书记、董事长、研究员)

徐　明(中国航空综合技术研究所总工程师、研究员)

敬忠良(上海交通大学航空航天学院原常务副院长、教授)

蒋　欣(中国商飞北京民用飞机技术研究中心副主任、研究员)

程宇峰(中国航空工业集团公司雷华电子技术研究所所长、研究员)

曾　利(中国电子科技集团副总工程师、研究员)

总序

国务院在 2007 年 2 月底批准了大型飞机研制重大科技专项正式立项,得到全国上下各方面的关注。"大型飞机"工程项目作为创新型国家的标志工程重新燃起我们国家和人民共同承载着"航空报国梦"的巨大热情。对于所有从事航空事业的工作者,这是历史赋予的使命和挑战。

1903 年 12 月 17 日,美国莱特兄弟制作的世界第一架有动力、可操纵、重于空气的载人飞行器试飞成功,标志着人类飞行的梦想变成了现实。飞机作为 20 世纪最重大的科技成果之一,是人类科技创新能力与工业化生产形式相结合的产物,也是现代科学技术的集大成者。军事和民生对飞机的需求促进了飞机迅速而不间断的发展,体现和应用了当代科学技术的最新成果;而航空领域的持续探索和不断创新为诸多学科的发展和相关技术的突破提供了强劲动力。航空工业已经成为知识密集、技术密集、高附加值、低消耗的产业。从大型飞机工程项目开始论证到确定为《国家中长期科学和技术发展规划纲要》的十六个重大专项之一,直至立项通过,不仅使全国上下重视起我国自主航空事业,而且使我们的人民、政府理解了我国航空事业半个世纪发展的艰辛和成绩。大型飞机重大专项正式立项和启动使我们的民用航空进入新纪元。经过 50 多年的风雨历程,当今中国的航空工业已经步入了科学、理性的发展轨道。大型客机项目其产业链长、辐射面宽、对国家综合实力带动性强,在国民经济发展和科学技术进步中发挥着重要作用,我国的航空工业迎来了新的发展机遇。

大型飞机的研制承载着中国几代航空人的梦想,在 2016 年造出与波音 737 和空客 A320 改进型一样先进的"国产大飞机"已经成为每个航空人心中奋斗的目标。然而,大型飞机覆盖了机械、电子、材料、冶金、仪器仪表、化工等几乎所有工业门类,集成了数学、空气动力学、材料学、人机工程学、自动控制学等多种学科，是一个复杂的科技创新系统。为了迎接新形势下理论、技术和工程等方面的严峻挑战，迫切需要引入、借鉴国外的优秀出版物和数据资料，总结和巩固我们的经验和成果，编著一套以"大飞机"为主题的丛书，借以推动服务"大型飞机"作为推动服务整个航空科学的切入点，同时对于促进我国航空事业的发展和加快航空紧缺人才的培养，具有十分重要的现实意义和深远的历史意义。

2008年5月，中国商用飞机有限责任公司成立之初，上海交通大学出版社就开始酝酿"大飞机出版工程"，这是一项非常适合"大飞机"研制工作时宜的事业。新中国第一位飞机设计宗师——徐舜寿同志在领导我们研制中国第一架喷气式歼击教练机——歼教1时，亲自撰写了《飞机性能捷算法》，及时编译了第一部《英汉航空工程名词字典》，翻译出版了《飞机构造学》和《飞机强度学》，从理论上保证了我们的飞机研制工作。我本人作为航空事业发展50年的见证人，欣然接受了上海交通大学出版社的邀请担任该丛书的主编，希望为我国的"大型飞机"研制发展出一份力。出版社同时也邀请了王礼恒院士、金德琨研究员、吴光辉总设计师、陈迎春总设计师等航空领域专家撰写专著、精选书目，承担翻译、审校等工作，以确保这套"大飞机"丛书具有高品质和重大的社会价值，为我国的大飞机研制以及学科发展提供参考和智力支持。

编著这套丛书，一是总结整理50多年来航空科学技术的重要成果及宝贵经验；二是优化航空专业技术教材体系，为飞机设计技术人员培养提供一套系统、全面的教科书，满足人才培养对教材的迫切需求；三是为大飞机研制提供有力的技术保障；四是将许多专家、教授、学者广博的学识见解和丰富的实践经验总结继承下来，旨在从系统性、完整性和实用性角度出发，把丰富的实践经验进一步理论化、科学化，形成具有我国特色的"大飞机"理论与实践相结合的知识体系。

"大飞机"丛书主要涵盖了总体气动、航空发动机、结构强度、航电、制造等专业方向，知识领域覆盖我国国产大飞机的关键技术。图书类别分为译著、专著、教材、工具书等几个模块；其内容既包括领域内专家最先进的理论方法和技术成果，也包括来自飞机设计第一线的理论和实践成果。如：2009年出版的荷兰原福克飞机公司总师撰写的 Aerodynamic Design of Transport Aircraft（《运输类飞机的空气动力设计》），由美国堪萨斯大学 2008 年出版的 Aircraft Propulsion（《飞机推进》）等国外最新科技的结晶；国内《民用飞机总体设计》等总体阐述之作和《涡量动力学》《民用飞机气动设计》等专业细分的著作；也有《民机设计 1000 问》《英汉航空双向词典》等工具类图书。

该套图书得到国家出版基金资助，体现了国家对"大型飞机项目"以及"大飞机出版工程"这套丛书的高度重视。这套丛书承担着记载与弘扬科技成就、积累和传播科技知识的使命，凝结了国内外航空领域专业人士的智慧和成果，具有较强的系统性、完整性、实用性和技术前瞻性，既可作为实际工作指导用书，亦可作为相关专业人员的学习参考用书。期望这套丛书能够有益于航空领域里人才的培养，有益于航空工业的发展，有益于大飞机的成功研制。同时，希望能为大飞机工程吸引更多的读者来关心航空、支持航空和热爱航空，并投身于中国航空事业做出一点贡献。

2009 年 12 月 15 日

系列序

20世纪后半叶特别是21世纪初,信息技术的高速发展带动了其他学科的发展,航空信息化、智能化加速了航空的发展。航空电子已成为现代飞机控制和运行的基础,越来越多的重要功能有赖于先进的航空电子系统来实现。先进的航空电子系统已成为飞机先进性的重要标志之一。

如果将发动机比作飞机的"心脏",航空电子系统则称得上是飞机的"大脑"和"中枢神经系统",其性能直接影响飞机的自动化和智能化水平,对飞机的安全性、经济性、舒适性、可用性等有重要的作用。由于航空电子系统地位特殊,因此当今主流飞机制造商都将航空电子系统集成与验证的相关技术列为关键技术,这也是我国亟待突破的大飞机研制关键技术。目前,国家正筹备航电专项以提升航空电子系统的自主研发和系统集成能力。

随着国家对航空产业的重视,在"十二五""十三五"民机科研项目的支持下,在国产大飞机研制的实践中,我国航空电子系统在综合化、模块化方面取得了很大的进步。本系列图书旨在将我国广大工程技术人员在航空电子技术方面多年研究成果和实践加以梳理、总结,为我国自主研制大型民用飞机助一臂之力。

本系列图书以"民机先进航电系统及应用"为主题,内容主要涵盖航空电子系统综合技术、飞行管理系统、显示与控制系统、机载总线与网络、飞机环境综合监视、通信导航监视、航空电子系统软件/硬件开发及适航审定、客舱与机载信息系统、民机健康管理系统、飞行记录系统、驾驶舱集成设计与适航验证、系统安全性设计与分析和航空电子适航性管理等关键性技术,既有理论又有设计方法;既有正在运营的各种大型飞机航空电子系统的介绍,也有航空电子发展趋势的展望,具有明显的工程实用性,对大飞机在研型号的优化和新机研制具有参考和借鉴价值。本系列图书适用于民用飞机航空电子研究、开发、生产及管理人员和高等学校相关专业师生，也可供从事军用航空电子工作的相关人员参考。

本系列图书的作者主要来自航空工业无线电电子研究所、航空工业西安航空计算技术研究所、航空工业雷华电子技术研究所、航空工业综合技术研究所、中国电子科技集团航空电子公司、航空工业陕西千山航空电子有限责任公司、上海交通大学以及大飞机研制的主体单位——中国商用飞机有限责任公司等专业的研究所、高校以及公司。他们都是从事大飞机航空电子系统研制的专家和学者，在航空电子领域有着突出的贡献、渊博的知识和丰富的实践经验。

大型民用飞机的研制承载着中国几代航空人的梦想，制造出先进的国产大飞机已经成为每个航空人奋斗的目标。本系列图书得到2019年国家出版基金的资助，充分体现了国家对"大飞机工程"的高度重视，希望该套图书的出版能够为国产大飞机的研制服务。衷心感谢每一位参与编著本系列图书的人员，以及所有直接或间接参与本丛书审校工作的专家学者和上海交通大学出版社的"大飞机出版工程"项目组，在大家的共同努力下，这套丛书终于面世。衷心希望本系列图书能切实有利于我国航空电子系统研发能力的提升，为国产大飞机的研制尽一份绵薄之力。

由于本系列图书是国内第一套航空电子系列图书，规模大、专业面广，作者的水平和实践经验有限，不妥之处在所难免，敬请读者批评指正！

民机先进航电系统及应用系列编委会

前言

　　随着全球民航客流量的持续增长,航班飞行量日益增加,给航空运输行业带来了前所未有的压力和挑战。在保障飞行安全的前提下,如何增加全球民用航空系统的交通运送量并提高运行效率以适应空中交通流量的迅猛增长,成为新一代航空通信、导航及监视技术发展面临的挑战。1983年,国际民用航空组织(ICAO)首次提出未来航行系统(FANS)概念,之后更名为新航行系统(CNS/ATM)。新航行系统的实施方案于1992年正式通过ICAO批准,后续在广泛征求各方意见的基础上进行了多次修订,并在民用航空领域得到推广。该系统各组块所需的技术支持涉及通信、导航、监视、信息管理和航空电子的各个领域,为全球通信、导航和监视及空中交通管理系统相关的发展提供了支撑。

　　无线电通信、导航、监视系统(以下简称CNS系统)作为航空电子系统的重要分系统之一,通过航空电子总线接入航空电子系统。机载CNS系统用于飞机在起飞、航行和着陆等阶段,通过机载话音和数据通信、无线电导航设备和监视设备完成信息获取、信息交换和信息处理,引导飞机按预定航路安全飞行。它具备机内和机外话音及数据通信、无线电导航引导、飞机航路环境监视等功能,是保障飞机安全飞行的必备技术手段。通信系统实现飞机与地面之间、飞机与飞机之间的语音及数据通信,支持机内通话广播、驾驶舱话音记录等功能;导航系统实现飞机定位功能,引导飞机沿预定航线飞行,并为飞机起降提供辅助导航,保障飞机飞行及起降安全;监视系统在飞机飞行过程中提供准确及时的气象、地形、交通监视信息和避让建议,增强飞机对空中环境的感知能力,减轻飞行员的工作压力和判断失误,提高飞行安全。

　　本书作为"大飞机出版工程·民机先进航电系统及应用系列"丛书之一,从理论研究和工程实践的角度对民机机载通信导航监视系统和设备及先进技术进行了研讨,内容涵盖基本概念、发展历史、系统架构、机载设备、关键技术、工程实现以及未来技术发展趋势,希望给读者提供一个较为完整的视角来了解、研究民机机载通信导航监视系统。本书可作为高等院校民用航空电子机载通信导航监视领域相关专业的教学指导用书，也可为从事民用航空电子系统研究、开发、生产及管理的人员提供参考。

本书共分为 7 章，第 1 章介绍了无线电通信导航监视（CNS）系统基本概念、发展历史及现状、典型架构及主要特点、综合控制与管理和系统技术基础等内容；第 2 章介绍了无线电通信系统；第 3 章介绍了无线电导航系统；第 4 章介绍了监视系统；第 5 章介绍了民机通信导航监视系统设计集成验证；第 6 章介绍了无线电通信导航监视系统关键技术；第 7 章介绍了民机无线电通信导航监视系统的发展趋势。书中引用或直接列举、摘录了一些优秀著作的内容，也参考了大量学术论文和资料，在章节后的参考文献中列出。

本书章节分工如下：陈玖圣负责第 1 章；张晓瑜负责第 2 章；张英杰负责第 3 章；王坤负责第 4 章；罗斌负责第 5 章；张晓瑜、张英杰负责第 6 章；刘天华负责第 7 章；王勇负责全书统稿。在此对所有作者表示感谢，也特别感谢金德琨专家在本书编著过程中给予的指导和帮助。

编著者力求系统、完整地把最新的民机机载通信导航监视系统技术介绍给读者，但由于水平所限，书中不妥之处在所难免，敬请读者批评指正。

编著者

2019 年 8 月

目录

1 绪论 / 1

1.1 无线电通信导航监视系统基本概念 / 3
   1.1.1 概述 / 3
   1.1.2 通信导航监视系统的功能与定义 / 5
   1.1.3 无线电频谱 / 13
   1.1.4 通信导航监视系统的重要性 / 14
1.2 无线电通信导航监视系统发展历史及现状 / 15
   1.2.1 通信系统发展历史及现状 / 17
   1.2.2 无线电导航系统发展历史及现状 / 19
   1.2.3 监视系统发展历史及现状 / 21
1.3 无线电通信导航监视系统的典型架构及主要特点 / 23
1.4 无线电通信导航监视系统的综合控制与管理 / 26
   1.4.1 通信导航监视系统调谐控制 / 26
   1.4.2 通信导航监视系统的音频控制 / 32
   1.4.3 通信导航监视系统的音频综合管理 / 33
1.5 无线电通信导航监视系统技术基础 / 35
   1.5.1 无线电收发设备 / 35
   1.5.2 电波传输与天线 / 36
   1.5.3 系统数据总线技术 / 39
   1.5.4 综合模块化航空电子系统架构技术 / 46
参考文献 / 50

2 无线电通信系统 / 53

2.1 无线电通信系统概述 / 55

2.2 高频通信 / 57

　　2.2.1　高频通信系统概述 / 57

　　2.2.2　高频通信原理 / 58

　　2.2.3　高频通信系统架构及设备 / 62

2.3 甚高频通信 / 66

　　2.3.1　甚高频通信系统概述 / 66

　　2.3.2　甚高频通信原理 / 67

　　2.3.3　甚高频通信系统架构及设备 / 70

2.4 卫星通信 / 73

　　2.4.1　卫星通信概述 / 73

　　2.4.2　卫星通信原理 / 75

　　2.4.3　机载卫星通信系统架构及设备 / 77

2.5 数据链系统 / 81

　　2.5.1　数据链系统概述 / 81

　　2.5.2　数据链系统原理 / 83

　　2.5.3　数据链系统典型架构及设备 / 90

2.6 选择呼叫系统 / 92

　　2.6.1　选择呼叫系统概述 / 92

　　2.6.2　选择呼叫原理 / 93

　　2.6.3　机载选择呼叫系统架构及设备 / 96

2.7 音频综合系统 / 99

　　2.7.1　音频综合系统概述 / 99

　　2.7.2　音频综合系统原理 / 100

　　2.7.3　音频综合系统架构及设备 / 105

参考文献 / 109

3　无线电导航系统 / 111

3.1 无线电导航系统概述 / 113

　　3.1.1　导航坐标系 / 113

　　3.1.2　无线电导航系统 / 119

3.1.3 其他导航系统 / 119

3.2 甚高频全向信标 / 120

3.2.1 甚高频全向信标概述 / 120

3.2.2 甚高频全向信标工作原理 / 121

3.2.3 甚高频全向信标系统架构及设备 / 127

3.3 测距仪 / 132

3.3.1 测距仪系统概述 / 132

3.3.2 测距仪工作原理 / 133

3.3.3 测距仪系统架构及设备 / 139

3.4 仪表着陆系统 / 142

3.4.1 仪表着陆系统概述 / 142

3.4.2 仪表着陆系统工作原理 / 143

3.4.3 仪表着陆系统架构及设备 / 147

3.5 自动定向仪 / 151

3.5.1 自动定向仪系统概述 / 151

3.5.2 自动定向仪工作原理 / 152

3.5.3 自动定向仪系统架构及设备 / 153

3.6 无线电高度表 / 157

3.6.1 无线电高度表系统概述 / 157

3.6.2 无线电高度表工作原理 / 158

3.6.3 无线电高度表系统架构及设备 / 160

3.7 指点信标 / 164

3.7.1 指点信标系统概述 / 164

3.7.2 指点信标工作原理 / 166

3.7.3 指点信标系统架构及设备 / 167

3.8 卫星导航 / 169

3.8.1 卫星导航系统概述 / 169

3.8.2 卫星导航工作原理 / 173

3.8.3 卫星导航系统架构及设备 / 175

参考文献 / 177

4 监视系统 / 181

4.1 监视系统概述 / 183

4.1.1　监视系统组成 / 183

4.1.2　监视系统功能 / 185

4.2　气象雷达 / 187

4.2.1　气象雷达概述 / 187

4.2.2　气象雷达工作原理 / 188

4.2.3　机载气象雷达系统架构及设备 / 189

4.3　地形感知及告警系统 / 192

4.3.1　地形感知及告警系统概述 / 192

4.3.2　地形感知及告警系统工作原理 / 193

4.3.3　机载地形感知及告警系统架构及设备 / 197

4.4　空中交通警告与防撞系统 / 199

4.4.1　空中交通警告与防撞系统概述 / 199

4.4.2　空中交通警告与防撞系统工作原理 / 200

4.4.3　机载空中交通警告及防撞系统架构及设备 / 203

4.5　空中交通管制 / 208

4.5.1　空中交通管制应答机概述 / 208

4.5.2　空中交通管制应答机工作原理 / 209

4.5.3　机载空中交通管制应答机系统架构及设备 / 211

4.6　广播式自动相关监视 / 215

4.6.1　广播式自动相关监视概述 / 215

4.6.2　广播式自动相关监视工作原理 / 216

4.6.3　机载广播式自动相关监视系统架构及设备 / 220

4.7　综合监视系统 / 222

4.7.1　综合监视系统概述 / 222

4.7.2　综合监视系统工作原理 / 224

4.7.3　综合监视系统架构及设备 / 226

参考文献 / 229

5　民机通信导航监视系统设计集成验证 / 231

5.1　相关标准和规章 / 233

5.1.1　美国联邦航空管理局 / 233

5.1.2　欧洲航空安全局 / 238

5.1.3　中国民用航空局 / 242

5.2　行业组织颁布的相关标准和规章 / 247

5.2.1　国际自动机工程师学会标准和规章 / 247

5.2.2　航空无线电技术委员会标准和规章 / 249

5.2.3　欧洲民用航空设备组织（EUROCAE） / 253

5.2.4　航空无线电公司标准和规章 / 256

5.3　通信导航监视系统适航研制流程 / 261

5.3.1　适航定义及适航管理体系要求 / 261

5.3.2　适航研制流程 / 264

5.4　通信导航监视系统设计 / 270

5.4.1　系统需求分析 / 270

5.4.2　系统运行环境分析 / 272

5.4.3　系统功能危害性评估 / 275

5.4.4　系统架构及接口设计 / 276

5.4.5　系统五性设计 / 278

5.4.6　系统数据加载设计 / 285

5.5　通信导航监视系统集成测试验证 / 288

5.5.1　实验室系统集成测试验证 / 288

5.5.2　机上地面试验和试飞试验 / 290

参考文献 / 290

6　无线电通信导航监视系统关键技术 / 293

6.1　通信系统关键技术 / 295

6.1.1　航空电信网 / 295

6.1.2　驾驶舱卫星通信技术 / 299

6.1.3　客舱宽带卫星通信系统技术 / 305

6.1.4　空地宽带移动通信技术 / 311

6.1.5　航空机场移动通信技术 / 315

    6.1.6　基于通用数据网络的机载数字音频技术 / 320

6.2　导航系统关键技术 / 324

    6.2.1　基于性能的导航 / 324

    6.2.2　卫星导航增强技术 / 330

    6.2.3　多星座全球导航卫星系统技术 / 336

6.3　监视系统关键技术 / 341

    基于星基的广播式自动相关监视技术 / 341

参考文献 / 345

7　无线电通信导航监视系统发展趋势 / 349

7.1　国际民航组织全球空中航行计划 / 351

    7.1.1　提出背景 / 351

    7.1.2　概念与目标 / 352

    7.1.3　技术与政策 / 353

    7.1.4　实施情况 / 361

7.2　NextGen 发展规划 / 364

    7.2.1　提出背景 / 364

    7.2.2　概念与目标 / 365

    7.2.3　技术与政策 / 366

    7.2.4　实施情况 / 369

7.3　SESAR 发展规划 / 378

    7.3.1　提出背景 / 378

    7.3.2　概念与目标 / 380

    7.3.3　技术与政策 / 381

    7.3.4　实施情况 / 384

7.4　中国空中航行体系发展规划 / 386

    7.4.1　背景 / 386

    7.4.2　概念与目标 / 387

    7.4.3　技术与政策 / 388

    7.4.4　实施情况 / 392

参考文献 / 394

缩略语 / 398

索引 / 413

1

绪 论

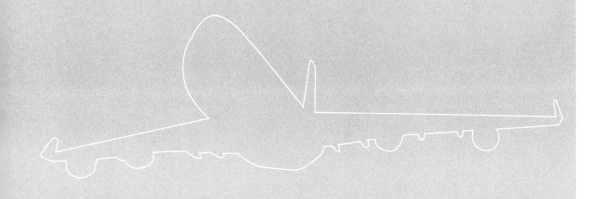

1.1　无线电通信导航监视系统基本概念

1.1.1　概述

自 20 世纪 80 年代以来,全球民用航空的客流量持续增长。空中交通流量的飞速增长给现有的通信、导航和监视系统带来了巨大压力[1]。如何在确保飞行安全的前提下,发展新一代民用航空通信、导航和监视系统以适应全球空中交通流量的飞速发展,成了民用航空领域的重要研究课题。

1983 年,国际民用航空组织(International Civil Aviation Organization, ICAO)提出了未来空中航行系统(future air navigation system,FANS)的概念,并在 1989 年将 FANS 更名为新航行系统(communication navigation surveillance/air traffic management,CNS/ATM)。1991 年,CNS/ATM 的概念和基本方案在 ICAO 的第 10 次航行会议上通过,并于 1992 年通过了 ICAO 第 29 届大会的批准。CNS/ATM 是一个以卫星为基础的全球通信、导航、监视和自动化空中交通管理(air traffic management,ATM)系统[2]。CNS/ATM 系统是全球化的空、地、天一体化系统,机载系统(空)主要指安装在飞机平台上,完成通信、导航、监视及空中交通管理相关功能的机载系统;地面系统(地)指以航空电信网(aeronautical telecommunication network,ATN)为基础的各种空中交通管理、航空公司运营管理、交通信息服务等系统组成的地面系统;空间系统(天)主要指分布在大气层以外的各种通信卫星和导航卫星系统[3]。

飞机平台与 CNS/ATM 直接相关的功能子系统主要有机载通信系统、无线电导航系统及监视系统等[3],上述三个系统在控制管理系统的调谐控制、音频控制和音频综合管理下实现飞机的通信、导航和监视功能。机载无线电通信导航监视(communication navigation surveillance,CNS)系统的总体架构如图 1-1 所示。

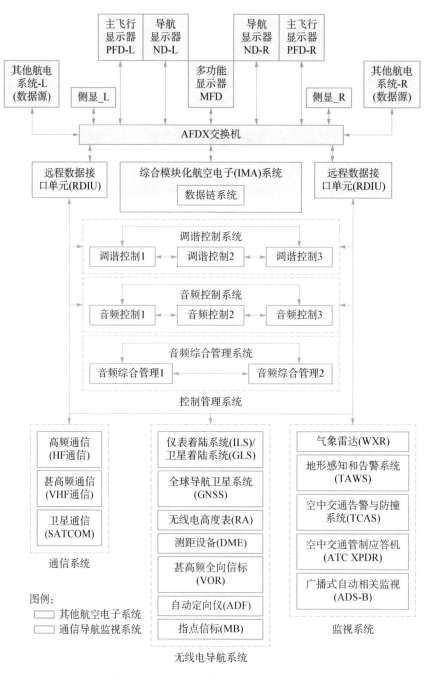

图1-1 机载无线电通信导航监视(CNS)系统的总体架构

（1）通信系统：主要由高频（high frequency，HF）通信、甚高频（very high frequency，VHF）通信、卫星通信（satellite communications，SATCOM）及数据链系统组成，实现飞机平台与地面空管人员之间的话音和数据通信功能。

（2）无线电导航系统：主要由仪表着陆系统（instrument landing system，ILS）/卫星着陆系统（GBAS landing system，GLS）、全球导航卫星系统（global navigation satellite system，GNSS）、无线电高度表（radio altimeter，RA）、测距仪（distance measuring equipment，DME）、甚高频全向信标（VHF omnidirectional range，VOR）、自动定向仪（automatic direction finder，ADF）和指点信标（marker beacon，MB）组成，主要完成飞机平台定位、航路导航及进场着陆引导功能，并为飞机平台提供各种定位导航信息[3]。

（3）监视系统：主要由气象雷达（weather radar，WXR）、地形感知和告警系统（terrain awareness and warning system，TAWS）、空中交通告警与防撞系统（traffic alert and collision avoidance system，TCAS）、空中交通管制（air traffic control，ATC）应答机（transponder，XPDR）和广播式自动相关监视（automatic dependent surveillance-broadcast，ADS - B）等组成，为飞机提供气象、地形、交通监视信息和避让建议，增强飞机对空中环境的感知能力[2]。

（4）控制管理系统：主要由调谐控制系统、音频控制系统和音频综合管理系统组成，实现无线电通信导航监视系统的调谐控制、音频控制和音频综合管理。

1.1.2 通信导航监视系统的功能与定义

1.1.2.1 通信系统

飞机通信系统用于实现飞机与地面之间、飞机与飞机之间的话音和数据通信，主要包括如下设备。

1) 高频通信(HF)

HF 通信系统用于飞机与地面之间、飞机与飞机之间的超视距话音和数据通信。当前民机上通常装备两部 HF 通信电台、两台 HF 天线耦合器及一副 HF 天线,每部 HF 通信电台都具备话音和数据链通信功能。HF 通信采用天波方式传输,传播距离远。由于受电离层扰动、静电干扰等因素的影响,因此收到的音频信号具有典型的无线电背景噪声。

2) 甚高频通信(VHF)

VHF 通信系统用于飞机与飞机之间、飞机与地面之间的视距话音和数据通信。为了保证 VHF 通信系统的可靠性,当前民机上通常装备三部 VHF 电台和三副 VHF 天线,其中两部 VHF 电台在话音通信状态下工作,第三部 VHF 电台在数据链通信状态下工作,并可作为话音通信的备份。VHF 通信工作频率高,采用空间波的方式传输,传播距离较近。

3) 卫星通信(SATCOM)

SATCOM 覆盖范围大,可实现全球范围内信号的"无缝隙"覆盖,是民航话音通信和数据链通信业务的传输载体之一。当前民机通常在驾驶舱装备一套 L 频段的 SATCOM 系统实现飞行机组高安全级别空地数据链通信,在后舱安装一套 Ka/Ku 频段宽带 SATCOM 系统,实现飞机机载维护和健康管理大容量数据空地传输,同时为乘客宽带移动通信提供数据传输手段。机载驾驶舱 L 频段 SATCOM 系统由卫星数据单元(satellite data unit,SDU)、SDU 配置模块(SDU configuration module,SCM)、高功率放大器(high power amplifier,HPA)、双工器/低噪声放大器(diplexer/low noise amplifier,DLNA)和 L 频段 SATCOM 天线组成;后舱 Ka 频段宽带 SATCOM 系统通常由 Ka 频段宽带 SATCOM 调制解调设备 MODMAN、Ka 频段宽带 SATCOM 供电与网络转换单元和 Ka 频段宽带 SATCOM 天线组成。由于 SATCOM 具有通信距离远、覆盖范围大、通信质量高和机动性强等优点,因此民机在跨洋和偏远地区通常采用 SATCOM 服务。

4）数据链系统

数据链系统用于连接机载设备和地面数据通信网络，实现飞机与地面系统之间的双向数据通信。机载数据链系统通常由通信管理组件/通信管理功能（communication management unit/communication management function，CMU/CMF）、通信媒介（HF 通信、VHF 通信、SATCOM）和飞行员显示与操作接口，如控制显示组件（control display unit，CDU）或者多功能显示器（multi function display，MFD）等构成。相对于传统话音通信，数据链系统能消除不清晰的话音和噪声，消除话音通信中语言引起的理解问题，能够自动选择并登录到合适的空中交通管制网络，按照标准化的清晰报文进行信息交流，包含比话音通信更多的信息，完整、准确的数据经由地面网络实时传送给相关部门，准确记录的数据可供随时翻阅和事后查询，其技术优势使数据链系统成为 CNS/ATM 系统的重要组成部分和实现手段[4]。

1.1.2.2 无线电导航系统

机载无线电导航系统是指利用地面无线电导航台和飞机上的无线电导航设备对飞机进行定位和引导的设备集合，机载无线电导航系统主要包括如下设备。

1）仪表着陆系统（ILS）/卫星着陆系统（GLS）

ILS 是一种引导飞机进近和着陆的设备，能够在气象条件恶劣和能见度差的情况下为飞行员提供引导信息，保证飞机安全进近和着陆。当前民机上通常装备三套 ILS，每套 ILS 一般由提供横向引导的航向信标（localizer，LOC）、提供垂直引导的下滑信标（glide slope，GS）和天线构成。近几年推出的 GLS 是一种基于卫星导航地基增强技术的进近着陆导航设备，与传统 ILS 相比，GLS 依托全球定位系统（global positioning system，GPS）定位，可以采用直线或者曲线进近，可以避开敏感区、障碍物和空域拥堵区，GLS 不需要像 ILS 那样为每个跑道安装地面台，从而可以减低基础设施建设成本，且其下降路径灵活可变，可用于复飞指引。

2） 全球导航卫星系统（GNSS）

GNSS是一种利用人造地球卫星导航系统，通过机载卫星导航接收设备，测量飞机经纬度、高度、速度和时间等导航信息。当前民机上通常装备两套GPS，每套GPS一般由GPS接收机和天线构成，民机通常将GPS接收机与ILS接收机集成为一个计算机——多模式接收机（multi-mode receiver，MMR），但GPS与ILS模块独立工作。当前世界范围内主要的卫星导航系统包括美国的GPS、俄罗斯的格洛纳斯卫星导航系统（global navigation satellite system，GLONASS）、欧盟的伽利略卫星导航系统（Galileo satellite navigation system，Galileo）和我国的北斗卫星导航系统。

3） 无线电高度表（RA）

RA是一种低高度测高设备，用来测量飞机相对地面的真实高度。民机的测高范围一般为$-20 \sim 2\ 500$ ft[①]，主要在飞机起飞、进近和着陆阶段使用，是保证飞机安全进近和着陆的重要设备。当前民机上通常装备三套RA，每套RA由一台RA收发机、一副发射天线和一副接收天线构成。RA向地面发射无线电信号，其工作频率为4 300 MHz（C频段），使地面形成漫反射，保证飞机在倾斜和俯仰时仍然可以接收到地面反射信号。

4） 测距仪（DME）

DME工作在L频段，机载DME收发机和地面DME导航台配合工作，向飞行员提供飞机到地面DME导航台的实时距离。当前民机上通常装备两套DME系统，每套DME系统由DME收发机和天线构成。机载DME收发机的工作频率为962～1 213 MHz，通常正常测距范围为0～200 n mile。当一台DME发射时，将产生抑制信号并加载到两台ATC XPDR和另一台DME，抑制其发射信号。

5） 甚高频全向信标（VOR）

VOR是一种甚高频近程测向设备，机载VOR接收机与地面VOR电台配

---

① ft：英尺，长度单位，1 ft＝0.304 8 m。

合,可测量 VOR 方位角。当前民机上通常装备两台 VOR 接收机和一副 VOR 天线。机载 VOR 的工作频率为 108.00～117.95 MHz,工作距离约为 200 n mile。

6) 自动定向仪(ADF)

ADF 是一种中低频近程测向设备,它与地面无线电台配合,可测量无线电波的来波方向,飞行员可以根据 ADF 测得的相对方位确定飞机的飞行方向,引导飞机沿某一航线飞行。当前民机上通常装备两套 ADF 系统,每套 ADF 系统由 ADF 收发机和天线构成。ADF 一般在 190～1 750 kHz 的中长频段范围内工作,除了用于定向之外,ADF 还可以接收民用广播电台的信号,且可以收听 500 kHz 的遇险信号并确定遇险方位。

7) 指点信标(MB)

MB 是一种位置报告和距离引导设备,可以分为航路 MB 和航道 MB,航路 MB 安装在航路上,向飞行员报告飞机正在通过航路上某些特定的地理位置[5]。航道 MB 可用于飞机进近和着陆,用来报告飞机通过内、中、外三个指点信标。当前民机上一般不安装独立的 MB 设备,MB 通常集成在 VOR 接收机或 ILS 接收机内。MB 的工作频率为 75 MHz,当飞机飞越地面 MB 台上空时,对应的 MB 指示灯亮且可听到各 MB 台发射的不同音频编码信息。

1.1.2.3 监视系统

飞机监视系统指为飞机提供气象信息、地形信息、交通监视信息和避让建议等监视数据的设备集合,机载的监视设备主要包括如下设备。

1) 气象雷达(WXR)

WXR 可以探测飞机前方的降雨、湍流和飞机前下方的地形信息。飞行员根据 WXR 提供的信息,避免进入危险的气象区域,保障飞行的舒适和安全。此外,新型 WXR 还可以探测飞机前方的风切变情况,保障飞机安全起飞、着陆和飞行。当前民机上通常装备一套或两套 WXR 系统,每套 WXR 系统通常由雷达收发组件、雷达天线、气象雷达控制面板和波导系统等构成。机载 WXR 的工作频率可为 9 333 MHz、9 345 MHz 或 9 375 MHz，WXR 发射时的热效应和辐射效应会伤害人员和设备，在飞机加油时会引起爆炸，因此，操作人员必须按照手册规定进行操作，以免引起设备和人员的损伤。

2）地形感知及告警系统（TAWS）

TAWS 通过接收飞机位置、高度、姿态、航向和速度等多种飞行参数，并利用内置地形数据、机场和跑道数据库，按照预先定义的告警算法，在飞机处于不安全的接地飞行状态或飞机进入风切变区域时向机组发出警告，使飞行员意识到飞机所处的危险状态并立即采取纠正措施，使飞机脱离不安全的接地飞行状态。当前民机上通常装备一台增强型近地告警计算机（enhanced ground proximity warning computer，EGPWC）和一个近地告警控制板。TAWS 通常在无线电高度小于 2 450 ft 时才起作用，在这么低的高度上，留给飞行员分析、判断和抉择的时间非常短，所以面对 TAWS 给出的警告的正确反应是立即按照 TAWS 警告的提示操控飞机。

3）空中交通告警与防撞系统（TCAS）

TCAS 能够监视空域中飞机的位置和运动状况，使飞行员及时掌握本机邻近空域的交通状况，并且根据探测结果确定空域中可能发生的冲突，主动采取规避措施，防止飞机与飞机之间的危险接近。当前民机上通常装备两台 TCAS 计算机、两副 TCAS 方向性天线、一套控制面板和两部 S 模式 ATC XPDR。目前民机安装的空中交通警告与防撞系统以 TCAS II 为主，TCAS II 既提供交通警告信息，又提供在垂直方向的避让措施。

4）空中交通管制应答机（ATC XPDR）

空中交通管制雷达系统包括一次监视雷达系统和二次监视雷达系统。一次监视雷达系统可以直接采用地面设备获取飞机的位置信息；二次监视雷达系统由地面二次监视雷达和机载 ATC XPDR 构成，通过问答的形式获取飞机的识别代码、气压高度和特殊编码等信息。一次监视雷达系统和二次监视雷达系统相互配合可以获取飞机的位置、高度和飞机代码等信息,实现在管制员界面上的飞机信息显示。当前民机上通常装备两套 ATC 系统,每套 ATC 系统一般由 ATC XPDR、控制面板及天线等构成。当一台 ATC XPDR 发射时,会产生抑制信号加载到两台 DME 收发机和另一台 ATC XPDR 上,以抑制其发射信号。

5) 广播式自动相关监视(ADS-B)

ADS-B 是一种基于 GNSS 和数据链通信的新型监视技术,ADS-B 通过 GNSS 接收飞机位置及速度等监视信息,由数据链系统将数据广播发送给其他飞机和地面站,用于实现自动相关监视,改善空中交通服务。ADS-B 是 ICAO 确定的未来主要监视技术,采用 ADS-B 技术的飞机通过自动广播自身位置报告,同时接收邻近飞机的位置报告,互相了解对方的位置和行踪,飞行员自主地承担维护空中交通间隔的责任,不再依赖地面雷达监视和管制[3]。ADS-B 通过克服现有监视系统的局限性,优化调整管制员和机组人员的工作量,为安全、容量、效率和环境影响等诸多方面带来了重大改善[2],在全球得到越来越广泛的应用。

6) 综合监视系统(ISS)

综合监视系统(integrated surveillance system, ISS)将 WXR、TAWS、TCAS、S 模式 ATC XPDR 以及 ADS-B 等综合在一起,通过探测航路上的地形与气象信息,规避恶劣气象条件及飞行撞地事故,通过监视邻近空域内的交通情况,帮助机组人员全面、详细地了解周边空域的交通状况,实现飞机间的空空监视或对地面目标的空地监视,避免飞机之间因间距过近而导致碰撞,同时配合地面二次雷达询问机,实现合理的空中交通管制[6]。目前最先进的大型客机(如波音 787、A380 等)一般装备两套 ISS 和一个综合监视控制面板。ISS 作为机载航空电子系统的主要传感器和信息源之一,用于飞机起飞、航行和着陆等飞行阶段,保障飞机的安全航行,为机组人员和乘客提供安全可靠的飞行环境[6]。

1.1.2.4 控制管理系统

控制管理指无线电调谐控制、音频控制和音频综合管理等功能，控制管理系统主要包括调谐控制面板、音频控制面板及音频管理组件等设备。

1) 调谐控制

调谐控制主要指通信系统频率调谐控制、无线电导航系统频率调谐控制和监视系统控制等功能。

通信系统频率调谐控制主要由调谐控制面板完成，调谐控制面板是飞行员实现频率控制的接口，飞行员可以通过调谐控制面板人工设定通信设备的工作频率、数据链通信设备的工作模式、卫星通信设备拨号等。此外，数据链通信的频率控制也可以由 CMU/CMF 自动控制。

无线电导航系统频率调谐控制主要由飞行管理计算机(flight management computer，FMC)、调谐控制面板完成。FMC 内部存储着全球范围内的导航台信息，可以自动完成无线电导航设备的调谐工作，称为自动调谐；飞行员也可以通过调谐控制面板实现无线电导航设备的频率控制，称为人工调谐。在民机飞行过程中，自动调谐是无线电导航设备首选的调谐模式。

监视系统的控制功能一般由监视设备的控制面板完成，主要完成 WXR 的工作模式选择、WXR 天线角度调节、TAWS 的警告抑制、TCAS 的工作模式选择、ATC XPDR 的飞机代码设置/工作模式选择/高度报告信号源选择等控制功能。

2) 音频控制

音频控制功能主要由音频控制面板实现，用于麦克风选择、接收选择、音量控制和音频滤波器选择等功能，并将选择的信号发送给音频管理组件，音频管理组件利用这些信息将来自驾驶舱、通信系统、导航系统和监视系统等设备的音频信号连接到所选择的终端设备。

3) 音频综合管理

音频综合管理由音频管理组件完成，音频管理组件是一个数据集中器，用于各种通信音频、导航音频、监视音频和驾驶舱、客舱、各勤务站位等音频信号的综合处理，包括音频信号的采集、编码、转换、传输、混音、告警音放大处理和音频信号路由等功能。

1.1.3　无线电频谱

无线电波是频率介于 3 Hz～300 GHz 之间的电磁波，也称为射频电波。无线电技术可以将声音信号或其他信号转换后利用无线电波传播，也可以将无线电接收器调到特定频率来接收特定信号。各频段的频率范围、典型应用及典型应用频率范围如表 1-1 所示。

表 1-1　无线电频谱

频段名称	频率范围	典型应用	典型应用频率范围
极高频	30～300 GHz	—	—
超高频	3～30 GHz	Ka 频段卫星	26.5～40.0 GHz
		Ku 频段卫星	12～18.0 GHz
		WXR	9.33～9.4 GHz
特高频	0.3～3 GHz	RA	4.3 GHz
		ATC XPDR	接收频率为 1 030 MHz，发射频率为 1 090 MHz
		TCAS	发射频率为 1 030 MHz，接收频率为 1 090 MHz
		GPS	1 575.42 MHz
		L 频段 SATCOM	接收频率为 1 525～1 559 MHz，发射频率为 1 626.5～1 660.5 MHz
		DME	962～1 213 MHz
		GS	329.15～335 MHz
甚高频	30～300 MHz	VHF 通信	118～136.975 MHz
		VOR	108.00～117.95 MHz
		LOC	108.10～111.95 MHz
		MB	75 MHz
高频	3～30 MHz	HF 通信	2～29.999 MHz

（续表）

频段名称	频率范围	典型应用	典型应用频率范围
中频	0.3～3 MHz	ADF	190～1 750 kHz
低频	30～300 kHz	—	—
甚低频	3～30 kHz	—	—

由表1-1可知,机载无线电CNS系统设备的频率主要集中在中频段到超高频段。其中中频段主要包括ADF;高频段主要包括HF通信;甚高频段主要包括VHF通信、VOR、LOC和MB;特高频段主要包括RA、ATC XPDR、TCAS、GPS、L频段SATCOM、DME、GS;超高频段主要包括Ka频段卫星、Ku频段卫星和WXR。

1.1.4　通信导航监视系统的重要性

从系统功能的角度来说,飞机通信系统为飞机与地面之间、飞机与飞机之间提供双向话音和数据通信,飞机无线电导航系统利用地面无线电导航台和飞机上的无线电导航设备完成对飞机的定位和引导,飞机监视系统为飞机提供气象信息、地形信息、交通监视信息和避让建议等监视数据,这些功能是保障飞机安全飞行的必备技术手段。

从飞机航空电子系统设计的角度来说,机载CNS系统包括了航空电子系统大部分的射频(radio frequency, RF)设备,是航空电子系统的重要组成部分和CNS/ATM机载部分的重要支撑系统[7]。CNS系统设备具有许多相似特征,如大多数CNS系统机载设备具有天线,需要进行调谐控制、音频控制和音频数据处理;同时,CNS系统之间存在较为复杂的控制、数据以及状态信息等多方面的交联关系。CNS系统的架构和航空电子系统的架构密切相关,优化的CNS系统架构设计对于无线电传感数据的采集、传输和高效利用至关重要。有效地实现对通信、导航、监视系统设备的管理控制,实现CNS系统各种数据流的统一规划[2],实现CNS系统音频数据统一处理和传输,有利于降低航空电

14

子系统集成复杂度,提高 CNS 系统设计及实现效率,提高飞机的安全性、可靠性和经济性。

从政策和技术发展的角度来说,推进 CNS/ATM 的发展已成为世界各国应对空中交通流量飞速增长的重要技术手段,ICAO、中国民用航空局(Civil Aviation Administration of China, CAAC)、美国联邦航空管理局(Federal Aviation Administration, FAA)和欧洲航空安全局(European Aviation Safety Agency, EASA)都已经做出了相关规划,并进一步颁布了相应的政策、法规、技术标准和指导程序等文件用于推进 CNS/ATM 的发展。CNS/ATM 的技术需求和民航管理当局政策法规的完善,促进了 CNS 系统及设备的更新、相关技术的创新发展和行业标准的完善。

无论从系统功能的角度、CNS 飞机航空电子系统总体设计的角度,还是从政策和技术发展的角度来说,CNS 系统都有着举足轻重的作用。因此,在我国大力发展具有自主知识产权大飞机的背景下,开展 CNS 系统的研究具有非常重要的意义。

1.2　无线电通信导航监视系统发展历史及现状

20 世纪 80 年代之前,通信、导航和监视系统以地基系统为主。为了适应现代航空发展的需要,ICAO 提出 CNS/ATM 的概念。CNS/ATM 系统通过应用数据通信和卫星技术改善通信、导航和监视技术,提高空中交通监视和空中交通管理能力,解决航行系统的飞行安全性不高、容量低、效率低等问题,主要经历了如下几个发展阶段。

1) 新航行系统准备阶段

ICAO 于 1983 年提出 FANS 的概念[3],于 1989 年将 FANS 更名为 CNS/ATM,并于 1998 年完成了对 CNS/ATM 相关内容的修订工作,基本上完成了在全球范围内实施 CNS/ATM 的规划。在这一时期,通信系统主要以话音通信和航空公司运营通信(airline operational communications,AOC)数据链为主;导航系统主要以传统的惯性导航和无线电导航为主;监视系统主要以地面航空管制二次雷达为主。

2) FANS A/A+阶段

1998—2005 年,CNS/ATM 处于 FANS A/A+实施阶段。在这一时期,通信方面主要以基于飞机通信寻址与报告系统(aircraft communications addressing and reporting system,ACARS)网络的空中交通服务(air traffic services,ATS)数据链通信为主;导航方面以 GPS 为主;监视系统开始由 A/C 模式的航空管制二次雷达向 S 模式的航空管制二次雷达转变。CNS/ATM 在这一阶段的主要任务是实现越洋及远程飞行。

3) FANS B 阶段

从 2005 年至今,CNS/ATM 处于 FANS B 的实施阶段。在这一时期,通信方面主要以基于 ATN 的空中交通管制数据链通信为主;导航方面主要以 GNSS 为主[3];监视系统由 A/C 模式的航空管制二次雷达向 S 模式的航空管制二次雷达和 ADS-B 转变。CNS/ATM 在这一阶段的主要任务是实现高密度区的飞行。

4) 现阶段及未来趋势

在 CNS/ATM 的未来规划中,通信方面主要以基于 ATN 的数据链通信为主;导航方面以 GNSS 为主[3];监视方面以基于 ADS-B 的空地监视为主。CNS/ATM 在这一阶段的主要目标是实现自由飞行。

CNS/ATM 采用新技术及更新设施,确保了飞行安全,改进了空中交通管理,提高了空中交通服务的水平[3]。通信系统向以数据链通信为主的方向发展,机载通信系统需满足所需通信性能(required communication performance,RCP)要求;导航系统向以星基导航为主的方向发展,机载导航系统需满足所需导航性能(required navigation performance,RNP)要求;监视系统向以 ADS-

B 为主的方向发展，机载监视系统需要满足所需监视性能（required surveillance performance，RSP）要求。

1.2.1　通信系统发展历史及现状

在 21 世纪之前，民机机载通信系统主要以话音通信为主。进入 21 世纪后，随着 CNS/ATM 的推进，通信系统开始逐渐向以数据通信为主、话音通信为辅的方向发展，具体发展历史和现状如下。

1）高频通信

20 世纪 10—20 年代，HF 通信开始出现，并在 20 世纪 40—60 年代得到飞速发展。HF 的通信频率范围在 2～29.999 MHz 之间，频道间隔为 1 kHz，通过电离层反射实现超视距通信，能支持跨洋和偏远地区的通信覆盖。

2）甚高频通信

在 20 世纪 40 年代，VHF 开始应用于航空话音通信，VHF 的通信频率范围在 118～136.975 MHz 之间，频道间隔为 25/8.33 kHz。VHF 通信系统工作频率高，其地面波衰减大，传播距离较近，采用空间波方式进行视距传播[8]。VHF 通信质量较高，是当前管制员与飞行员之间航空语音服务的首选通信模式。在 VHF 通信网络覆盖范围之内，一般由 VHF 通信系统进行话音和数据通信服务。

3）卫星通信

在 20 世纪 70 年代之前，民机在跨洋和偏远地区只能通过 HF 通信实现通信服务。随着卫星通信技术日臻成熟，卫星通信已经成为民机重要的话音通信和数据通信技术手段。当前航空公司普遍使用的驾驶舱高安全级别话音和数据卫星通信系统有海事卫星系统和铱星卫星系统。

随着乘客通信和上网需求的增长，利用通信卫星为飞机上的乘客提供宽带互联网接入，实现网页浏览、收发电子邮件等互联网应用业务，成了航空公司新的业务增长点；同时，随着民机机载维护和健康管理技术的发展，飞机上大量的维护数据、飞机系统及设备健康状态数据需要实时传输到地面，基于 Ka/Ku 频段的宽带卫星通信逐渐成为后舱宽带卫星通信系统的解决方案。在国外,美国联合航空、德国汉莎航空、美国西南航空等大型航空公司已经开始在欧洲、北美洲和亚洲的众多航线上提供基于 Ka/Ku 频段的机载宽带卫星通信服务;在国内,中国国际航空、中国东方航空、中国南方航空等航空公司已在部分越洋航班上加装并开通了基于 Ka/Ku 频段的机载宽带卫星通信服务。

4)数据链系统

20 世纪 70 年代,ACARS 开始出现,标志着航空数据链应用的开端[9]。当前,数据链技术在民机通信领域得到了越来越广泛的应用,可以提供航空公司运营通信(AOC)、航空管理通信(aeronautical administrative communications,AAC)、ATS、空中交通服务设施通告(ATS facilities notification,AFN)、合约式自动相关监视(automatic dependent surveillance-contract,ADS‐C)、管制员-飞行员数据链通信(controller-pilot data link communications,CPDLC)和关联管理(context management,CM)等应用服务。

为了适应 CNS/ATM 的发展,波音公司提出了 FANS 1 和 FANS 2,空客公司提出了 FANS A 和 FANS B,其中 FANS 1 对应 FANS A,FANS 2 对应FANS B。1993 年,波音公司将 FANS 1 系统加装在波音 747‐400 飞机上,并于 1995 年取证。2000 年,空客公司将 FANS A 系统加装在 A330 和 A340 飞机上,用于海洋及边远空域的飞行。2005 年,空客公司开发出 FANS A+增强包,加装在 A320 系列、A330 和 A340 飞机上,并且作为 A380 飞机的基本配置。目前,A320、A330、A340 和 A380 飞机上已经加装 FANS A+系统;波音公司也开发出 FANS 1+系统,并加装在波音 737、波音 747‐8、波音 757、波音767、波音 777 和波音 787 飞机上。FANS 1/A+较 FANS 1/A 增加了如消息延迟定时等功能[10]。当前,FANS 1/A+系统已经成为新一代大型民机的基本配置[10],FANS 1/A+应用通过 ACARS 网络进行传输,主要包括 AFN、ADS‐C 和 CPDLC 三种应用。

在欧洲高密度飞行需求的空域背景下,单一话音通信难以满足越来越繁忙的空中交通管理通信需求。2000 年,欧洲航空安全组织(European Organization for the Safety of Air Navigation,EUROCONTROL)发起"Link 2000+"数据链应用项目,其目标是提供飞机与地面之间双向数据通信的移动数据链服务,可同时面向 ATS 和航空公司运行通信[10]。其主计划是在欧洲核心地区的 11 个国家(如德国、法国、英国等)通过甚高频数据链(VHF data link,VDL)Mode 2 和卫星通信,以 ATN 运行为手段,实现 CPDLC 的空地数字数据链服务[10]。ATN 网络按照国际标准化组织(International Organization for Standardization,ISO)的开放式系统互联(open system interconnect,OSI)7 层模型构造,基于开放式系统互连结构,支持面向比特的数据传输。仿真结果显示当 75%的飞机装备"Link 2000+"数据链应用时,占管制员当前 50%工作时间的三个基本的例行任务服务可由"Link 2000+"数据链应用自动完成,并可增加 11%的系统容量[10]。目前,波音 747 - 8、波音 777、波音 787、A320、A350 等飞机已经装备或计划改装"Link 2000+"数据链应用。配置"Link 2000+"数据链应用以适应未来高密度飞行需求,已成为新一代大型民机的必然发展趋势[10]。

1.2.2　无线电导航系统发展历史及现状

在 21 世纪之前,导航系统主要以传统的惯性导航和无线电导航为主,21 世纪随着 CNS/ATM 的推进,导航系统逐渐向以 GNSS 为核心的方向发展。机载无线电导航设备发展历史和现状如下。

1) ILS/GLS

ILS 在 1947 年就被 ICAO 确定为国际标准进近和着陆系统,ILS 能够在恶劣气象条件和能见度差的情况下引导飞机安全进近和着陆,在国际上得到广泛应用。随着卫星导航技术的发展,近几年出现了一种基于卫星导航地基增强技术的精密进近着陆导航系统——卫星着陆系统(GLS)。GLS 相对 ILS 具有灵活度高、抗干扰能力强等优点,并且一套地面 GLS 可以支持多条跑道,因此

GLS 将得到广泛的应用和发展。

2）GNSS

GNSS 是 20 世纪 70 年代发展起来的一种新型导航系统，并于 20 世纪 90 年代进入盛行时期。

3）RA

RA 的基本原理于 20 世纪 30 年代提出，在第二次世界大战期间，RA 被大量安装在飞机上，民机上使用的 RA 一般为低高度无线电高度表（low range radio altimeter，LRRA），测量范围为－20～2 500 ft，通常在飞机起飞、进近和着陆阶段使用。

4）DME

DME 是在第二次世界大战期间开始发展起来的脉冲二次雷达系统，自 1959 年起，被 ICAO 确定为国际标准无线电测距设备。目前 DME 获得了较为广泛的应用，大量装备在民航飞机上。

5）VOR

VOR 是第二次世界大战后期发展起来的，1946 年成为美国航空标准导航系统，1949 年被 ICAO 确定为国际标准无线电导航系统。为了克服地面站内地形、地物带来的影响，20 世纪 60 年代，德国在普通 VOR（common VOR，CVOR）的基础上研制出了多普勒 VOR（Doppler VOR，DVOR），进一步提高了系统的测向精度。目前 VOR 在世界范围内得到了广泛的应用。

6）ADF

ADF 自 20 世纪 20 年代开始应用于航空导航，它与地面无方向性信标（nondirectional beacon，NDB）配合，可以测量飞机与地面导航台之间的相对方位。当前，ADF 的装备量在世界范围内呈下降趋势。

7）MB

MB 在 20 世纪 30—50 年代被普遍安装在航路上，用于报告飞机通过航线上的一个特定位置。随着 ILS 的发展，MB 逐渐与 ILS 一起安装，用于为 ILS

提供距离引导。

1.2.3　监视系统发展历史及现状

在 21 世纪之前,监视系统主要以传统的地面航空管制二次雷达为主,21 世纪随着 CNS/ATM 的推进,监视系统逐渐向以 ADS-B 为主的方向发展,机载监视系统的发展历史和现状如下。

1) WXR

机载 WXR 技术的发展大体分为三个阶段:第一阶段,20 世纪 40—60 年代,这一阶段的雷达为普通单脉冲 WXR[11],只有简单的雷雨探测功能;第二阶段,20 世纪 70—80 年代,这一阶段逐渐发展出脉冲多普勒 WXR,具有湍流探测、地形探测功能;第三阶段,从 20 世纪 90 年代开始,多普勒 WXR 在大气遥感探测和研究中的应用得到进一步发展[12],如探测晴空大气中的水平风场和垂直风场,具备风切变探测的能力。目前,几乎所有的商用喷气飞机均装备了具有湍流、地形和风切变探测功能的 WXR。

2) TAWS(EGPWS)

1970 年,瑞典 SAS 航空公司率先提出了近地告警系统(ground proximity warning system,GPWS)的概念,旨在当飞机接近某个地形时,提醒飞行员及时避让。1970 年,借助已有的无线电高度表和大气数据计算机,美国 SOUNDSTRAND 公司率先研制了近地告警装置并在部分大型喷气机上投入使用[13]。

1974 年底一架波音 727 飞机在华盛顿杜勒斯机场进近途中撞山失事,机上 90 多人无一生还。从此,FAA 开始强制要求在美国空域飞行的所有大型喷气机和涡轮螺旋桨飞机都必须安装 GPWS。此项措施使得可控飞行撞地(controlled flight into terrain,CFIT)事故率持续下降[13]。

1978 年,FAA 要求 10 座及以上的客机都必须配装 GPWS。1979 年,ICAO 推荐各国航空公司安装近地告警设备。1994 年,美国国家运输安全委员会(National Transportation Safety Board,NTSB)进一步更改了 GPWS 的配装要求,要求在美国注册的所有 6 座及以上的涡轮喷气飞机都必须配装 GPWS[13]。

目前,几乎所有的商用喷气飞机上均装备了 GPWS 或增强型近地告警系统(enhanced ground proximity warning system,EGPWS)。EGPWS 也被称为 TAWS。

3) TCAS

20 世纪 50—60 年代,美国及欧洲等主要发达国家以基于时间变量的临近飞行器接近速率的防撞算法为理论基础,结合二次监视雷达(secondary surveillance radar,SSR)技术体制,开展了 TCAS 的研制工作[6]。20 世纪 70 年代,出现了第一代 TCAS(TCAS Ⅰ),但是其仅仅能够提供接近警告。20 世纪 80—90 年代,出现了第二代 TCAS(TCAS Ⅱ),它既能够提供交通警告信息,又能够提供在垂直方向的避让措施(决断咨询)。第二代 TCAS Ⅱ 于 20 世纪 90 年代开始装备在飞机上,目前已普遍装备于各种新型民机。

4) ATC XPDR

20 世纪 50—60 年代,空中交通管制雷达信标系统(air traffic control radar beacon system,ATCRBS)应用于民用空中交通管制,此时机载设备为 A/C 模式的 ATC XPDR。20 世纪 70 年代,具备离散寻址功能的 S 模式 ATC XPDR 问世。目前,几乎所有的商用喷气飞机均装备了 A/C 模式或者 S 模式 ATC XPDR。

5) ADS-B

2002 年,澳大利亚航空安全局首次成功完成了基于 ADS-B 的空地协同运行实验,并制订了 ADS-B 实施计划。截至 2005 年,澳大利亚大部分商用喷气客机装备了 ADS-B 机载设备;FAA 也在 21 世纪初期出台了 ADS-B 发展政策以及 ADS-B 技术发展的规划蓝图,主要分为三个阶段。第一阶段(2005—2008 年),在全国范围内建 200 个地面站用来广播交通和气象信息;第二阶段(2009—2012 年),在终端进近管制区域使用 ADS-B 提供间隔保持、辅助监视和精密跑道监视服务;第三阶段(2013—2016 年),在航路及海域提供基于

ADS－B 的管制服务,同时在商用和通用航空飞机上配备 ADS－B 机载设备。ADS－B 是利用空地、空空数据通信完成交通监视和信息传递的一种新航行技术。ICAO 将其确定为未来监视技术发展的主要方向[14],有着广阔的发展前景。

6) 综合监视系统

21 世纪初,民用航空市场占有率较高的波音 737、A320 飞机以及我国自研的新舟 60 和新舟 600、ARJ21 等飞机[15]普遍采用的飞机航路环境监视系统都是独立的监视系统,这些系统存在系统复杂、子系统间交互性差、告警信息分散等问题,影响了飞行员的注意力,增加了飞行员在态势感知和操作上的困难。欧美等发达国家已经注意到这种传统独立式架构的不足,并于 21 世纪初提出了飞机环境综合监视系统,旨在利用高度综合模块化航空电子(integrated modular avionics,IMA)系统架构,完成软件/硬件资源的互用共享,逐步实现飞机环境监视系统的信息综合、数据综合、功能综合和物理综合[15]。

美国航空无线电公司(Aeronautical Radio Incorporated,ARINC)于 2006 年发布了标准 ARINC 768 综合监视系统,统一规定了飞机环境综合监视系统的相关工业要求[15]。ACSS、Honeywell、Rockwell Collins 公司等国际知名航空电子供应商也相继开展了飞机环境综合监视系统的研究工作,并成功研制出了综合监视系统产品[15],装备在世界最先进客机如波音 787、A380、A350 等飞机上。

1.3　无线电通信导航监视系统的典型架构及主要特点

无线电通信导航监视系统的架构设计与设备功能和构型相关,通信、导航、监视系统之间数据交互较多、交联关系复杂,通信、导航、监视系统的架构设计需综合考虑系统间信息共享、资源规划、系统间的协调与控制等方面[2]。无线电通信导航监视系统的典型架构如图 1－2 所示。

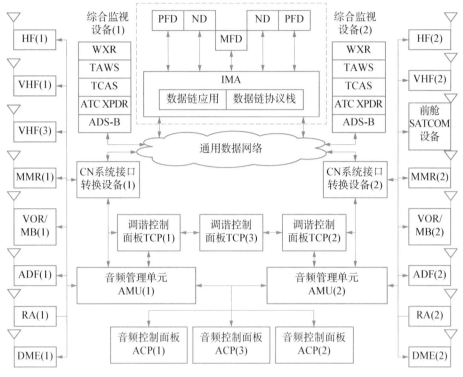

图 1-2　机载无线电通信导航监视系统的典型框架

如图 1-2 所示，CNS 系统主要包括通信系统、无线电导航系统、监视系统和控制管理系统。

1）通信系统

通信系统包括 HF 收发机、VHF 收发机、前舱 SATCOM 设备、通信管理功能（CMF）。

（1）两个 HF 收发机实现超视距话音和数据通信。

（2）三个 VHF 收发机实现视距话音和数据通信。

（3）一套前舱 SATCOM 设备实现全球范围内话音和数据链通信。

（4）通信管理功能（CMF）驻留数据链应用和协议栈，实现飞机与地面系统之间的双向数据通信。

2）无线电导航系统

无线电导航系统包括 ILS、GNSS、VOR、MB、ADF、RA 和 DME,根据设备构型的不同,系统架构以不同的设备形态的组合呈现,其中一种典型的无线电导航系统构成如下:

（1）两个多模导航接收机实现 ILS/GLS、GNSS 功能。

（2）两个 VOR/MB 接收机实现 VOR 和 MB 功能。

（3）一个/两个 ADF 测量相对方位确定飞机的飞行方向。

（4）两个 RA 用来测量飞机相对地面的真实高度。

（5）两个 DME 测量飞机与地面 DME 导航台之间的斜距。

3）监视系统

监视系统包括 WXR、TAWS、TCAS、ATC XPDR 和 ADS‐B。

（1）两个 WXR 探测飞行航路上的气象信息,避免飞机进入危险的气象区域。

（2）一个/两个 TAWS 探测飞机是否处于不安全的接地飞行状态或者当飞机进入风切变区域时,及时向机组发出警告。

（3）两个 TCAS 确定空域中可能发生的冲突,避免飞机与飞机之间的危险接近。

（4）两个 ATC XPDR 向地面报告飞机的位置、高度和飞机代码等信息。

（5）两个 ADS‐B 功能通过空空、空地数据链,以 ADS‐B 报文形式报告飞机位置、航向、空速、风速、风向等信息,同时接收其他飞机和地面的广播的 ADS‐B 信息后经过处理送给机载综合信息显示系统。

4）控制管理系统

控制管理系统包括调谐控制面板(tuning control protocol，TCP)、音频控制面板(audio control panel，ACP)和音频管理单元(audio management unit，AMU)。

（1）三个 TCP 实现通信导航监视系统的频率调谐和模式控制。

（2）三个 ACP 实现通信导航监视系统音频信号通道选择、工作模式选择和工作模式控制。

（3）两个 AMU 实现通信导航监视系统的音频综合处理。

CNS 系统设备众多，系统及设备具有许多相似特征，是新航行系统机载部分的重要支撑系统。大部分 CNS 系统设备需要进行调谐控制、音频数据处理和音频控制；均有天线，需要对射频信号进行处理；数据链数据、无线电导航数据、监视告警数据、系统状态信息等需要以声音、图形、字符等方式向飞行员进行通告[2]。基于上述特点，无线电 CNS 系统采用一体化的系统架构设计理念，一方面有利于 CNS 系统控制、数据、状态信息链路统一规划和设计，有利于音频系统设计、音频数据的统一处理、传输和控制；另一方面，有利于大量无线电设备进行统一频率管理、天线布局、电磁兼容等设计，有利于 CNS 系统信息和座舱显示系统的统一集成。

1.4　无线电通信导航监视系统的综合控制与管理

1.4.1　通信导航监视系统调谐控制

CNS 系统调谐控制实现 CNS 设备的无线电调谐、工作模式控制和工作状态监控等功能。

CNS 系统调谐控制功能的实现在不同飞机中有不同的设计思路。在波音737 NG 飞机中，CNS 系统的调谐控制由不同的控制面板来实现；在波音 787和 A380 飞机中，CNS 的调谐控制由一体化调谐控制面板实现。此外，在不同的机型中，CNS 系统调谐控制设备的名称也不相同，如在 A380 飞机上的无线电调谐控制设备称为无线电管理面板（radio management panel，RMP），在波音 787 飞机上称为调谐控制面板[2]。

通常，通信系统调谐控制一般由飞行员通过 TCP 手动调谐完成。导航系统调谐控制有自动调谐和人工调谐两种模式，其中自动调谐是指由飞行管理计算机（flight management computer，FMC）自动完成频率调谐，不需要飞行员干预；人工调谐是指飞行员通过调谐控制面板手动完成频率调谐。监视系统的控制功能由不同的监视功能控制面板或者综合监视控制面板实现。

1.4.1.1 通信系统调谐控制

通信系统的频率调谐一般通过调谐控制面板完成，飞行员选择需要的通信设备后，通过频率选择旋钮调节备用频率，一旦飞行员选定需要的通信频率，按下转换键后备用频率显示窗内的频率将被激活，所选通信设备将调谐到新的现用频率。通信系统调谐控制框图如图 1-3 所示。

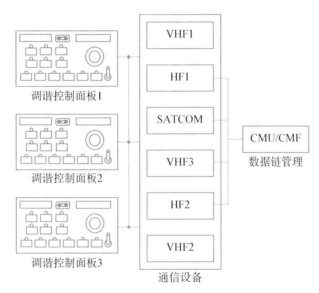

图 1-3 通信系统调谐控制框图

调谐控制面板提供的通信系统调谐控制功能主要包括如下几方面。

1）通信设备选择

用于选择当前需要调频的通信设备。一般可供选择的通信设备包括 HF 通信设备和 VHF 通信设备，当今世界先进客机（如波音 787、A380 等）还提供了机载卫星通信拨号功能。通常 VHF3 通信设备用于数据通信，并且作为话音通信的备份。当 VHF3 通信设备在数据模式下工作时，主用的调谐模式是通过 CMU/CMF 进行自动频率调节，备用的调谐模式是通过调谐控制面板进行手动频率调谐。当 HF 通信设备和 SATCOM 设备用于数据通信时，HF 通信设备通信频率由设备根据地理位置自动实现频率调谐，SATCOM 设备根据地理位置自动实现对星。

2）频率选择

用于选择选定的通信设备的频率，HF 的通信频率在 2～29.999 MHz 之间，频道间隔为 1 kHz，VHF 的通信频率在 118～136.975 MHz 之间，频道间隔支持 25 kHz 和 8.33 kHz。

3）频率转换

控制面板上通常可以同时显示两个频率，一个主用频率和一个备用频率。使用频率转换开关可以转换主用频率和备用频率，将所选的通信设备调谐到新的工作频率上。

4）HF 通信工作模式选择

用于选择 HF 通信的工作模式。HF 通信一般有单边带（single sideband，SSB）和调幅（amplitude modulation，AM）两种工作模式。

1.4.1.2　无线电导航系统调谐控制

无线电导航系统一般有自动调谐和人工调谐两种频率调谐形式。

1）自动调谐

自动调谐是指无线电导航设备，如 ILS、DME、VOR、ADF 等的频率调谐由 FMC 自动完成。自动调谐是民机无线电导航系统主用的调谐模式，如图 1-4 所示。

在民机飞行过程中，FMC 从导航数据库选取距离本机一定范围内（通常是 200 n mile）的导航台，从中选取合适的 DME/DME、VOR/VOR 及 ADF 进行组对，并将其工作频率输出给相应的无线电

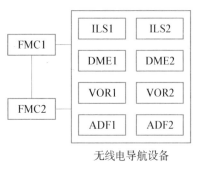

图 1-4　无线电导航系统自动调谐模式

导航设备,进而实现自动调谐。ILS 设备的频率与机场跑道是对应的,FMC 可以依据飞行计划将 ILS 设备的频率自动调谐到降落跑道所需要的频率上。由于 ADF 并不是主用的无线电导航设备,因此在有些机型(如波音 N737 NG 和波音 787)中,FMC 并不提供对 ADF 的自动调谐功能。

2)人工调谐

人工调谐指无线电导航设备的频率调谐由飞行员通过调谐控制面板手动完成。人工调谐是民机无线电导航系统的备用调谐模式,如图 1-5 所示。

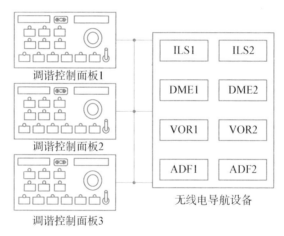

图 1-5 无线电导航系统人工调谐模式

调谐控制面板提供的无线电导航系统调谐功能主要包括如下几方面。

(1)无线电导航设备选择。用于选择当前需要调谐的无线电导航设备,一般可供选择的无线电导航设备包括 ILS、DME、VOR、ADF。

(2)频率调节。用于调节选定的无线电导航设备的频率,一般 VOR 的工作频率范围为 108.00～117.95 MHz,频率间隔 50 kHz,共有 200 个波道。其中 108.00～111.95 MHz 之间的频率为 VOR/LOC 共用,共有 40 个波道分配给 ILS 系统的 LOC。在 108.00～111.95 MHz 频率区间内,奇数 100 kHz 波道再加 50 kHz 的波道用于 LOC,并配对下滑信标波道;偶数 100 kHz 波道再加 50 kHz 的波道用于 VOR。ADF 的频率范围为 190～1 750 kHz,频率间隔为 0.5 kHz。

（3）频率转换。用于将所选的无线电导航设备调谐到新的工作频率上，调谐控制面板的输出信息除了发送给需要调谐的无线电导航设备以外，还会将相应的信息发送给其余的调谐控制面板，用于数据同步。需要注意的是，无线电高度表和 GPS 的频率是固定的，无须进行频率控制。

1.4.1.3　监视系统的控制功能

飞机监视系统的控制功能主要由 WXR 控制面板、TAWS 控制面板和 ATC/TCAS 控制面板完成，如图 1-6 所示。

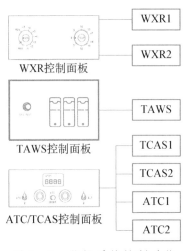

图 1-6　监视系统控制功能

1）WXR 控制面板

WXR 控制面板用于实现对 WXR 的控制，主要控制功能如下所述。

（1）WXR 工作模式选择功能：WXR 一般有气象（weather，WX）、气象＋湍流（WX＋T）和地图（MAP）三种工作模式。WX 模式是指 WXR 以气象模式工作，用于探测危险气象信息；WX＋T 模式是指 WXR 以气象＋湍流模式工作，用于探测危险气象信息和带有一定雨滴的湍流；MAP 模式是指 WXR 以地图模式工作，用于识别地形特征。

（2）增益调节功能：用于调节 WXR 的接收灵敏度。

（3）天线角度控制功能：用于调节 WXR 天线的角度。

2）TAWS 控制面板

TAWS 控制面板用于实现对 EGPWC 的控制，主要控制功能如下所述。

（1）襟翼禁止电门（FLAP INHIBIT）：向 EGPWC 模拟襟翼放下状态，当机组进行襟翼收上的进近时，利用此电门阻止发出警告，当选用此电门后，"过低，襟翼"（TOO LOW，FLAP）警告被禁止。

（2）起落架禁止电门（GEAR INHIBIT）：向 EGPWC 模拟起落架放下状态，当机组进行起落架收上进近时，利用此电门阻止发出警告。当选用此电门后，"过低，起落架"（TOO LOW，GEAR）警告被禁止。

（3）地形禁止电门（TERR INHIBIT）：向 EGPWC 发送出一个接地的离散信号，此离散信号禁止地形净空基底（terrain clearance floor，TCF）功能和地形觉察功能。当此电门在禁止位置时，导航显示器上不再出现 TCF 和地形觉察提醒和警告，驾驶舱扬声器听不到这些声音，两个导航显示器上均有琥珀色的地形禁止（TERR INHIBIT）信息出现。

3）ATC/TCAS 控制面板

ATC/TCAS 控制面板用于实现对 ATC XPDR 和 TCAS 的控制，主要控制功能如下所述。

（1）ATC 选择功能：用于使 1 号 ATC XPDR 或 2 号 ATC XPDR 处于工作状态。

（2）ATC 工作模式选择功能：通常 ATC XPDR 有 STBY 和 ON 两种工作模式，STBY 模式指 ATC XPDR 有供电但是不工作，ON 模式指选定的 ATC XPDR 开始工作。

（3）高度报告开关功能：用于确定 ATC XPDR 的高度报告功能是否接通。

（4）飞机代码选择功能：ATC XPDR 的飞机代码选择功能由数字键盘、

飞机代码显示窗口和清除按键共同完成。机组用数字键盘输入飞行代码，输入的飞行代码通过数字显示窗口显示出来，清除按键可以清除飞机代码显示。

（5）TCAS工作模式选择：TCAS一般有交通咨询（traffic advisory，TA）和决断咨询（resolution advisory）两种工作模式，当TCAS在TA模式下工作时，仅能显示交通咨询、接近和其他的入侵飞机，不产生任何垂直指令；当TCAS在交通咨询/决断咨询模式下工作时，可显示所有入侵飞机并可以产生垂直指令。

1.4.2　通信导航监视系统的音频控制

CNS系统的音频控制功能一般由ACP完成，ACP将控制信号发送给音频管理组件，音频管理组件利用这些控制信息将来自驾驶舱或者CNS系统的音频信号连接到所选择的终端设备，如图1-7所示。

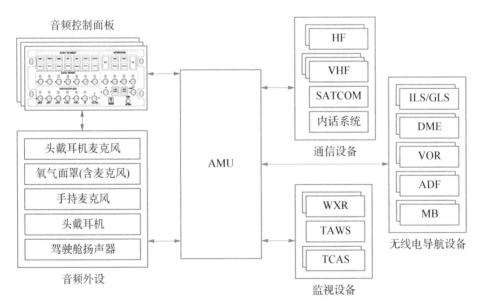

图1-7　CNS系统的音频控制功能

CNS 系统的音频控制功能主要包括以下几个方面。

1）麦克风选择功能

用于将来自驾驶舱的音频接入 HF、VHF、SATCOM 或者内话系统，通常情况下麦克风选择功能是互斥的。

2）音量控制功能

用来控制音频信号是否接通并可以控制音量大小。当按钮按下时接通音频信号，将来自 HF、VHF、SATCOM、内话系统、ILS/GLS、DME、VOR、ADF、MB 的音频系统接入飞行员耳机。

3）发射/内话开关

发射/内话开关是个三位开关，用于控制飞行员的音频信号是否通过音频管理组件发送给终端设备。

4）音频滤波器选择

用于控制飞行员耳机是只收听话音信号、只收听莫尔斯识别信号还是话音信号和莫尔斯识别信号都收听。

5）监视告警

将 WXR、TAWS、TCAS 的告警声音接入驾驶舱音频播放设备。

1.4.3　通信导航监视系统的音频综合管理

CNS 系统的音频综合管理一般由 AMU 完成，实现 CNS 系统音频数据的控制管理，实现全机机内和机外话音通信、无线电导航音告警、监视告警等功能[2]，CNS 系统的音频综合管理功能如图 1-8 所示。

音频管理组件主要完成如下功能。

1）音频信号综合

AMU 集成了 CNS 系统所有的音频信号，接收来自通信系统、无线电导航系统和监视系统输出的音频信号，经处理后送至机组人员的耳机或扬声器；也可以将来自机组人员的麦克风话音输入信号通过通信系统发射出去，或者通过

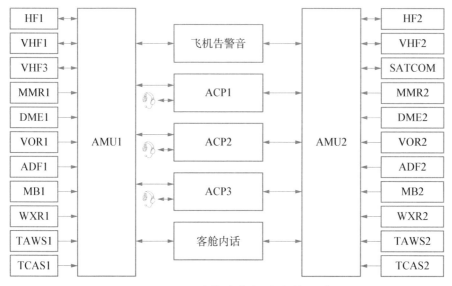

图 1-8　CNS 系统的音频综合管理功能

内话系统将音频信息发送至飞行机组的耳机、乘务员手持终端或客舱广播的扬声器。

2）通信设备与音响设备之间的音频交互

AMU 可以根据 ACP 提供的音频控制信号，接收来自机组人员的麦克风话音输入信号，发送至通信设备，并通过天线发射出去；还可以接收来自通信设备的音频信号，并发送至机组人员的耳机或扬声器。

3）无线电导航设备与音响设备之间的音频交互

AMU 可以根据 ACP 提供的音频控制信号，接收来自无线电导航设备的音频信号，并发送至机组人员的耳机或扬声器。

4）监视设备与音响设备之间的音频交互

AMU 可以接收来自监视设备的音频信号，并发送至机组人员的耳机或扬声器。

1.5　无线电通信导航监视系统技术基础

1.5.1　无线电收发设备

无线电收发设备可以完成无线电信号的发射和接收。无线电发射设备将输入信号转变成电信号,经载波调制后通过天线发射出去。无线电接收设备将接收到的载波还原成原始的输入信号。典型无线电收发设备原理如图 1 - 9 所示。

图 1 - 9　典型无线电收发设备原理

1) 输入设备

输入设备将原始信号转换为相应的电信号,通常将输入的电信号称为基带信号,基带信号通常频率较低,无法实现远距离传输。

2) 调制器

为了实现基带信号的远距离传输,需要将基带信号加载到一个较高频率的载波上,这个过程称为调制,常用的调制方式包括幅度调制、频率调制和相位调制三种。

幅度调制是一种以载波的瞬时幅度变化来表示信息的调制方式,载波的瞬时幅值按调制信号的规律变化而频率保持恒定。

频率调制是一种以载波的瞬时频率变化来表示信息的调制方式,载波的频率按调制信号的规律变化而振幅保持恒定[16]。

相位调制是一种以载波的瞬时相位变化来表示信息的调制方式,载波的相位按调制信号的规律变化而振幅保持恒定。

3）发射装置和天线

在无线电设备发射电波时，发射装置将振荡的无线电频率电流加载到天线上，天线产生电磁辐射，将调制后的无线电波发射出去。

4）接收装置和天线

在无线电设备接收电波时，天线获取无线电波的部分能量并将其转换为电流，产生微小的电压，再通过接收装置放大后，将电信号发送给解调器。

5）解调器

解调是调制的逆过程，解调器将载波携带有用信息的频谱搬移到基带中，利用相应的滤波器滤出基带信号。调制方式不同，解调方式也不同，通常分为幅度解调、频率解调和相位解调。

6）输出设备

通过信号解调获取包含原始信息的基带信号，再通过输出设备将基带信号转换成相应的原始信息。

1.5.2 电波传输与天线

1.5.2.1 电波传输

众所周知，当平面波在均匀无限大的无耗介质中传播时，强度不会减弱，而相位则会随着路径的增加不断延迟，故可写作 $e^{-j\alpha r}$（其中 α 是相位常数，r 是在射线方向上的距离）。然而，当非平面波在均匀无限大无耗的介质中传播时并不遵循这个规律。在通常情况下，可以将天线发射出来的电波视为球面波的一部分，球心位于发射天线。这时，电波的场强将会随半径 r 的增加不断地减小，其相位则线性滞后。这样，距离为 r 处的被研究点的场强为 $e^{-j\alpha r}/r$。如计入周围介质的损耗时，则还要加上额外的被介质所吸收的电波能量，致使场强的衰减变大，可写成 $Ae^{-j\alpha r}/r$，其中 A 称为衰减系数，在处理不同性质的电波传播问题时，它有不同的数值。

实际介质是不均匀的,电波在不同介质分界面上必然会产生折射和反射。显然,当电波在大气层中传播时,由于电波的频率不同以及地面和电离层对它的影响不同,因此形成了不同的传播方式,电波的传播方式主要有天波、地波、直达波和地面反射波。如图1-10所示,沿地球表面传播的电波称为地波;靠电离层的反射传播的电波称为天波;沿视线直接传播的电波称为直达波;经地面反射后到达接收点的电波称为地面反射波。

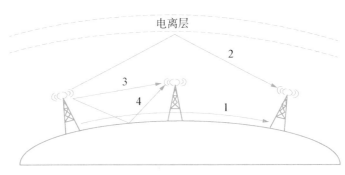

1—地波;2—天波;3—直达波;4—地面反射波。

图1-10 电波传输方式示意图

1.5.2.2 天线

天线是用于发射和接收无线电波的装置,发射天线将发射设备发送的交流电磁能变为向一定空间传播的电磁波,接收天线从周围空间获取电磁波能量,并将它传送给接收设备。天线根据波长来划分,可分为超长波天线、长波天线、中波天线、短波天线、超短波天线、微波天线等。根据天线的工作原理和结构分为细导线天线、声学天线、扬声器天线、光学天线和表面波天线。飞机上天线体积较小、重量较轻、强度较高,且大多做成流线型、隐蔽式或与机体共形,以减小对飞机气动性能的影响[17]。

机载CNS系统设备功能不相同,工作频率也不相同,因此对天线的安装要求也不尽相同,与CNS系统设备相关的天线种类及安装位置如下所述。

1) HF 通信天线

HF 通信天线一般为"凹"槽天线,绝缘密封安装在飞机垂直安定面的前缘。

2) VHF 通信天线

VHF 通信天线一般为长刀型天线,第 1 和第 2 套 VHF 的天线通常在机身上下表面各安装 1 个,第 3 套 VHF 的天线安装在机身下表面。

3) SATCOM 天线

SATCOM 天线有机械式和相控阵天线等几种,安装在天线罩内。

4) VOR 天线

VOR 天线具有多种形状,如蝙蝠翼型天线、环形天线、V 形偶极子天线等,一般安装在垂直安定面顶端或者机身上部。

5) DME 天线

DME 天线一般为短刀型天线,一般安装于机身下部。

6) ILS 天线

ILS 天线包含 LOC 天线和 GS 天线,均为水平极化天线,一般位于气象雷达罩内。

7) ADF 天线

ADF 天线一般为环形天线,安装在机身上部。

8) RA 天线

RA 天线一般为宽波束方向性天线,其发射天线和接收天线分开安装在机身腹部处。

9) MB 天线

MB 天线一般为嵌平式天线,安装于机身腹部处。

10) GPS 天线

GPS 天线一般为右旋圆极化天线,由于 GPS 接收的卫星信号来自太空,因此 GPS 天线一般安装于机身顶部。

11）TCAS 天线

TCAS 天线一般为外形扁平的流线型天线，TCAS 天线一般有两副，一副安装在机身背部中心线上，另一副安装在机身腹部中心线上。

12）WXR 天线

WXR 天线一般为平板缝隙天线，安装在机鼻处。

13）ATC XPDR 天线

ATC XPDR 天线一般为短刀型天线，安装于机身下部。

1.5.3　系统数据总线技术

系统数据总线技术是用于机载设备、子系统直至模块之间的互连技术。航空电子设备以机载数据总线为纽带，互连组成航空电子系统网络，完成数据信息的传输任务。随着航空电子系统技术及其结构的发展，航空数据总线的带宽、传输速率以及容错性等方面都有显著提高。目前已投入民机使用的典型机载数据总线有 ARINC 429、ARINC 629、ARINC 664 等。

1.5.3.1　ARINC 429 数据总线

ARINC 429 数据总线协议是美国航空电子工程委员会（Airlines Electronic Engineering Committee，AEEC）于 1977 年 9 月发表并获得批准使用的一种串行总线标准。ARINC 429 数据总线广泛应用于民机中，如波音 737、波音 747、波音 757、波音 767、A320 及 A330 飞机等。

1）总线结构

ARINC 429 数据总线采用单向串行总线设计，包括发送器、传输线（采用双绞屏蔽线，通常为红色和蓝色）和接收器等相关设备，其连接结构如图 1-11 所示。

由图 1-11 可知，ARINC 429 数据总线以串行方式单向传输数字数据信息，即一条总线上发送器只能有一个，而接收器可以有多个。信息只能从 ARINC 429 数据总线发送器的发送口输出，经传输线传至与它相连的需要该

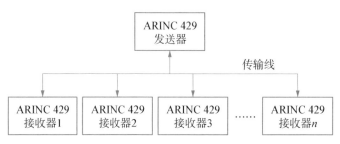

图 1-11　ARINC 429 数据总线连接结构

信息的其他设备的接收口,信息不能倒流至发送端。

　　ARINC 429 数据总线采用屏蔽双绞线传输 32 位数据信号,传输方式为单向广播式,传输数据速率为 100 Kb/s 和 12.5 Kb/s 两种。信号调制采用双极归零码,即有高电平(HI)、零电平(NULL)和低电平(LO)三种电平状态传输信息,如图 1-12 所示。

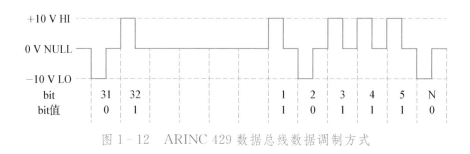

图 1-12　ARINC 429 数据总线数据调制方式

　　由图 1-12 可知,ARINC 429 数据总线采用双极归零码的调制方式使数据传输实现自时钟和自同步。在传输信息过程中,高电平(HI)代表逻辑为"1",低电平(LO)代表逻辑为"0",每位的前半位为±10 V 电平,后半位为零电平(NULL),表示信息的结束。在接收端,根据接收波形归于零电平即可知道该位数据信息已接收完毕,以便准备下一比特信息的接收[18]。所以,在发送端不必按一定的周期发送信息,可以认为正负脉冲前沿起到启动信号的作用,后沿起到终止信号的作用,即收发之间无须特别定时[18],这就是所谓的自时钟方式。同步是识别传输字的开始或结束,ARINC 429 数据总线在连续传输数据时,每个数据字之间都存在 4 个比特时间(NULL)的间隔,在 4 位"NULL"后紧跟新的一组 ARINC 429 数据总线的数据,以此能够实现自同步。

2)数据格式

ARINC 429 数据总线的数据以 32 位字传输,ARINC 429 数据总线传输的数据有五种编码方式:二进制编码的十进制(binary-coded decimal,BCD)、二进制数(binary number,BNR)、离散数据以及两种字母数字数据格式。字母数字数据的编码采用国际标准化组织 ISO - 5 字符表的规定。一个标准的 32 位数据字通常分为五个部分,如表 1 - 2 所示。

表 1 - 2　标准的 32 位数据字

P	SSM		DATA							SDI		LABEL							
32	31	30	29	28	27	26～14	13	12	11	10	9	8	7	6	5	4	3	2	1

由表 1 - 2 可知,一个 ARINC 429 数据总线的数据可以分为标志位(LABEL)、源/目的识别码(source destination identifier,SDI)、数据区(DATA)、符号状态矩阵(sign status matrix,SSM)和奇偶校验位(PARITY)五个部分。

(1)标志位(LABEL)。第 1～8 位,用于标识传输参数的内容。标志位采用八进制编码,可标识 255 种可能的参数,其用途是识别数据区包含的信息。

(2)源/目的识别码(SDI)。第 9～10 位,当安装有多套某系统时,SDI 可用来识别信息发送的目的地,指定信息发往某套系统。同样,当某系统发送数据时,SDI 用来识别信息来自哪套指定系统。

(3)数据区(DATA)。第 11～29 位,包含了发送的编码数据,根据内容不同该部分的编码方式不同。

(4)符号状态矩阵(SSM)。第 30～31 位,表示数据字的符号或者数据的状态,对于不同编码的数据字,其 SSM 有不同的定义。SSM 也可以表明数据发生器硬件的状态(无效数据或实验数据)。

（5）奇偶校验位（PARITY）。第 32 位为奇偶校验位。该位是根据前 31 位码中"1"的总数及奇校验或偶校验所确定的。若采用奇校验，则前 31 位中"1"的总数为偶数时，该位置"1"；否则置"0"。

1.5.3.2　ARINC 629 数据总线

ARINC 629 数据总线是波音公司开发的一种数字式自主终端存取通信（digital autonomous terminal access communication，DATAC）方式，在波音 777 飞机上得到了应用。该数据总线采用双绞线连接飞机各系统和计算机，数据能够双向传输，各终端皆以自主的形式工作，均能实时传输数据。数据总线确保每个终端的传送信息依次进入总线，系统以某一规定的最小更新率更新数据，确保周期性地传送和接收数据[19]。

1）总线结构

ARINC 629 数据总线由终端控制器、串行接口模块、电流型耦合器、分支总线、主干总线和终端电阻器组成。数据的传输由连接于总线上的终端控制器进行控制，所有的终端控制器都通过电流型耦合器并行与单一的总线电缆连接。总线电缆采用非屏蔽的双绞线，最长可达 100 m，最多可以连接 120 个终端[20]，如图 1-13 所示：

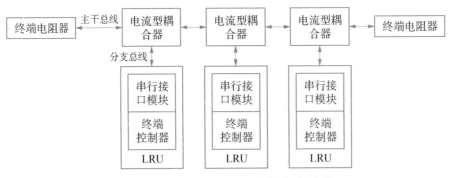

图 1-13　ARINC 629 数据总线结构

ARINC 629 数据总线是双向传输的，连接在总线电缆上的所有终端都可以发送或接收数据[20]。由于每一终端都可以发送数据，因此存在总线资源竞争的问题,这必然要求在同一时刻只能有一个终端使用总线资源[20]。ARINC 629 数据总线采用载波侦听多路访问(carrier sense multiple access,CSMA)/冲突避免(collision avoidance,CA)解决该问题,即总线的占有控制由连接在总线上的各个终端控制器完成。每个终端独立决定传输顺序,同一时刻只允许一个终端发送数据,发送后,该终端必须等待所有其他的终端都给定了传送的机会之后才能继续发送数据[20]。

ARINC 629 数据总线的数据字采用串行的曼彻斯特Ⅱ型调制方式,即以电平双相方式发送到串行接口,其传输速率为 2 Mb/s,如图 1-14 所示。

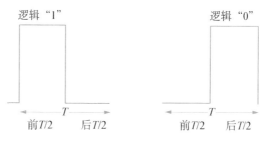

图 1-14　ARINC 629 数据总线调制方式

由图 1-14 可知,曼彻斯特Ⅱ型调制方式的波形具有两种状态,即高电平和低电平。传输的逻辑"1"由每一位的前半位的高电平变为后半位的低电平表示,逻辑"0"由每一位前半位的低电平变为后半位的高电平表示[20]。每位中间的转换提供时钟信号,接收端通过该时钟信号判断每位信息的开始与结束。

2) 数据格式

ARINC 629 数据总线的数据以报文为单位发送,每个报文都由多个字串组成,而每个字串又由一个标志码和多个数据字组成,其数据格式如图 1-15 所示。

由图 1-15 可知,报文由许多字串组成,每个字串之间有 4 位时间间隙。每个字串由一个标志码和多个数据字组成,每个数据字的字长为 20 位,其中同步脉冲占 3 位,数据占 16 位,奇偶校验占 1 位。一条报文由 1~16 个字串组

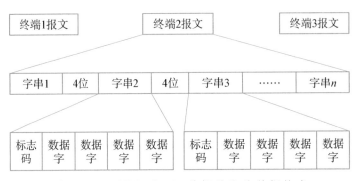

图 1-15 ARINC 629 数据总线的数据格式

成,每个字串最多可以包含 256 个数据字。

1.5.3.3 ARINC 664 数据总线

ARINC 664 数据总线是一种航空电子全双工交换式以太网(avionics full-duplex switched ethernet,AFDX)总线,实现以太网在机载航空电子系统中的数据交换。目前,A380、A350 和波音 787 飞机都采用 ARINC 664 数据总线构建航空电子综合化网络,满足大型民机航空电子系统对总线的实时性、高可靠性和较轻重量的要求,实现机载通用核心计算系统、显控系统、飞管系统、通信系统、导航系统及监视系统等电子设备之间的互联。

1)总线结构

ARINC 664 数据总线由终端设备、交换机和通信链路三部分组成,数据传输速度可以达到 100 Mb/s,ARINC 664 数据总线结构如图 1-16 所示。

其中,终端设备负责数据的收发,为航空设备与数据总线的连接提供安全、可靠的数据交换接口;交换机负责数据交换、调度和监控;通信链路提供可靠的物理连接,是航空电子设备之间信息交互的通道[21]。一个 ARINC 664 交换机最多可连接 24 个终端设备,航空电子系统网络通常以交换机为中心构建星型拓扑结构,实现航空电子设备之间的数据路由功能。

2)数据格式

一个典型的 ARINC 664 数据总线的数据由 7 个字节的前导字、1 个字节

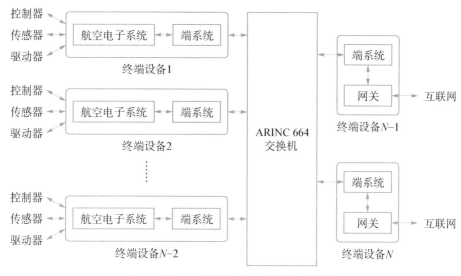

图 1-16   ARINC 664 数据总线结构

的帧前定界符、14 个字节的以太网帧头、20 个字节的互联网协议（internet protocol，IP）数据报报头、8 个字节的用户数据报协议（user datagram protocol，UDP）数据报报头、17~1 471 个字节的数据字段、4 个字节的循环冗余校验（cyclic redundancy check，CRC）码构成，如图 1-17 所示。

前导字 (7个字节)	帧前定界符 (1个字节)	以太网帧头 (14个字节)	IP数据报报头 (20个字节)	UDP数据 报报头 (8个字节)	数据字段 (17~1 471 个字节)	CRC码 (4个字节)

图 1-17   典型 ARINC 664 数据总线的数据格式

由图 1-17 可知，ARINC 664 数据总线的数据具体包括如下内容。

（1）前导字：用于引导并分解数据帧，共 7 个字节。

（2）帧前定界符：用于对帧进行分界，共 1 个字节。

（3）以太网帧头：由目的介质访问控制（media access control，MAC）地址（6 个字节）、源 MAC 地址（6 个字节）、IP 类型（2 个字节）构成，共 14 个字节。

（4）IP 数据报报头：由报头长度、总长度和传输层协议等信息（12 个字节）、源 IP 地址（4 个字节）和目的 IP 地址（4 个字节）构成，共 20 个字节。

（5）UDP 数据报报头：由源端口（2 个字节）、目的端口（2 个字节）、长度（2 个字节）和校验和（2 个字节）构成，共 8 个字节。

（6）数据字段：即 ARINC 664 报文，报文长度最小为 17 个字节，最大为 1 471 个字节，当报文长度不满 17 个字节时，采用 0 进行填充，共 17～1 471 个字节。

（7）CRC 码：采用 4 个字节的 CRC 码进行校验，共 4 个字节。

1.5.4　综合模块化航空电子系统架构技术

在 IMA 系统中，各种航空电子系统功能通过运行在公共计算资源（common computing resource，CCR）上的驻留应用来实现。IMA 系统架构改变了以往以传感器为中心的设计方式，减少了航空电子设备和模块的种类，提高了系统的可靠性和稳定性，同时便于升级维护，降低了航空电子系统全生命周期的成本[22]。IMA 系统架构技术已经在现代航空电子系统中得到了广泛的应用，目前主流的先进民机，包括波音 787、A380、A350 以及我国的 C919 飞机都采用了 IMA 系统架构技术。

1.5.4.1　IMA 系统架构

在 IMA 系统架构下，多个标准化通用处理模块（general processing module，GPM）通过公共高速网络与机载传感器、作动器和多功能显示系统等相连。以前需要独立设备实现的功能将通过 IMA 系统软件/硬件平台、公共高速网络以及分区驻留应用共同实现，如图 1-18 所示。

由图 1-18 可知，IMA 系统平台主要包括如下内容。

1）分区软件

分区软件主要包括分区驻留应用和分区操作系统。分区软件包含的分区驻留应用和分区操作系统具有相同的运行状态，是任务分配和集成交付的基本单位，也是适航认证的基本单元[23]。

（1）分区驻留应用是指配有一组特定接口的应用软件，分区驻留应用与

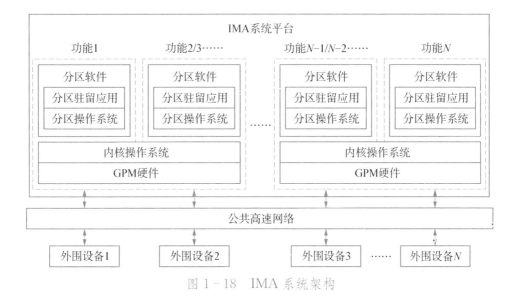

图 1-18 IMA 系统架构

IMA 系统平台集成后，可以实现特定的航空电子系统功能，如 CMF、FMF 等。

（2）分区操作系统为分区驻留应用提供执行环境相关的基础支持软件，主要为分区驻留应用提供操作系统服务，如任务调度、分区内资源管理等。

分区软件具有如下特点[24]：

（1）独立性：由于采用了时间和空间的隔离机制，因此分区软件可单独进行开发、测试和验证，在系统集成过程中采用增量式验收，单个分区软件的修改、升级不会影响到其他的分区软件。

（2）可重用性：由于定义了标准的软件接口，分区软件调用标准的应用软件执行（application executive，APEX）接口可以在不同的硬件平台和操作系统环境中得到重用，因此相同的软件可以在不同项目和产品上使用。

（3）易修改性：由于分区软件之间的隔离以及分区驻留应用采用标准接口，因此分区软件的修改对其他的分区软件、IMA 系统平台资源及模块的影响很小，甚至没有影响。

2）内核操作系统

内核操作系统为分区软件提供执行环境的操作系统、分区环境和基础服务,包括通信接口服务、核心服务和分区系统接口服务等。

（1）通信接口服务：提供对各种通信接口的支持。

（2）核心服务：内核操作系统的主要部件是核心服务，包括含有分区调度的分区处理、分区间通信和错误处理等。

（3）分区系统接口服务：为分区软件和核心服务之间提供接口，负责该分区的资源调度处理和与核心服务的通信。

3）通用处理模块硬件

GPM 硬件向应用程序提供计算资源，如处理器、存储器和接口等资源，GPM 硬件可以由多个应用共享也可以由特定的应用专用。采用 GPM 可以将飞机上多个传统的 LRU 的功能整合在一个 GPM 上，大大减少了飞机功能组件的数量，实现了飞机软件/硬件资源的整合。

4）公共高速网络

公共高速网络为 IMA 系统平台与总线上的其他机载设备提供通信服务。

5）外围设备

飞机应用软件的外围设备主要包括传感器、作动器、显示器和控制面板等，飞机应用软件能够处理安装在飞机任何位置的外围设备的输入和输出信号，这些输入和输出信号可以被飞机的所有功能共享。外围设备通过公共高速网络连接到 IMA 系统平台，与驻留在 IMA 系统平台上的应用软件共同完成航空电子系统的特定功能。

1.5.4.2　IMA 系统软件结构

IMA 系统采用分区操作系统来管理同一模块中的多个应用程序，通过时间和空间上的隔离，将多个应用程序限制在属于该应用自身的有限处理器时间和空间资源中[22]。操作系统采取保护机制确保同一硬件模块中的多个应用程序之间不会相互影响，进而提高 IMA 系统的容错能力。ARINC 653 给出了分区技术环境下应用程序的执行接口标准，其给出的 IMA 系统软件体系结构如图 1-19 所示。

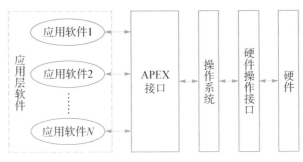

图 1-19 IMA 系统软件体系结构

由图 1-19 可知,IMA 系统软件主要包括如下功能模块。

1)应用层软件

应用层软件指各种航空电子系统功能性软件,这些软件都由特定的应用功能供应商依据航空电子系统功能需求和适航要求开发,这些软件都在时间和空间分区环境中运行,只能调用 ARINC 653 规定的接口访问系统和硬件资源[22]。

2)APEX 接口

APEX 接口位于应用软件和操作系统之间,将应用软件与操作系统隔离。APEX 接口定义了操作系统为应用软件提供的功能集合,利用这个功能集合,应用软件可以控制系统的调度、通信和内部状态信息的搜集[25]。

APEX 接口具有如下特点:

(1)可移植性:APEX 接口是一个静态接口,为处理环境提供相同的服务和约束,因此基于 APEX 接口开发的应用软件可以轻松地移植到其他目标机型上。

(2)可重用性:根据可移植性,基于 APEX 接口开发的应用软件也支持其他环境中应用软件的重用。

(3)模块化:APEX 接口可以将应用软件进行分解,降低硬件和软件之间的依赖关系,从而支持模块化的应用软件。

(4)不同安全级别之间应用软件的集成:使用鲁棒的分区化,APEX 接口支持不同安全级别的应用软件在一个处理器上运行。

3）操作系统

操作系统为应用层软件提供标准、公共的运行环境,主要包括调度、通信、同步与异步操作、存储管理及异常/中断处理等服务[26]。

4）硬件操作接口

硬件操作接口由满足操作系统模块接口规范的专用硬件模块支持软件组成,如设备驱动、软件加载和调试接口等。

5）硬件

硬件指 IMA 系统平台的各种物理资源,包括处理器、内存及网络设备等。

参考文献

[1] 苏冉.民航航空电信网(ATN)技术应用探析[J].中国高新技术企业,2016,(24):55 - 56.

[2] 刘天华.民机无线电 CNS 系统一体化架构设计[J].电讯技术,2010,50(7):1 - 5.

[3] 程学军.新航行系统及其在航空电子系统中的应用[J].电讯技术,2009,49(5):101 - 107.

[4] 刘天华.民用飞机数据链通信管理技术[J].电讯技术,2010,50(5):84 - 88.

[5] 李新喜.飞行模拟器无线电导航系统仿真研究[D].哈尔滨:哈尔滨工业大学,2007.

[6] 何进.民用飞机机载监视系统发展综述[J].电讯技术,2014,54(7):1025 - 1030.

[7] 李润兵,王谨,詹明生.导航、电子对抗、制导[J].中国无线电电子学文摘,2011,27(1):142 - 152.

[8] 李超.民用航空器 VHF 通信干扰分析[D].西安:西安电子科技大学,2014.

[9] 王志明,曾孝平,黄杰,等.民用航空通信技术现状与发展[J].电讯技术,2013,53(11):1537 - 1544.

[10] 刘天华.民用飞机数据链应用适航要求及实现建议[J].电讯技术,2014,54(10): 1326 - 1329.

[11] 周明.面向 AESS 的机载气象雷达仿真系统设计[D].上海:上海交通大学,2013.

[12] 郭晓伟.宽带天气雷达数字接收机设计[D].南京:南京信息工程大学,2016.

[13] 何创新,钟建坡,候学晖.近地告警系统国内外现状与发展概述[J].第五届中国航空学会青年科技论坛,2012:217 - 221.

[14] 张利永,王宇.ADS - B 在南中国海的试验分析和应用思考[J].中国民用航空,2011(121):59 - 60.

[15] 钱君,于超鹏,刘睿.民用飞机环境综合监视系统的发展及设计考虑[J].第九届长三角科技论坛——航空航天科技创新与长三角经济转型发展论坛论文集,2012,10 - 15.

[16] 叶炎军.基于 sb3500 的 DMR 基带传输技术的研究与开发[D].西安:西安电子科技大学,2014.

[17] 陈敬熊.飞行器天线.[EB/OL].[2011 - 07 - 02].http://blog.sina.com.cn/s/blog_4946a9f50100syrg.html.

[18] 周灼荣,聂涛,靳小超,等.基于 FPGA 的基带码发生器设计[J].现代电子技术,2006(11):53 - 55.

[19] 张文轩,尚利宏,金惠华,等.ARINC 629 航空数据总线在以太网上的仿真[C].北京地区高校研究生学术交流会,2008.

[20] 杜鸣.ARINC 629 数字总线传输系统[J].中国民航学院学报,1996,14(1):7 - 14.

[21] 李哲,田泽,张荣华,等.AFDX 网络协议及关键技术的研究[J].计算机技术与发展,2016,26(4):46 - 50.

[22] 王运盛,雷航.面向综合模块化航电系统的驻留应用开发平台设计[J].计算机应用,2012,32(03):861 - 863,884.

[23] 王运盛.综合模块化航空电子分区软件可靠性研究[D].成都:电子科技大学,2017.

[24] 王运盛,雷航.分区软件失效模式和效果研究[J].计算机应用研究,2017,34(8)：2399-2403.

[25] 李涛.面向航空电子操作系统的 APEX 接口设计与实现[D].成都：西南交通大学,2014.

[26] 周庆,刘斌,余正伟,等.综合模块化航电软件仿真测试环境研究[J].航空学报,2012,33(4)：722-733.

2

无线电通信系统

2.1　无线电通信系统概述

通信系统主要用于实现飞机与地面之间、飞机与飞机之间的话音和数据通信[1]，也用于机内飞行机组人员之间、飞行机组与乘务员之间的话音通信以及飞行机组乘客广播等。通信系统主要包括 HF 通信系统、VHF 通信系统、SATCOM 系统、选择呼叫（selective calling，SELCAL）系统、数据链（data link）系统和音频综合系统。无线电通信系统架构如图 2-1 所示。

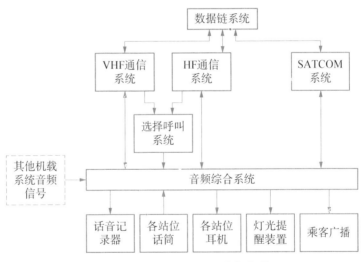

图 2-1　无线电通信系统架构

1) HF 通信系统

HF 通信系统是一种机载远程通信系统，用于在远程飞行时保持飞机与地面间的通信联络。大型飞机上通常装备 1～2 套 HF 通信系统，其工作频段为 2～29.999 MHz，频道间隔为 1 kHz。HF 信号利用天波进行传输，即通过电离层与地表面之间的反射达到远程通信的目的，因此通信距离可达数千公里。

2）VHF 通信系统

VHF 通信系统是最重要也是应用最广泛的飞机无线电通信系统,主要用于飞机在起飞和着陆期间以及飞机通过管制空域时与地面管制人员的双向话音和数据通信[1]。VHF 通信系统工作频段通常在 118～136.975 MHz 之间,大型飞机通常装备 2 套或者 3 套 VHF 通信系统,以保证通信高度可靠[1]。由于 VHF 信号只能以直达波的形式在视距范围内传播,因此通信距离较短,并受飞行高度的限制[2]。

3）SATCOM 系统

SATCOM 系统利用空间的人造卫星作为中继站转发无线电信号,实现机载 SATCOM 系统与地面地球站之间或多个地面地球站之间的通信,提供全球范围内的双向话音和数据通信服务。SATCOM 工作频段通常在 1G 到数十 G 之间,卫星与地面地球站之间通常使用 4～6 GHz 的 C 频段,C 频段趋于饱和,目前趋势是向 Ku、Ka 频段发展,而机载 SATCOM 系统与卫星之间信号使用 L、Ku、Ka 频段,主要用于向机组人员和乘客提供卫星电话、数据通信服务;向地面空管中心和航空公司提供用于航空管制和航空运营管理的话音和数据链通信服务。

4）选择呼叫系统

选择呼叫系统的功能是当地面呼叫指定飞机时,以灯光和声音通知机组人员进行联络,从而避免机组人员对地面呼叫的长期守候,减轻机组人员的工作负担。选择呼叫系统不是一种独立的通信系统[1],它通过 HF 通信系统和 VHF 通信系统实现其功能。

5）数据链系统

数据链系统是一个可寻址的空地数字式数据通信网络,借助于 HF 通信系统、VHF 通信系统和 SATCOM 系统进行空地之间的数据和信息的传输和交换,使飞机作为移动终端与空管部门或航空公司的指挥系统、控制系统和管理系统通信。

6）音频综合系统

音频综合系统是机载音频信号的处理中心,接收无线电通信系统的音频信号和飞机各站位的话筒音频信号,根据音频通道的选择将音频信号路由至无线电通信媒介或飞机内部指定站位的耳机或扬声器;将驾驶舱话音信号发送至话音记录器进行记录;接收无线电导航音频信号,根据飞行员的选择进行播放;处理并播放飞机告警音。

HF 通信系统、VHF 通信系统、SATCOM 系统是飞机与地面之间以及飞机与飞机之间进行相互通信的媒介,用于实现基于无线电通信技术的话音及数据通信。其中话音信号通过音频综合系统的综合处理实现机组人员与通信媒介之间的交互;数据链系统基于 HF、VHF 和 SATCOM 系统实现空地之间数据和信息的传输交换;选择呼叫系统基于 HF 和 VHF 通信系统实现地面对指定飞机的呼叫,同时通过音频综合系统以声音和灯光的形式提醒机组人员;音频综合系统实现机载各种音频信号的综合处理、路由和播放。

2.2 高频通信

2.2.1 高频通信系统概述

HF 通信系统是一种机载远程通信系统,主要用于远距离的飞机与飞机、飞机与地面电台之间的语音和数据通信[1],通信距离可达数千米。HF 的工作频率范围为 2～29.999 MHz,频道间隔为 1 kHz,采用 SSB 或普通 AM 的工作方式。目前,民机上一般装有 1～2 套 HF 通信系统,HF 系统如图 2-2 所示。

HF 通信系统具有设备简单、使用方便、机动灵活、成本低廉、抗毁性强等优点,在民航和军事领域具有不可替代的作用,在早期航空无线电通信系统中,主要通过 HF 系统实现空地和空空超视距话音通信[3]。由于 HF 通信系统利

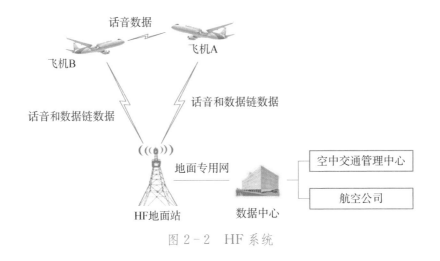

图 2 - 2　HF 系统

用电离层的反射实现电波的远距离传播,即采用天波传播,因此该传输方式易受电离层扰动、雷电、静电、电气设备和其他的辐射干扰而产生无线电背景噪声[1]。衰落也是 HF 通信的特性,即接收信号时强时弱,是由电离层的长期和瞬时变化造成的。

HF 通信系统除了采用天波进行传输之外,还可利用地波进行传输。地波的传输距离与发射机的发射功率、发射频率及地表特性等有关,功率越大,发射频率越低,地表越湿润,传播距离越远[3]。

我国民航 HF 通信主要为各区域空中交通管制中心、通航机场、近海作业飞机或航空公司提供空中交通管制、航务管理及对空广播话音业务[3]。一般区域管制 HF 信号覆盖以高空为主,覆盖范围在 1 000 km 以上。通航机场、近海作业管制高频信号覆盖以中、低空为主,覆盖范围在 500 km 内[3]。

2.2.2　高频通信原理

2.2.2.1　工作流程

HF 收发机的载波频率及工作模式由调谐控制面板设定,设定的工作频率通过数据总线发送至 HF 收发机,HF 系统的信号流程如图 2 - 3 所示。

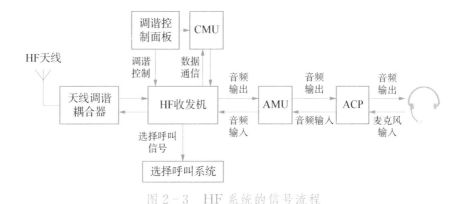

图 2-3 HF 系统的信号流程

调谐控制面板通过数据总线向 HF 收发机发送所选工作频率和工作方式。HF 收发机根据按压通话(push to talk，PTT)按钮的状态来控制系统发射和接收，当机组人员按下 PTT 按钮时，HF 收发机处于发射状态，收发机将音频综合系统的输入音频进行调制，经由天线调谐耦合器送到天线发射给其他飞机或地面站。当机组人员松开 PTT 按钮时，HF 收发机处于接收状态，由 HF 天线接收射频信号，经由天线调谐耦合器发送至 HF 收发机，收发机的接收电路对射频信号进行解调得到音频信号，送至音频综合系统，供机组或其他飞机系统使用。

当调谐控制面板将 HF 通信系统设置为数据通信模式时，数据链 CMU 收集机上数据信息，根据数据链规范形成空地报文，经由数据总线发送至 HF 收发机。同时数据链 CMU 也接收地面通过 HF 数据链发送至机载系统的报文，并在机载终端进行显示，从而实现空地 HF 数据链信息交互。

2.2.2.2 接收基本原理

HF 接收机具有两种工作模式：一种是普通 AM 工作模式，即接收机接收普通 AM 信号；另外一种是 SSB 工作模式，即可以接收上边带或下边带信号[1]。两种工作模式共用频率合成系统，HF 收发机的接收原理如图 2-4 所示。

图2-4　HF收发机的接收原理

1）高频电路

高频电路部分由带通滤波器、射频衰减器、高频放大器和混频器等组成,通常要求电路线性好、动态范围宽,以提高接收机的灵敏度和抗干扰性能[1]。带通滤波器用于选择系统所需要频率的有用信号,射频衰减器使接收机输入电路有一个较宽的动态范围,高频放大器用于提高接收机的信噪比,混频器用于实现频率搬移。

2）中频放大

中频放大由机械滤波器和中频放大器实现,机械滤波器可以保证接收机的选择性,中频放大器提供系统所需增益。调幅方式与单边带方式的中频放大器级数不同,中频放大器的输出信号加至检波器。

3）检波器

检波器用于从已调制信号中检出调制信号,即由检波器输出音频信号。在调幅方式下检波器采用 AM 包络检波器,在单边带方式下检波器采用乘积检波器。

4）自动增益控制

在 HF 通信中,由于发射功率的强弱、通信距离的远近不同以及电波传播的衰落等,使得到达接收机输入端的信号电平变化很大[1],因此采用自动增益控制(automatic gain control,AGC)电路控制输出端信号电平变化。

5）音频电路

音频输出电路由静噪电路、音频压缩放大器、有源滤波器和低频功率放大器组成[1]。静噪电路用于当没有外来射频信号输入,或输入射频信号的信噪比很小时抑制噪声音频输出[1];音频压缩放大器保证音频信号输出幅度变化不超过 3 dB;有源滤波器保证音频信号频率范围内有理想的平坦响应;低频功率放大器除放大检波音频外,还在天线调谐耦合器调谐时对来自调谐音频振荡器的 1 000 Hz 信号进行放大,如果能够听到该音频信号则表明天线处于调谐状态。

2.2.2.3 发射基本原理

HF 发射机由音频输入电路、调制电路、变频电路、功率放大电路及天线调谐耦合器等部分组成,对输入信号进行调制放大后经由天线辐射,HF 收发机的发射原理如图 2-5 所示。

图 2-5 HF 收发机的发射原理

1) 音频输入电路

音频输入电路主要由音频选择器、低通滤波器、音频放大器和音频压缩放大器组成,音频选择器从数字音频、话音音频等输入音频信号中选择其中一路信号经过低通滤波器加到音频放大器。

2) 调制电路

调制电路根据所选工作方式对音频信号进行调制,利用音频信号对 500 kHz 低载波信号进行调制,形成调制的 SSB 信号或双边带(double side band,DSB)信号。

3) 变频电路

变频电路由两级混频器组成,对 500 kHz 的 SSB 或 DSB 信号进行混频,形成 2~30 MHz 的 SSB 信号或 DSB 信号。

4) 功率放大电路

功率放大电路对 100 mW 的射频信号进行放大,采用 SSB 方式时输出 400 W 峰值包络功率,采用 AM 方式时输出 125 W 平均功率。

5）天线调谐耦合器

天线调谐耦合器的主要作用是使天线与高频电缆阻抗匹配，即天线与末级功率放大电路阻抗匹配，保证全功率发射时电压驻波比不超过 1.3∶1[1]。

2.2.3　高频通信系统架构及设备

2.2.3.1　高频通信系统架构

民机上一般装有 1～2 套 HF 通信系统[1]，每套系统由 HF 收发机、天线调谐耦合器、天线和调谐控制面板组成。其中 HF 通信系统天线只有一副，由两套系统共用；天线调谐耦合器和 HF 收发机各两个，分别由两套系统使用；调谐控制面板实现 HF 通信系统的频率调谐和工作模式控制，为方便操作，调谐控制面板通常装有 2～3 套。HF 通信系统架构如图 2-6 所示。

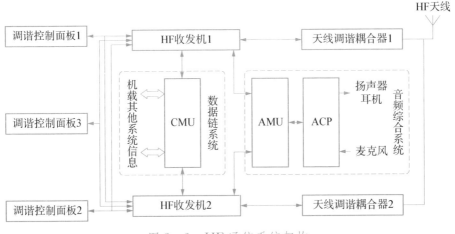

图 2-6　HF 通信系统架构

每个调谐控制面板都可以对 2 套 HF 收发机进行调谐，控制 HF 收发信号的载波频率及工作模式，HF 收发机根据调谐控制面板发送的频率，控制频率合成器的频率，天线调谐耦合器根据所选载波频率实现天线与收发机阻抗匹配。

当 HF 系统用于话音通信时，在接收状态下，由 HF 通信系统的天线接收射频信号，同时送给 2 套 HF 收发机，经过信号处理后形成音频信号，通过

AMU 以及 ACP 分发至驾驶舱的扬声器或耳机；在发射状态下，驾驶舱 ACP 将对应通道的麦克风音频信号送至 AMU，HF 收发机将 AMU 输出的音频信号调制后由选定的 HF 收发机通过 HF 天线辐射。

当 HF 系统用于数据通信时，接收状态下，HF 天线接收数据链信号，经由 HF 收发机解调后送至机载数据链系统；在发射状态下，数据链 CMU 将机载系统信息处理成数据链格式信息，经由数据总线传输至选定的 HF 收发机，对信号进行调制后由 HF 天线发射。

2.2.3.2　机载高频通信设备

1）HF 收发机

HF 收发机通常安装在电子设备舱内，用于对射频信号进行调制发射、接收解调，实现空地之间的话音和数据通信。目前典型 HF 收发机外观有两种形式，一种采用液晶显示器（liquid crystal display，LCD），以文字形式显示测试过程状态；另一种采用发光二极管（light emitting diode，LED）灯，以不同灯光颜色示意测试过程状态。HF 收发机外观如图 2-7 所示。

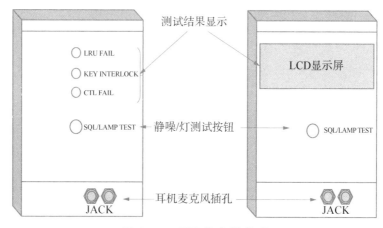

图 2-7　HF 收发机外观

收发机前面板上有测试按钮、状态显示以及耳机插孔，当按下测试按钮时，静噪抑制失效，此时耳机内可听到噪声，同时 3 个故障灯亮，测试的结果通过

LCD显示屏或LED灯给出提示。

（1）当来自控制板的输入信号失效时，"CTL FAIL"提示灯亮或显示提示信息。

（2）在收发机内，当出现+5 V直流电或+10 V直流电电源电压消失、发射输出功率低、频率控制板故障、频率合成器失锁或机内微处理器故障等情况之一时，"LRU FAIL"提示灯亮或显示提示信息。

（3）当收发机已被键控，如天线调谐耦合器中存在故障时，"KEY INTERLOCK"提示灯亮或显示提示信息，此时发射被抑制。

2）HF天线调谐耦合器

天线调谐耦合器的主要目的是使天线与高频电缆匹配，即天线与末级功率放大电路匹配，一般安装在垂直安定面的前下部两侧，每侧各一个，天线调谐耦合器的前面板如图2-8所示。

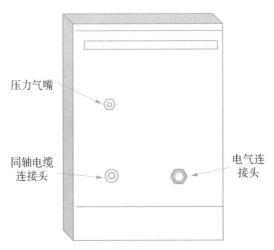

压力气嘴

同轴电缆连接头

电气连接头

图2-8 HF天线调谐耦合器的前面板

HF天线调谐耦合器采用115 V交流电和28 V直流电，没有外部冷却，能在2～15 s内自动地使天线阻抗与传输特性阻抗为50 Ω的高频电缆相匹配，使电压驻波比（voltage standing wave ratio，VSWR）不超过1.3∶1[1]。天线调谐耦合器在其带密封垫圈的可卸外壳内增压,外壳上有 3 个与外部相连的接头。压力气嘴是用来给天线调谐耦合器充压的,通常是充干燥的氮气,压力约为 22 psi①,比外界气压高 0.5 atm② 左右,防止外界潮湿空气进入或空中低气压,降低天线调谐耦合器内部抗电强度[1]。当压力低于 15.5 psi 时,就必须充压[1]。与 HF 收发机连接的同轴电缆连接头和电气连接头用于传输 HF 信号以及电气连接。

3) HF 天线

现代飞机的 HF 天线与机身蒙皮齐平安装,是一个凹槽天线,它由一段 U 形玻璃钢材料构成,绝缘密封在垂直安定面的前缘[1],如图 2-9 所示。

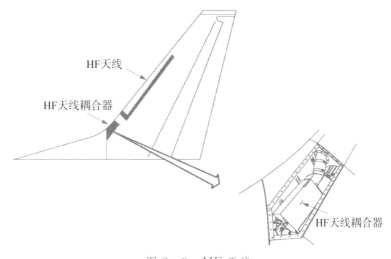

图 2-9　HF 天线

天线金属部分留有线缆端头,通过馈线连接到天线调谐耦合器背面的天线馈线连接头,将接收到的射频信号送至天线调谐耦合器。HF 天线对射频电流呈低阻抗,天线调谐耦合器能使天线阻抗与收发机的 HF 电缆 50 Ω 特性阻抗相匹配[1]。

---

① psi:磅力每平方英寸,压力单位,1 psi=6.895 kPa。
② atm:标准大气压,压力单位,1 atm=101.325 kPa。

2.3 甚高频通信

2.3.1 甚高频通信系统概述

VHF 通信系统是一种适用于飞机视距通信的语音和数据通信系统,主要用于飞机与飞机之间、飞机与地面之间的语音和数据通信[4],是目前应用最广泛的也是最重要的无线电通信系统。VHF 通信系统采用 AM 工作方式,工作频率范围 118~136.975 MHz,频道间隔支持 25 kHz 和 8.33 kHz。目前,为了保证 VHF 通信的高度可靠,大型飞机上通常装备三套相同的系统,其中第一套 VHF 和第二套 VHF 通信系统用于飞行员话音通信,第三套 VHF 通信系统用于数据链通信,实现飞行过程中空地数据的交换,第三套 VHF 通信系统还作为话音通信的备份。VHF 通信系统如图 2 - 10 所示。

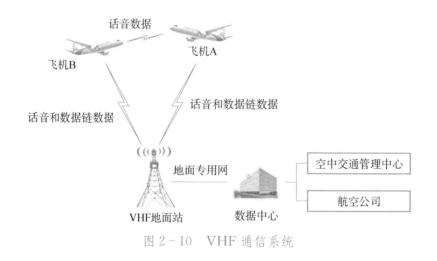

图 2 - 10 VHF 通信系统

由于 VHF 通信系统工作频率高,其地波衰减大,传播距离近,天波传播方式又会穿过电离层而不能形成有效的反射,因此只能以空间视距方式传播。有效传播距离一般限于视线范围,对流层对 VHF 的折射作用使得实际的传播距离略大于视线距离[1]。相较于 HF 通信系统，VHF 通信系统电离层对信号的反射少，主要依靠直线视距传输，传播距离近[1]。同时，天电干扰、宇宙干扰、工业干扰等对 VHF 频段的通信干扰较小[1]，VHF 通信系统具有较好的抗干扰性，成为民航主要的空地话音及数据通信手段。

VHF 通信系统是目前民机主要的通信工具，随着在全国大中型机场及主要航路(航线)上 VHF 系统的不断建设，目前中国东部地区 6 000 m 以上空域[4]已实现 VHF 信号覆盖。

VHF 通信系统目前主要用于飞行机组人员与空中交通管制员之间的话音和数据通信，在飞机放行前，空中交通管制员通过 VHF 话音通信或航站自动情报服务了解飞机情况，从而判断飞机是否可以滑出。在跑道滑行过程中，机组人员与空中交通管制员之间通过 VHF 通信系统进行话音和数据通信，机组人员根据管制员的指令操纵飞机的滑行与停止，同时可以交互飞机状态或服务需求等内容。在飞行过程中，机组人员与空中交通管制员通过 VHF 话音通信或数据通信，建立实时通信联络，提供飞机与地面之间的联系，使飞机在可视距离内与地面保持联系，保证飞机的飞行安全。

2.3.2　甚高频通信原理

2.3.2.1　工作流程

VHF 收发机的载波频率及工作模式由调谐控制面板设定，设定的工作频率及工作模式通过数据总线送至 VHF 收发机，VHF 系统的信号流程如图 2 - 11 所示。

VHF 收发机根据 PTT 按钮的状态来控制系统发射和接收。当按下 PTT 按钮时，VHF 收发机处于发射状态，麦克风音频和 PTT 信号经音频综合系统送到收发机，将音频信号经由收发机调制后转换成射频信号通过天线发射。同时，VHF 收发机还将 PTT 键控信号送到飞行数据记录系统，记录键控事件。当按压 PTT 按钮超过 1 min 时，信息经由飞行警告系统送至显示系统进行显

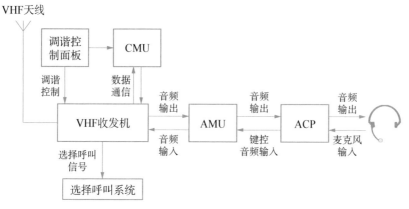

图 2-11 VHF 系统信号流程

示,显示信息为"VHF X EMITTING"。当松开 PTT 按钮时,PTT 信号无效(逻辑为"1"),系统处于接收状态,天线转换电门和频率合成器输出控制开关转换到接收线路,射频信号经天线接收,放大后送到混频器,混频器输出信号经滤波、放大和检波,经静噪电路送到音频输出放大器,其输出音频信号送至音频管理单元,在驾驶舱能够通过耳机或扬声器听到地面或者其他飞机的话音,同时检波输出信号直接送到选择呼叫系统。

第三套 VHF 通信系统主要用于数据通信,同时作为话音通信的备份。当调谐控制面板上选择频率显示为"DATA"时,第三套 VHF 通信系统用于传输数据链信息,此时 VHF 的频率由数据链系统的 CMU 控制,接收地面上传的报文或者将 CMU 传输的数据经过调制后由天线发射。

2.3.2.2 接收基本原理

VHF 接收机采用二次变频的超外差接收机,工作方式是标准 AM 方式,只能接收 AM 信号[4]。电路由高频电路、中频放大电路、检波器和音频电路组成,VHF 通信收发机的接收原理如图 2-12 所示。

1) 高频电路

高频电路由预选器、射频衰减器、高频放大器和混频器组成。它们决定着接收机的灵敏度及抗干扰能力,通常要求这部分电路线性好、动态范围宽[2]。

图 2-12　VHF 通信收发机的接收原理

2）中频放大电路

中频放大电路由两个晶体带通滤波器和五级放大器组成,晶体带通滤波器保证了接收机的选择性,放大器提供 100 dB 的增益。前三级中频放大电路的增益由自动增益控制电压控制,由检波器产生的直流分量经低通滤波后作为自动增益控制电压,经自动增益控制放大器加至中频放大电路的前三级中频放大[2]。

3）检波器

检波器用于从已调制信号中检出调制信号,即由检波器输出音频信号。VHF 接收机的检波器采用包络检波器,中频放大后的信号经由包络检波器后获得音频信号,加至音频电路[4]。

4）音频电路

音频输出电路由静噪电路、音频压缩放大器、有源低通滤波器和音频功率放大器组成。静噪电路主要用于当没有外来射频信号输入或外来输入信号的信噪比很小时,抑制噪声输出,从而减轻飞行员的听觉疲劳[4];音频压缩放大器用于在所接收的信号调制幅度从 40%增加到 90%时保持音频输出电压变化值在 3 dB 之内;有源低通滤波器为三级有源低通谐振滤波器(又称电子滤波器),用于在 300 Hz~2.5 kHz 频率范围内保持理想的平坦响应(±1 dB);音频功率放大电路由两级放大器和一个输出阻抗匹配变压器组成,放大器提供 100 mW的输出功率[1]。

2.3.2.3　发射基本原理

VHF 发射机主要由音频输入电路、调制电路、功率放大器及收发开关等部分组成,对输入信号进行调制后经由天线发射,VHF 收发机的发射原理如图 2-13 所示。

图 2-13　VHF 收发机的发射原理

1）音频输入电路

音频输入电路由音频缓冲放大器、音频压缩放大器和音频放大器组成[4]。音频输入电路将飞行员的话音信号放大到调制所需的电平,同时使输出的音频信号幅度变化很小(不大于 3 dB)。

2）调制电路

音频输入电路的音频信号对频率合成器注入的载波在调制电路中进行幅度调制,形成调制的 VHF 信号。

3）功率放大器

功率放大器将已调信号放大后得到 30 W 的射频信号,送至天线进行发射,发射功率经采样反馈至调制器用于保持调制特性的线性化,采样信号还作为"自听"信号送到飞行内话系统[4]。

4）收发开关

当 PTT 信号无效(逻辑为"1")时,系统处于接收状态,天线与接收机连接;当 PTT 信号有效(逻辑为"0")时,系统处于发射状态,收发开关断开天线与接收机的连接;同时接通天线与发射机的连接,频率合成器中的输出控制开关断开频率合成器输出与接收机第一混频器的连接,接通频率合成器输出与发射机的连接[4]。

2.3.3　甚高频通信系统架构及设备

2.3.3.1　甚高频通信系统架构

典型民机上一般装有三套 VHF 通信系统,每套系统都由 VHF 收发机、VHF 天线和调谐控制面板组成,其中第一套和第二套 VHF 通信系统用于话音通信,第三套 VHF 通信系统通常用于数据链通信和话音备份。VHF 通信系统架构如图 2-14 所示。

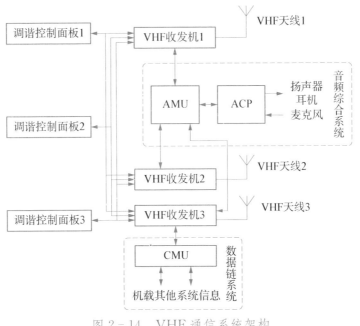

图 2-14　VHF 通信系统架构

为方便操作,VHF 通信系统装有三套调谐控制面板,每个调谐控制面板都可以对三套 VHF 收发机进行调谐,控制 VHF 收发信号载波频率及工作模式。

当 VHF 系统用于话音通信时,在接收状态下,天线接收的射频信号经由同轴电缆送至 VHF 收发机处理成音频信号,通过 AMU 分发至驾驶舱的扬声器或耳机;在发射状态下,驾驶舱麦克风音频经由 AMU 送至 VHF 收发机,调制后经由天线发射。

当 VHF 系统用于数据通信时,在接收状态下,天线接收的射频信号经由 VHF 收发机处理成数据总线格式数据,送至机载数据链系统,最终在驾驶舱显示终端显示传输数据;在发射状态下,数据链 CMU 收集机载其他系统信息并处理成数据链规范数据,经由数据总线发送至 VHF 收发机,对信号调制后由 VHF 天线发射。

2.3.3.2　机载甚高频通信设备

1) VHF 收发机

VHF 收发机通常安装在电子设备舱,可对 RF 信号进行调制和发射、接收和解调,实现空地之间的话音和数据通信。第一套和第二套 VHF 系统用于飞行机组人员与地面人员或其他机组人员进行话音通信,第三套 VHF 系统用于数据链通信,同时作为话音通信的备份。目前典型 VHF 收发机外观有两种形式,一种采用 LED 灯,以不同灯光颜色示意测试过程和结果;另一种采用 LCD 显示屏,以文字形式显示测试过程和结果。VHF 收发机外观如图 2-15 所示。

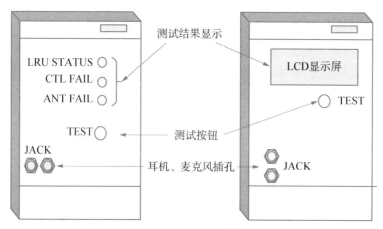

图 2-15　VHF 收发机外观

在每个 VHF 收发机前面板都有测试按钮、测试结果显示、耳机麦克风插孔等。当按压测试按钮"TEST"后,可对 VHF 收发机进行自测试,在测试过程中静噪电路失效,可在耳机内听到噪声以对接收机进行测试,同时,测试结果可以通过 LED 灯给出提示或由 LCD 显示屏显示自测试结果。

2) VHF 天线

VHF 天线通常采用刀型天线,第一套和第二套 VHF 天线通常分别位于机身上下表面,第三套 VHF 天线通常位于飞机机身下表面,VHF 天线位置和

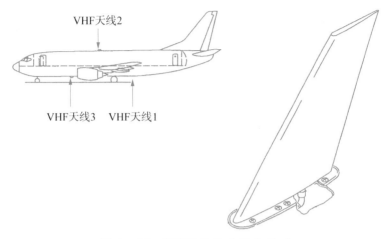

图 2-16　VHF 天线位置和外观

外观如图 2-16 所示。

　　VHF 天线在 VHF 频段发射和接收射频信号,采用垂直极化波,天线阻抗为 50 Ω,VHF 天线高度相当于 1/4 波长,驻波比不超过 2,可全向接收和发射。VHF 天线与收发机之间采用同轴电缆连接,天线基座上的螺钉用于将天线固定于机身表面,并固定天线与收发机之间的电缆接头。

2.4　卫星通信

2.4.1　卫星通信概述

　　SATCOM 系统指利用人造地球卫星作为中继站转发无线电信号实现终端之间的信息交互,实际上是利用通信卫星作为中继站的一种特殊的微波中继通信方式[1]。目前,SATCOM 系统广泛应用于军事、航海、航空以及电视直播等领域。与其他通信方式相比,SATCOM 系统具有通信距离远、覆盖面积大、通信频带宽、通信质量好等特点。

　　在民航领域,SATCOM 系统于 1990 年开始全球运行时仅提供话音通信,后扩展到传真，直至数据链应用。目前，机载 SATCOM 系统主要用于向机组人员、乘客提供卫星电话、传真，向空中交通管制部门提供空中交通管控的数据链通信服务，向航空公司提供用于航空运营管理的数据链通信服务。目前民航领域航空 SATCOM 业务主要由国际海事卫星组织（International Maritime Satellite Organization，INMARSAT）和铱星提供，民航领域的 SATCOM 系统组成如图 2-17 所示。

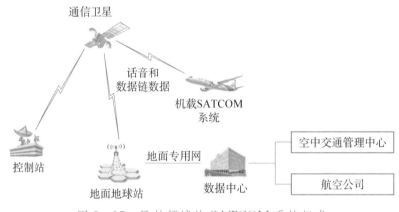

图 2-17 民航领域的 SATCOM 系统组成

航空 SATCOM 系统主要包括通信卫星、控制站、机载 SATCOM 系统、地面地球站、数据中心与地面专用网等。

（1）通信卫星：相当于通信转发器。

（2）控制站：负责通信卫星的操作、管理与运营。

（3）机载 SATCOM 系统：接收来自机载系统各信号源的数据和话音信号，在射频载波频率上编码调制向卫星发射；同时接收卫星转发的地面地球站的射频信号，并对其解调解码，输出数据和话音信号供机组或乘客使用。

（4）地面地球站：接收卫星转发的机载卫星通信系统发射的射频信号，解码后将数据和话音信号发送至数据中心，同时将数据中心的信息进行编码调制，形成射频信号发送至通信卫星。

（5）数据中心：地面网络的处理中心，将终端用户发送的信息经处理后向卫星发射,同时将机载 SATCOM 系统通过卫星转发的信息经处理后路由至终端用户。

(6)地面专用网:实现航空信息的地面传输,主要包括 ATC 网络、数据链网络以及公共电话网络。

2.4.2　卫星通信原理

2.4.2.1　卫星通信系统组成

SATCOM 系统由空间分系统、地球站分系统、跟踪遥测与指令分系统以及监控管理分系统四大功能部分组成[5],如图 2-18 所示。

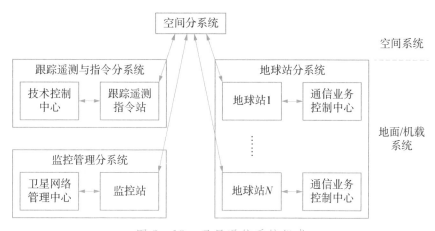

图 2-18　卫星通信系统组成

(1)空间分系统:指通信卫星,主要由天线子系统、通信子系统(转发器)、遥测与指令子系统、控制子系统和电源子系统等组成[5],实现无线电信号的转发。

(2)地球站分系统:包括地面地球站和飞机地球站(机载 SATCOM 通信),提供空间段与终端用户之间的话音和数据网络接口。

(3)跟踪遥测与指令分系统:负责对卫星进行跟踪测量,控制其准确进入静止轨道上的指定位置,并对在轨卫星的轨道、位置及姿态进行监视和校正[5]。

（4）监控管理分系统：对在轨卫星的通信性能及参数进行业务开通前的监测和业务开通后的例行监测和控制，以保证通信卫星的正常运行和工作。地面的跟踪遥测与指令分系统、监控管理分系统和空间分系统的遥测与指令子系统、控制子系统并不直接用于通信，而是用来保障通信的正常进行[5]。

2.4.2.2　卫星通信线路

一个 SATCOM 系统包括多个通信地球站（含地面地球站、机载 SATCOM 系统两类），由发端地球站、上行线传播路径、卫星转发器、下行线传播路径和收端地球站组成 SATCOM 线路，直接用于通信[5]。其构成如图 2-19 所示。

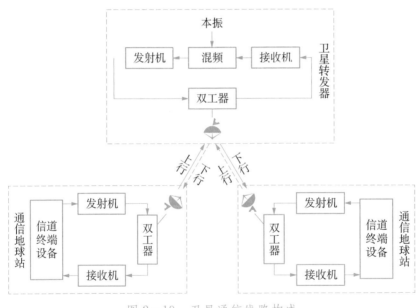

图 2-19　卫星通信线路构成

1）卫星转发器

通信卫星是一个设在空中的微波中继站，卫星中的通信系统称为卫星转发器，其主要功能是收到地面地球站（或航空器）发来的信号后（称为上行信号），放大低噪声后混频，混频后的信号再进行功率放大，然后发射回地面地球站（或航空器），这时的信号称作下行信号[5]。在 SATCOM 中，上行信号和下行信号频率是不同的,这是为了避免在 SATCOM 天线中产生同频率信号干扰。一个通信卫星往往有多个转发器,每个转发器都被分配在某一工作频段中,并根据所使用的天线覆盖区域,为 SATCOM 用户提供服务[5]。

2)通信地球站

通信地球站包括地面地球站和飞机地球站(即机载 SATCOM 系统),通常由天线馈线设备、发射机、接收机及信道终端设备等组成[5]。

(1)天线馈线设备。天线是一种定向辐射和接收电磁波的装置。它把发射机输出的信号辐射给卫星,同时把卫星发来的电磁波收集起来送到接收设备。收发支路主要靠馈线设备中的双工器分离。根据地球站的功能,天线口径可大到 32 m,也可小到 1 m 或更小。大天线一般要有跟踪伺服系统,以确保天线始终对准卫星。

(2)发射机。发射机将信道终端设备输出的中频信号变换成射频信号,并把这一信号的功率放大到一定值。功率放大器可以单载波工作,也可以多载波工作,输出功率可以从数瓦到数千瓦。

(3)接收机。接收机的任务是把接收到的极其微弱的卫星转发信号先进行低噪声放大,再变频到中频信号,供信道终端设备进行解调及其他处理。

(4)信道终端设备。对发送电路而言,信道终端设备将用户设备(电话、电话交换机、计算机、传真机等)输入的信号加以处理,使之转换成适合卫星信道传输的信号形式,发送给天线;对接收电路而言,将从天线接收到的信号恢复成用户的信号。对用户信号的处理可包括模拟信号数字化、信源编码/解码、信道编码/解码、中频信号的调制/解调等。

2.4.3　机载卫星通信系统架构及设备

2.4.3.1　机载卫星通信系统架构

机载 SATCOM 系统由 SDU、SDU 配置模块、高功率放大器、双工器/低噪声放大器和天线组成,机载 SATCOM 系统架构如图 2-20 所示。

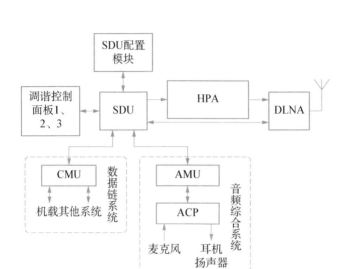

图 2-20 机载 SATCOM 系统架构

每个 SATCOM 系统都需要使用一个 ICAO 飞机地址码,通过 SDU 配置模块实现 ICAO 码和机型的设置。

当 SATCOM 系统发射信号时,SDU 接收机载系统的话音或数据信号,进行数字编码和调制后,由高功率放大器对发射信号的输出功率进行放大,以达到卫星系统所需的电平,送至双工器/低噪声放大器。天线中的波束控制组件通过发送的天线波束位置数据和波束变化指令,选择天线元件和相位角,经由天线向卫星发射射频信号。

当 SATCOM 系统接收信号时,卫星转发信号经由机载卫星天线接收,经由双工器/低噪声放大器将高功率发射信号与低功率接收信号分离,送至 SDU,SDU 将信号解调后根据路由信息分发给对应机载系统,包括数据链系统、音频综合系统等。

2.4.3.2　机载卫星通信系统设备

1) 卫星数据组件

SDU 是 SATCOM 系统的核心,提供对整个 SATCOM 系统的控制和数据信号,它有全双工话音通信通道和数据通信通道,支持飞行机组人员和乘客的话音和数据通信以及空中交通管制和航空公司的数据链通信。SDU 通常位于电子设备舱,其前面板包含测试按钮和 LED 测试结果显示,如图 2-21 所示。

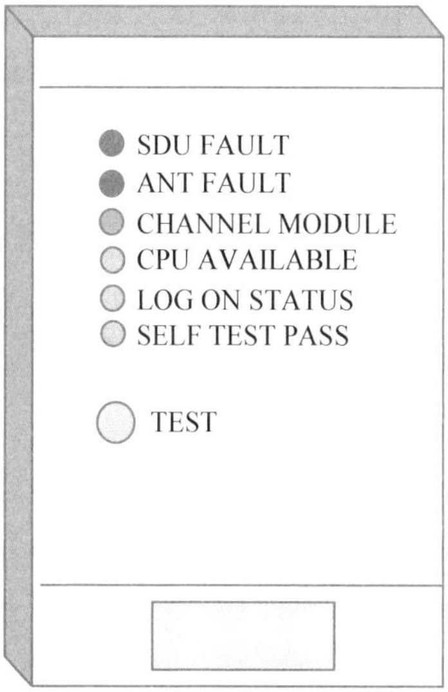

　　SDU 采用 115 V 400 Hz 交流电或 28 V 直流电,内部包括航空电子处理器模块、通信处理器模块、通道卡模块、晶振、高功率放大器、ARINC 429 输入/输出接口以及音频处理器等部分。在 SDU 的前面板上通过按压测试按钮(TEST 键)启动系统测试,其测试结果由 LED 灯显示。

- SDU FAULT
- ANT FAULT
- CHANNEL MODULE
- CPU AVAILABLE
- LOG ON STATUS
- SELF TEST PASS

○ TEST

图 2-21　SDU 前面板

　　2) SDU 配置模块

　　SDU 配置模块用于装载 SATCOM 系统所需的全球用户身份模块(universal subscriber identity module,USIM)以及存储用户配置信息,通常安装在 SDU 旁边,其所需电源为 12 V 直流电,由 SDU 提供,其外观如图 2-22 所示。

图 2-22　SDU 配置模块外观

　　SDU 配置模块与 SDU 之间采用串行数据总线连接,当卫星数据系统通电后,SDU 读取 SDU 配置模块中的用户配置信息。当更换 SDU 时,不需要重新装载用户配置文件和 USIM 卡。

3) 双工器/低噪声放大器

双工器/低噪声放大器使 SATCOM 系统能够同时发射和接收信号,并提高接收的信号的强度,其内部包含滤波器和放大器,如图 2-23 所示。

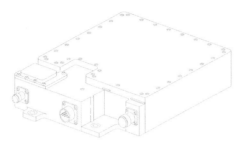

图 2-23　双工器/低噪声放大器

双工器/低噪声放大器内部电路包括低噪声放大器、双工器、收发开关、自测试模块。低噪声放大器对天线接收到的射频信号进行放大后送至 SDU;双工器包含两个滤波器,分别用于发射信号和接收信号;收发开关连接双工器和天线;自测试模块监控低噪声放大器/双工器的开关信号以及信号电平。

高功率放大器是一个可选的单元,用于将需要发射的低功率信号放大到远距离传输所要求的高功率信息。HPA 也可以和 DLNA 集成到一个单元中。

4) 卫星天线

目前机载驾驶舱 SATCOM 系统大多采用基于 L 频段的天线,安装在机身上表面,通过三个连接头与 SDU 相连。机载 SATCOM 系统天线如图 2-24 所示。

卫星天线

图 2-24　机载 SATCOM 系统天线

天线根据增益的不同分为三种,分别是低增益天线、中增益天线和高增益天线。目前民机一般采用高增益天线和中增益天线。

2.5　数据链系统

2.5.1　数据链系统概述

数据链是空地数据通信的通称,数据链系统通过飞机机载设备和空地数据通信服务供应商的通信网络建立飞机与地面计算机系统之间的连接,实现地面系统与飞机之间的数据通信[6]。

数据通信技术的应用始于 20 世纪 70 年代,在数据链建设初期,仅用于检测和报告飞机的典型飞行阶段,如推出(out of the gate)、离地(off the ground)、着陆(on the ground)、滑入(in the gate),简称OOOI,并将起飞机场、目的地机场、时间、机载燃油等信息以报文的形式发送给航空公司和地面空管中心。随着空中交通管理和航空公司运行管理的发展,空地数据通信技术得到了较快的发展,目前,空地数据通信技术已广泛应用于空中交通管控、航空公司运营和航空公司管理等。

相对于传统话音通信,数据链技术能够消除不清晰的话音和噪声,消除话音通信中语言引起的理解问题,减少了传输时间,能够自动选择并登录到合适的空中交通管制网络,按照标准化的清晰报文进行信息交流,包含比话音通信更大的信息量。完整、准确的数据可经由地面网络实时传送给相关部门,准确记录数据以备随时翻阅和事后查询,其技术优势使数据链技术成为 CNS/ATM 的重要组成部分和实现手段[6]。

数据链系统主要由机载数据链系统、机载通信设备、地面站、数据链服务供应商(data link service provider,DSP)地面网络和地面终端应用组成,如图 2-25 所示。

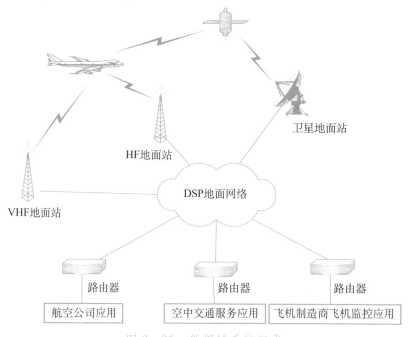

图 2-25 数据链系统组成

1）机载数据链系统

主要包括数据链应用、数据链协议栈及驻留设备，其一方面与通信媒介（HF 通信系统、VHF 通信系统和 SATCOM 系统）相连，另一方面通过数据总线与其他机载数据终端设备相连（主要包括 CDU、机载打印机及 FMC 等），实现机载数据链功能。

2）机载通信设备

主要包括 HF 通信设备、VHF 通信设备和 SATCOM 设备，实现机上数据链数据的无线电信号收发。

3）地面站

在地面上需要布置与机载数据链设备相应的 HF 地面站、VHF 地面站和 SATCOM 地面站。地面站主要完成空地链路信号的调制解调、通信管理和收发等功能。

4）DSP 地面网络

DSP 通过在地面布置 HF 地面站、VHF 地面站和 SATCOM 地面站,构建 DSP 地面网络,通过地面网络将报文路由给相应的地面用户。

5）地面终端应用

主要包括空中交通管理应用、航空公司应用和机场管理应用等,实现机载数据链系统在地面终端的综合应用。

2.5.2　数据链系统原理

数据链系统利用飞机机载数据链系统、机载通信设备、地面站和 DSP 地面网络,通过 HF、VHF 和 SATCOM 等传输媒介,建立飞机与地面系统之间的连接,实现地面系统与飞机之间的双向数据通信。

2.5.2.1　数据链应用

当前民机上支持的数据链应用主要包括 AOC、AAC、ARINC 623 ATS、基于 ACARS CPDLC 的 AFN、ADS‐C,基于 ATN 协议栈的 ATN CPDLC、CM 等。未来符合 ATN Baseline 2 和 ICAO Doc 9880 等相关标准的 FANS 3/C 应用,支持 CM、ADS‐C 和 CPDLC 等数据链应用,支持未来面向初始四维航迹(initial 4D,I4D)运行的数据链应用。当前,民机上主要的数据链应用包括如下几方面。

1) AOC/AAC

AOC 主要用于为航空公司运行中心或机场运营人员提供与航空公司运行安全及航班情况相关的运行数据。AAC 主要提供航空公司业务管理方面的应用,如机组人员名单和客舱供应、机组调度及乘客服务等与机组人员和乘客相关的管理事务通信。AOC/AAC 典型功能包括如下内容:

(1) AOC/AAC 服务的显示界面和消息格式定义。

(2) 航班信息初始化,在起飞前机组发出飞行数据初始化请求,地面系统向飞机发送包含航班号、起飞时间、起飞机场、目的地机场等与航班任务相关的数据。

（3）自动生成飞机OOOI报告，一般报告飞机OOOI的时间、当前时刻机载油量、起飞机场、目的地机场等信息。

（4）当飞机发生延误时机组发送延误报告，向地面报告航班运营过程中如等待起飞时间、航路飞行时间和等待停机桥位分配等各个阶段产生的航班延误情况，向地面相关单位报告产生延误的原因、可能延误的时间以及最新的预计到达时间等信息。

（5）机组可以手动发送气象报告请求，地面系统根据机组气象请求上传气象报告，为机组提供机场天气报告、机场天气预报、机场和航路发生的特殊气象情况以及机组需要的其他气象情报。

（6）支持与飞机维护相关的项目和报告，通过飞机自动下传的发动机状态报文、飞机辅助动力装置（auxiliary power unit，APU）状态报文及飞机实时故障报告等，实现飞机、发动机实时状态监控与远程故障诊断。

（7）定时发送航空公司指定的位置报告（一般为15 min发送一次），在位置报告中通常包含的基本信息有飞机注册号、航班号、报文发送时间、飞机当前经度、纬度、高度、速度等信息。

（8）机坪服务请求，在飞机降落之前向机场服务部门预定机坪服务，可以预定轮椅、医疗服务、客舱清洁服务等。

（9）当飞机处于紧急情况时发送紧急情况报告，通知航空公司管理部门此时飞机正处于紧急状态。

（10）支持其他的自由文本消息。

2）ARINC 623 ATS

ARINC 623 ATS用于实现空中交通管理部门与飞机之间的通信，实现数字化ATM功能。ARINC 623 ATS应用提供的主要功能包括数字式自动终端信息服务（digital automatic terminal information service，D‐ATIS）、洋区放行（oceanic clearance，OCL）、起飞前放行（departure clearance，DCL）、飞行系统消息（flight system massage，FSM）及飞行员终端气象信息（terminal weather information for pilots，TWIP)等，各部分功能如下所示。

(1) D-ATIS：为飞行员提供起飞和降落时所需的机场情况信息。

(2) OCL：主要用于航路管制服务，大洋区域管制中心的管制员利用空地数据链通信系统向飞行员发送管制服务指令。

(3) DCL：建立飞行员与塔台管制员之间的数据通信，管制员向飞行员提供飞机起飞前放行许可服务。飞行员将包含航班号、机尾号、机型、起飞机场和目的地机场代码等信息的放行许可请求发至机场放行系统；若满足放行条件，则塔台管制员将飞机放行许可信息的报文上传至飞行员。

(4) FSM：地面系统使用上行消息为飞行员提供额外需要关注的信息请求、指导和反馈。

(5) TWIP：为飞行员提供机场的气象信息，机场可以利用机场 WXR 和机场集成的机场天气信息系统，为飞行员提供基于文本的气象信息。

(6) 推出服务(PB)：为飞行员提供界面，用于请求推出服务，并接收地面的推出信息。

(7) 滑行服务(TAXI)：为飞行员提供界面，用于滑行服务，并接收地面的滑行信息。

3) AFN

AFN 提供飞机及地面终端系统之间的地址信息自动交换，为飞机与地面系统提供需要的地址信息建立空地通信[7]，具体包括如下功能：

(1) 为 ACARS CPDLC 建立连接。

(2) 识别 CPDLC 应用和 ADS-C 应用的版本。

(3) 为地面 ATC 中心发起 CPDLC 应用和 ADS-C 应用连接准备提供必要条件。

(4) 支持自动中转到下一个 ATC 中心。

4) 合约式自动相关监视(ADS-C)

ADS-C 通过数据链自动传输从机载导航系统导出的导航数据，传输的数

据至少包括飞机的三维位置、位置对应的时间、位置数据的质量因数,根据需要附加传输其他数据[7],具体支持如下功能:

(1) 支持与不同 ATC 中心建立多达四个连接。

(2) 传递地面 ATC 中心要求的监视数据。

(3) 支持地面发起的周期性请求、事件请求等。

(4) 支持基本数据(如位置和高度等)、大气数据、气象数据和飞行计划预测数据等典型数据的传输。

5) ACARS CPDLC

ACARS CPDLC 为管制员和飞行员之间提供一种空中交通管制通信手段,支持飞行高度报告、偏离航路告警、航路改变和放行、速度报告、通信频率报告、飞行员的各种请求以及自由格式电文的发布和接收等[6],具体支持如下功能:

(1) 支持与语音通信类似的管制员与飞行员之间的信息交互。

(2) 支持由地面 ATC 中心发起的面向连接的对话。

(3) 支持当前授权数据中心和下一个授权数据中心两种连接。

(4) 支持垂直放行、穿越必经点、径向偏移、航线变更、速度改变、联系/监视/监控请求、报告/确认请求、沟通请求、空中交通建议、系统管理和其他附加信息等上行消息。

(5) 支持垂直请求、径向偏离请求、速度请求、语音联系请求、航线修改请求、报告、沟通应答、紧急情况消息、系统管理和其他附加信息等下行消息。

6) ATN CPDLC

ATN CPDLC 支持与 ACARS CPDLC 类似的消息集,但是 ATN CPDLC 支持的消息集的范围更小一些,主要包括如下功能:

(1) 支持与语音类似的管制员与飞行员之间的对话,代替部分语音 ATC。

(2) 支持由地面 ATC 中心发起的面向连接的对话。

(3) 支持当前授权数据中心和下一个授权数据中心两种连接。

(4) 支持垂直放行、穿越必经点、径向偏移、航线变更、速度改变、联系/监视/监控请求、报告/确认请求、沟通请求、空中交通建议、系统管理和其他附加信息等上行消息。

（5）支持垂直请求、速度请求、航路偏离请求、报告、沟通应答、系统管理和其他附加信息等下行消息。

7）CM

CM 为基于 ATN 协议栈的数据链应用提供建立链接服务，仅用于 ATN 网络。基于 ATN 协议栈的数据链目前主要应用于欧洲地区，并且主要在 VHF 模式 2 通信子网上操作。CM 应用主要提供如下功能：

（1）为 ATN CPDLC 建立连接。

（2）识别 ATN CPDLC 和 ADS-C 应用的版本。

（3）提供登录服务，该登录功能是地面 ATC 发起基于 ATN 协议栈的 ATN CPDLC 连接的前提条件。

（4）支持转接下一个 ATC 中心。

2.5.2.2　数据链协议栈

数据链协议栈包括 ACARS 协议栈和 ATN 协议栈，分别实现在两种不同地空网络中的通信组网功能，为 AOC、AAC、ARINC 623 ATS、AFN、ADS-C、CPDLC 和 CM 应用等提供服务。数据链协议栈及其支持的应用如图 2-26 所示。

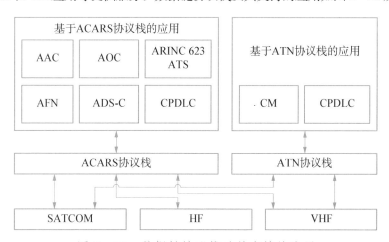

图 2-26　数据链协议栈及其支持的应用

ACARS 协议栈支持飞机上相关系统与地面相关系统面向字符的数据链通信,ACARS 协议栈使得飞机具有一定的操作功能,成为航空公司的指令、控制和管理系统的一部分[6]。ACARS 协议栈可以支持 HF、VHF 和 SATCOM 等通信媒介。ACARS 协议栈的包括如下主要功能[6]。

(1) 在 ACARS 协议栈兼容的不同空地数据链网络间协同工作。

(2) 对于支持的传输媒介,提供上行链路和下行链路的队列管理功能。

(3) 在飞机移动过程中进行 ACARS 网络自动链路建立、维护和断链管理。

(4) 同时支持 HF、VHF 和 SATCOM 数据链的 ACARS 服务。

(5) 路由 AOC 消息给适当的媒介并进行队列管理,满足特定航空公司的需求。

(6) 在 ACARS 端系统(包括其他外部机载系统)之间路由数据链消息。

(7) 对每个 ACARS 端系统至少提供一个完整的上下行数据链消息进行缓存。

(8) 为每个 ACARS 端系统提供数据链状态信息以支持消息管理和机组告警功能。

(9) 提供 HF、VHF 和 SATCOM 的数据和控制接口。

ACARS 协议栈未来将过渡到 ATN 协议栈,ATN 协议栈按照 ISO 的 OSI 7 层模型构造,协议基于 OSI 结构,面向比特传输。当前 ATN 协议栈主要支持 VDL mode 2 通信媒介,未来将支持卫星通信媒介,ATN 协议栈包括如下主要功能[6]。

(1) 在 ATN 协议栈兼容的不同空地数据链网络间协同工作。

(2) 对于支持的传输媒介,提供上行链路和下行链路的队列管理功能。

(3) 在飞机移动过程中进行 ATN 网络自动链路建立、维护和断链管理。

(4) 支持 VDL Mode 2 子网的 ATN 数据链服务。

(5) 提供 VHF 和 SATCOM 的数据和控制接口。

（6）满足所需通信性能要求，支持 ATS 和 CNS/ATM。

数据链协议处理是通信管理的核心，需要支持飞机各种不同的应用，这些应用通常对数据格式、更新速率等有不同的要求；同时，需要支持不同的数据链网络，这些网络采用不同的媒介，具有不同的工作体制和数据传输速率。合理地设计和利用数据链协议对 CMF 的实现和运行效率的提升十分重要[6]。

2.5.2.3　数据链地面网络

全球数据链网络主要有两大数据链供应商，分别为美国的 Collins Aerospace 公司和欧洲的国际航空电信协会（Societe International De Telecommunications Aero-nautiques，SITA）。Collins Aerospace 的数据链网络主要覆盖美洲及澳大利亚区域，SITA 的数据链网络主要覆盖欧洲区域。我国的数据链服务供应商是中国民航数据通信有限公司（Aviation Data Communication Corporation，ADCC），中国民航数据 ADCC 地面网络系统主要与美国 ARINC 公司和泰国的泰国航空无线电通信公司（Aeronautical Radio of Thailand，AEROTHAI）公司合作，构建面向全球的空地数据链服务网络。各数据链地面网络结构如图 2-27 所示。

由图 2-27 可知，ADCC、Collins Aerospace、SITA 远端地面设备负责收发机载 CMU/CMF 经过机载 VHF 设备、HF 设备、SATCOM 设备与地面通信的数据（报文），并对数据进行初步处理，经过地面网络发送至地面网络管理系统或将来自地面网络的数据发送给飞机。

ADCC、Collins Aerospace、SITA 网络管理系统负责空地数据链系统的运行监控与维护、信息处理与路由选择等功能。ADCC、Collins Aerospace、SITA 网络管理系统接收到机载 CMU/CMF 下发的数据（报文）后，先根据数据中包含的信息选择正确的路由，再经过地面网络发送至终端用户，并在数据服务器中进行数据备份；同时，将来自地面网络的数据路由给远端地面设备，发送给飞机。

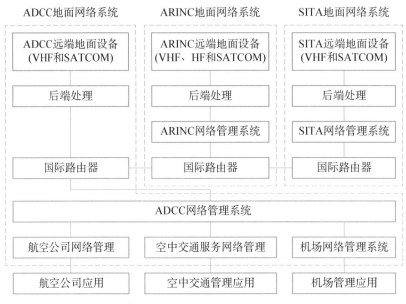

图 2-27 各数据链地面网络结构

航空公司、空中交通管理、机场管理等数据链地面应用系统（用户）通过网络管理系统实现与 ADCC 网络管理系统的通信连接，接入地空数据通信网络，从而建立与飞机间的双向数据通信。

2.5.3 数据链系统典型架构及设备

2.5.3.1 数据链系统架构

机载数据链系统的核心是 CMU 或 CMF。CMU 是一个单独的设备，机载数据链应用和协议栈驻留在 CMU 中；CMF 以软件的方式存在，驻留在 IMA 系统通用处理模块中。典型的数据链系统架构如图 2-28 所示。

由图 2-28 可知，CMU/CMF 主要完成如下工作。

（1）在 CMU/CMF 中驻留面向航空公司和空中交通管理部门的多种数据链应用软件，包括 AOC、AAC、ATS、AFN、ADS-C、ACARS CPDLC、ATN CPDLC、CM 等多种应用软件。

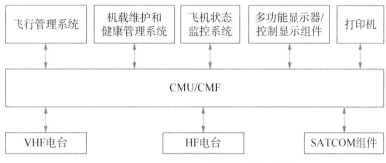

图 2-28　典型的数据链系统架构

（2）通过 HF、VHF 和 SATCOM 通信链路，数据链支持多种数据链子网的运行，实现数据的接收和发送。

（3）作为终端系统产生和处理数据链消息，提供 OOOI、气象请求和延误报告等多种数据应用。

（4）接收各种来自飞行管理系统、机载维护和健康管理系统及飞机状态监控系统等航空电子系统的应用数据，由 CMU/CMF 处理后，通过 HF、VHF 或SATCOM 通信链路发送。

（5）接收来自 HF、VHF 和 SATCOM 链路的空地上行消息，通过 CMU/CMF 进行处理后，将解析得到的应用消息送往飞行管理系统、机载维护和健康管理系统及飞机状态监控系统等航空电子系统。

（6）提供飞行员显示与操作接口，将相关数据和操作指令显示在 CDU 或者 MFD 上，为机组提供各种必要的数据。

（7）提供数据打印功能，与机载打印机相连，为机组提供数据打印功能。

2.5.3.2　数据链系统设备

CMU 通常安装在电子设备舱，实现地空数据通信，具备数据管理功能，能够储存和保留具体的操作性数据和数据链消息，实现静态数据和动态数据的管理，遵从 ARINC 758 规范[8]，CMU 外观如图 2-29 所示。

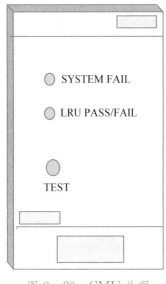

图 2 - 29 CMU 外观

CMU 是一个独立的 LRU，主要由如下几部分构成。

（1）电源支持模块。电源支持模块为 CMU 提供电源支持，能将飞机提供的＋115 V 交流电压和＋28 V 直流电压转换为 CMU 各模块所需电压[9]。

（2）计算模块。计算模块是 CMU 的计算中心，负责完成数据链应用和协议栈相关的信息处理，管理各种数据库的加载和卸载[9]。

（3）内存模块。内存模块作为应用程序的运行空间，保存应用程序的代码段、数据段和堆栈段信息[9]。

（4）非易失存储器。非易失存储器用于保存静态数据，平台配置数据库存储在非易失存储器中。

（5）输入/输出模块。输入/输出模块为数据链运行提供必要的输入/输出信息。CMU 中通常有多个输入/输出模块，各模块的配置也不尽相同[9]。

（6）测试模块。测试模块为 CMU 提供自测试功能。在 CMU 前面板有测试按钮、测试结果显示和设备铭牌等。当按压测试按钮后，可对 CMU 进行自测试，并以 LED 灯的形式显示自测试结果。

2.6 选择呼叫系统

2.6.1 选择呼叫系统概述

选择呼叫系统指地面管制人员通过 HF 或 VHF 通信系统联系指定飞机，如图 2 - 30 所示。当地面人员呼叫指定飞机时，选择呼叫系统以驾驶舱的选择呼叫提示灯和驾驶舱扬声器或飞行员耳机的音响信号向机组人员发出提醒。飞行员在接收到提醒信号后再按照所提示的通信系统进行通信,从而避免了机组人员对地面呼叫的长期等待。

选择呼叫系统是所有民机必须装备的基本电子系统,承担着飞机与地面通信的重要任务,避免长时间对通信频道的监听,对飞行安全特别是减轻机组人员操作负担具有重要意义[10]。民航选择呼叫功能由地面发射台和机载选择呼叫系统配合完成,每架飞机的特定代码由

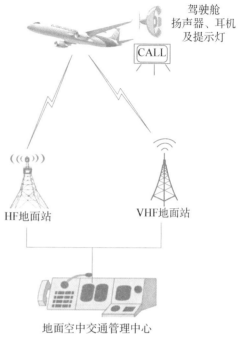

图 2-30　选择呼叫系统

机载编码器设置,当地面人员呼叫某飞机时,地面发射台通过控制终端设置目标飞机的呼叫代码,并将选择呼叫信号经由地面无线电设备(如地面 HF 或 VHF 台站)进行发射,机载 HF 或 VHF 通信系统将接收到的选择呼叫信号送至机载选择呼叫系统进行译码,若与本机设置的飞机代码一致,则在驾驶舱中以音频以及提示灯的形式提醒飞行员,飞行员在接收到提醒后,通过所提示的通信系统与地面联络通话。

2.6.2　选择呼叫原理

2.6.2.1　选择呼叫信号

每架飞机都固定有 1 个由 4 位英文字母组成的选择呼叫代码,每位可以是英文字母 A~S(I,N,O 除外)中的 1 个,4 位编码由 2 个连续的音调脉冲组成,每个脉冲包含 2 个音调,选择呼叫编码格式如图 2-31 所示[1]。

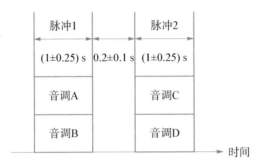

图 2-31　选择呼叫编码格式

　　选择呼叫代码中的每位编码对应一个音调,为每个编码字母定义一个音频音调和一个 BCD 码,如表 2-1 所示。

表 2-1　选择呼叫音调定义

标识符	频率/Hz	BCD 格式			
		8	4	2	1
A	312.6	0	0	0	1
B	346.7	0	0	1	0
C	384.6	0	0	1	1
D	426.6	0	1	0	0
E	473.2	0	1	0	1
F	524.8	0	1	1	0
G	582.1	0	1	1	1
H	645.7	1	0	0	0
J	716.1	1	0	0	1
K	794.3	1	0	1	0
L	881.0	1	0	1	1
M	977.2	1	1	0	0
P	1 083.9	1	1	0	1

（续表）

标识符	频率/Hz	BCD 格式			
		8	4	2	1
Q	1 202.3	1	1	1	0
R	1 333.5	1	1	1	1
S	1 479.1	0	0	0	0

2.6.2.2　选择呼叫基本原理

选择呼叫系统接收来自机载 HF 或 VHF 通信系统的选择呼叫信号并进行译码，译码后的信息若与选择呼叫编码器设置的本机选呼码相匹配，则发送信号驱动驾驶舱扬声器及面板提示灯通过音频及视频信号提示飞行机组人员。选择呼叫系统的核心组件——选择呼叫译码器主要由音频压缩器、滤波装置、模数转换器、微处理器、复位缓冲器和输出驱动器组成。选择呼叫基本原理及组成如图 2-32 所示。

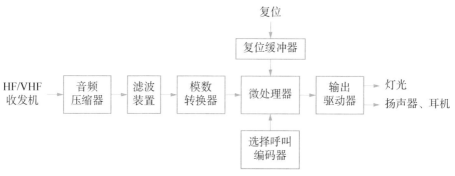

图 2-32　选择呼叫基本原理及组成

选择呼叫系统中各核心组件功能如下：

（1）音频压缩器：将来自机载 HF 或 VHF 通信系统的音频信号放大限幅，得到等幅电平信号，并将音频信号送至滤波装置。

（2）滤波装置：包含 16 个有源滤波器，每个滤波器仅通过能辨别选择呼叫单音或字母的音频信号。

（3）模数转换器：将模拟音频信号转换为数字信号并将其送至微处理器。

（4）微处理器：将接收到的选择呼叫单音频数字信号与选择呼叫编码器所设置的代码进行比较，如果相同则向输出驱动器发出指令。

（5）输出驱动器：控制继电器的吸合，使相应面板提示灯点亮，控制音响警告系统产生高、低谐音，通过驾驶舱扬声器或飞行机组耳机提示飞行员。

（6）复位缓冲器：接收调谐控制面板的复位信号，并向微处理器发送该信号，并通知输出驱动器发送复位指令，使相应指示灯灭和警告声音停止。

2.6.3 机载选择呼叫系统架构及设备

2.6.3.1 机载选择呼叫系统架构

机载选择呼叫系统由选择呼叫编码器、选择呼叫译码器以及灯光与音响等提醒装置组成，系统架构如图 2-33 所示。

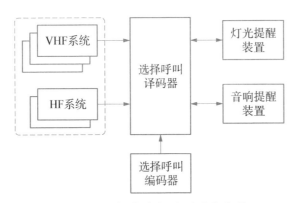

图 2-33 机载选择呼叫系统架构

将 HF 收发机或 VHF 收发机输出的音频编码脉冲送到选择呼叫译码器，与本机的选择呼叫编码进行匹配比较，如果匹配成功，则选择呼叫译码器输出离散的呼叫逻辑信号到灯光以及音响提醒装置，从而以灯光和高、低谐音提醒飞行员。若飞行员按压复位按钮，则复位译码器通道，关闭灯光提醒和音响提醒。

2.6.3.2 机载选择呼叫系统设备

1) 选择呼叫编码器

选择呼叫编码器位于电子设备舱内,以鼓轮装置或开关组件来设置飞机选择呼叫代码,每个鼓轮或每4个开关一组设定一个选择呼叫字母,用4个字母表示的飞机选择呼叫编码器如图2-34所示。

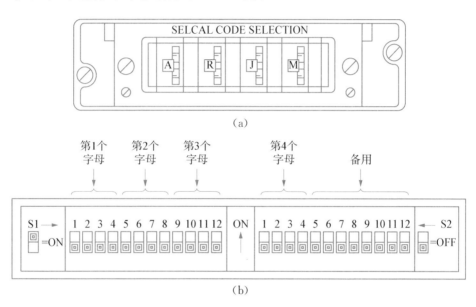

图 2-34 飞机选择呼叫编码器

(a) 采用鼓轮装置的选择呼叫编码器 (b) 采用开关组件的选择呼叫编码器

采用鼓轮装置的飞机选择呼叫编码器通过4个鼓轮的旋转设置飞机选呼代码的4位字母。采用开关组件的选择呼叫编码器,包含24个开关组件,每4个开关组件表示一位飞机选择呼叫代码,通过4组开关组件的"ON"或"OFF"位置设置飞机选择呼叫代码。当飞机系统加电时,选择呼叫编码器将所设置的飞机代码送至选择呼叫译码器,由译码器将收到的选择呼叫代码与本机的选择呼叫代码进行匹配辨认。

2) 选择呼叫译码器

选择呼叫译码器通常位于电子设备舱,用于监视来自 VHF、HF 等无线电

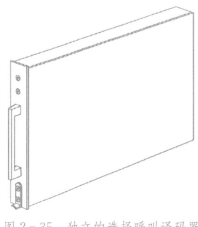

图 2-35 独立的选择呼叫译码器

通信收发机输出的带有选择呼叫代码的音频信号，识别与本机代码相同的选择呼叫信号，当与本机选呼代码一致时，输出灯光与音频的驱动信号。

目前民机的选择译码功能采用两种形式，一种是独立的选择呼叫译码器，如图 2-35 所示。当接收到地面发送的相匹配的选择呼叫信号时，输出信号至音频综合系统，驱动灯光与音频信号；另一种是集成到 AMU 中，无单独设备，选择呼叫功能

嵌入 AMU 中，由 AMU 进行译码后，输出灯光与音频驱动信号。

3）提醒装置

当选择呼叫译码器辨认出与本机选择呼叫代码匹配的选择呼叫信号时，就发送灯光与音频驱动信号，通过驱动提醒装置对飞行机组人员进行灯光及音频提示。音响提醒装置主要包括驾驶舱扬声器、飞行机组人员耳机。灯光提醒装置分为两种，一种是独立的选择呼叫控制面板，如图 2-36 所示；另一种是集成在 ACP 上的选择呼叫系统灯光提醒，如图 2-37 所示。

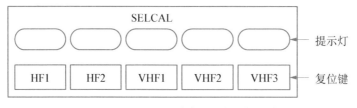

图 2-36 独立的选择呼叫控制面板

独立的选择呼叫控制面板上配有提示灯和对应的无线电通信系统复位键，当选择呼叫译码器接收到地面通过某无线电通信系统发送的呼叫信号时，输出电信号控制选择呼叫控制面板上的提示灯点亮，当飞行员收到该提示信号后，可以通过按压面板上对应系统的复位键关闭提示灯。

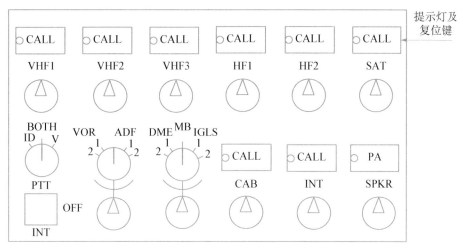

图 2 - 37　集成在 ACP 上的选择呼叫系统灯光提醒

集成到 ACP 的选择呼叫灯光提醒功能是通过 ACP 上对应无线电通信系统的呼叫提示灯实现的。当选择呼叫译码器接收到地面通过某无线电通信系统发送的呼叫信号时,输出电信号控制 ACP 上的提示灯点亮,当飞行员收到该提醒信号后,可以通过按压面板上的复位键关闭提示灯。

2.7　音频综合系统

2.7.1　音频综合系统概述

音频综合系统是民机航空电子系统的重要组成部分,可实现飞机与外部的话音通信、机内通话以及机载系统告警提示功能,用于飞机起飞、巡航、进近、着陆以及地面勤务等全过程的音频信号的处理,其主要功能如下:

（1）与飞机无线电通信系统协同工作,如 HF 通信系统、VHF 通信系统、SATCOM 系统等,提供飞行机组人员与地面空中交通管制员之间的话音通信。

（2）提供飞行机组人员之间、机组人员与乘务员之间、乘务员与乘务员之间的话音通信功能。

（3）提供飞行机组人员与地面勤务人员之间的话音通信功能。

（4）为飞行机组人员、乘务员提供客舱广播功能。

（5）为驾驶舱、客舱、勤务站点等各站位提供呼叫提醒功能。

（6）为话音记录器提供所需记录的话音信号。

（7）具备无线电导航系统音频监听功能及机载系统警告报告功能。

2.7.2 音频综合系统原理

音频综合系统除与 HF 通信系统、VHF 通信系统、SATCOM 系统协同工作提供空地话音通信功能外，还实现飞行员间飞行内话、飞行员与乘务员客舱内话、飞行员与勤务人员勤务内话、客舱广播等功能，并能将驾驶舱音频输出至话音记录器用于话音记录。音频综合系统架构如图 2-38 所示。

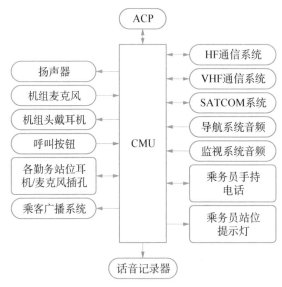

图 2-38　音频综合系统架构

音频综合系统集成了与驾驶舱相关的所有音频信号，主要对机载通信、无线电导航和监视系统音频信号进行处理，为飞行员提供话音通信音频及告警音频，实现多路音频混音处理、通道选择、音量调节等功能[11]。

2.7.2.1 飞行内话系统

飞行内话系统为飞行机组人员之间提供话音通信功能,同时支持飞行机组人员与地面人员通过无线电设备进行话音通信,也可以监听无线电导航系统输出的导航音信号,以及监视系统和飞机告警系统的告警音频。飞行内话系统如图 2 - 39 所示。

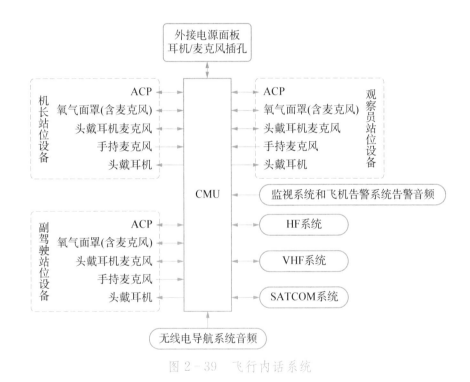

图 2 - 39 飞行内话系统

当飞机上安装的某无线电通信设备处于发射模式时,音频综合系统接收各机组人员站位上的麦克风话音输入信号,根据 ACP 所选通道送至对应无线电通信系统;当无线电通信设备处于接收模式时,音频综合系统接收通信系统和无线电导航系统接收机输出的音频信号,并根据 ACP 上的接收音频通道选择将音频信号送至各机组人员站位的耳机或扬声器。

2.7.2.2 客舱内话系统

客舱内话系统提供驾驶舱与客舱乘务员各站位之间的话音通信功能,如图

2-40 所示。

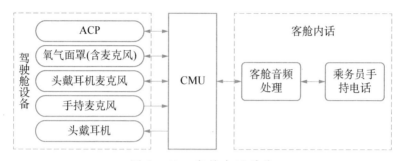

图 2-40　客舱内话系统

当飞行员利用 ACP 选择麦克风输出为客舱内话时，飞行员的话筒信号经由 AMU 接入客舱内话中，分配至对应位置的乘务员手持电话；同时乘务员的话音信号经由客舱系统接入音频综合系统的 AMU，飞行员可以通过头戴耳机麦克风等进行通信联络。

2.7.2.3　勤务内话系统

当飞机停在地面上时，勤务内话系统提供飞机各勤务站位之间以及勤务站位与机组人员之间的话音通信。勤务内话系统如图 2-41 所示。

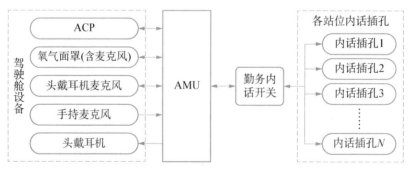

图 2-41　勤务内话系统

当机组人员通过 ACP 选择内话，并且设置勤务内话开关在 ON 位置时，飞行员的麦克风信号(可以使用手持话筒或者头戴式耳机麦克风)经过 AMU 进入勤务内话系统，在各勤务站位的耳机中能听到驾驶舱话音信号；同时，各勤务站点的麦克风信号经由 AMU 连接至各勤务站点和驾驶舱耳机中。

2.7.2.4　客舱广播系统

飞行员的话音信号可以通过客舱广播系统送至客舱,使乘客听到机长广播。同时,客舱广播还支持客舱乘务员向乘客提供广播、音乐或紧急撤离通知等内容。客舱广播系统如图 2-42 所示。

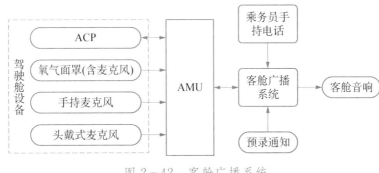

图 2-42　客舱广播系统

客舱广播系统是机内飞行员或乘务员向乘客广播通知和播放音乐及预录通知的系统。当飞行员向乘客进行广播时,飞行员按下 ACP 上的乘客广播(passenger address,PA)按键,麦克风的音频信号经由 AMU 送至客舱广播系统,从而在客舱中能够听到飞行员的话音广播。

2.7.2.5　机组呼叫系统

机组呼叫系统与内话系统相配合,由各站位上的提示灯、扬声器及呼叫按钮组成。各内话站位上的人员按下要通话的站位按钮,则对应站位的扬声器发出声音[12],并有灯光提示,以呼叫对方接通通话。机组呼叫系统如图 2-43 所示。

当飞行员通过驾驶舱的呼叫面板或者其他站位乘务员通过手持电话呼叫乘务员时,客舱内可看到前、后舱门位置的提示灯亮,由客舱广播系统发出高、低提示音。

当乘务员使用手持电话呼叫飞行员时,信号经由 AMU 送至 ACP,使 ACP

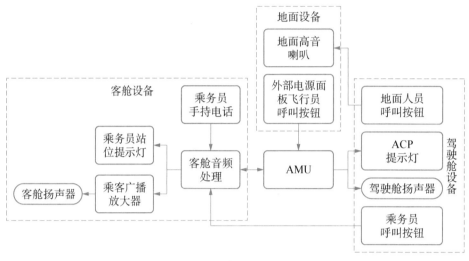

图 2-43 机组呼叫系统

上客舱呼叫灯点亮,同时驾驶舱扬声器产生提示音。

当飞行员通过驾驶舱的地面呼叫按钮呼叫地面勤务人员时,则前轮的高音扬声器产生提示音提醒地勤人员。

当地面勤务人员通过外部电源面板的飞行员呼叫按钮呼叫飞行员时,该信号经由 AMU 送至 ACP,使 ACP 上内话提示灯点亮,同时驾驶舱扬声器中产生提示音。

2.7.2.6 话音记录系统

当发动机起动后,音频综合系统将飞行员与地面管制员之间的通话以及驾驶舱的话音信号送至话音记录器进行记录。话音记录系统如图 2-44 所示。

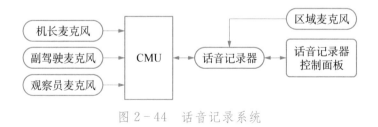

图 2-44 话音记录系统

话音记录器共有 4 个记录通道,分别用于记录机长、副驾驶、观察员的话音信号以及驾驶舱环境声音。话音记录器由磁带或固态存储器存储音频信号,目前多采用固态存储器,供事故调查使用。

2.7.3　音频综合系统架构及设备

音频综合系统由 AMU、ACP、飞行员的麦克风与耳机、驾驶舱扬声器、地面各站位的麦克风与耳机插孔、PTT 按键、乘务员手持电话等组成,其系统架构如图 2 - 45 所示。

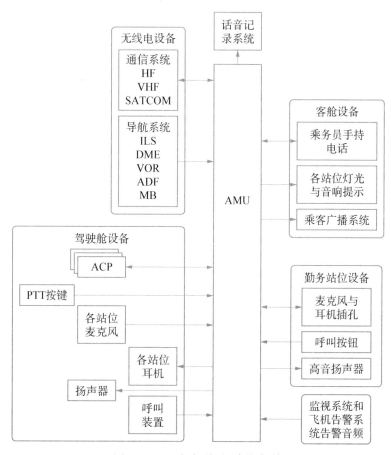

图 2 - 45　音频综合系统架构

1）AMU

AMU 位于电子设备舱,是音频综合系统的核心组件,用于各种无线电通信、导航、监视音频以及驾驶舱、客舱、各勤务站位等音频信号的交互和综合处理。

AMU 采用 28 V 直流电,即使飞机上交流电全部失效,仍然能够采用电瓶供电,保证维持必需的音频通信联络。其输入信号包括 ACP 的数据字、PTT 离散信号、机组人员话音输入、勤务人员话音输入、通信设备的音频输出、导航设备的台站识别码以及监视系统和飞机告警系统的告警信号等;其输出的音频信号送至驾驶舱扬声器、各站位耳机、乘客广播系统和话音记录系统。

2）ACP

ACP 位于驾驶舱中央操纵台左右两侧和头顶板,分别供机长、副驾驶和观察员选择音频信号和调节音量。ACP 将选择信号发送给 AMU,AMU 利用这些信息将来自驾驶舱、无线电系统等的音频信号连接到所选择的终端设备。ACP 如图 2 - 46 所示。

ACP 主要提供如下音频控制功能。

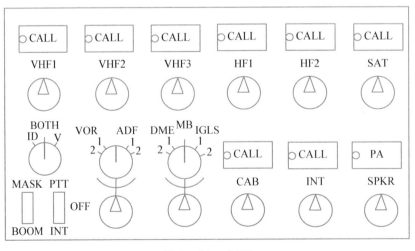

图 2 - 46 ACP

（1）麦克风选择和呼叫提示功能。麦克风选择功能用于选择驾驶舱音频接入 HF、VHF、SATCOM、内话系统或者乘客广播系统，通常情况下话筒选择功能是互斥的。麦克风选择按键上带有灯光指示功能，当地面管制员或勤务人员呼叫飞行员时，ACP 上对应系统的灯光闪亮。

（2）接收选择功能。接收选择功能可用来选择接收的音频信号并控制输出音频信号的强弱，接收选择功能可以多选，即可收听多个系统的音频信号。接收选择旋钮带有灯光指示功能，当选择收听该系统音频时，对应灯亮，表示该通道接通。

（3）无线电/内话开关。无线电/内话开关是个三位开关，用于控制飞行员音频信号通过 AMU 路由发给终端设备的方式。当无线电/内话开关位于中立位置时，处于接收状态，飞行员通过 ACP 接收所选系统的音频信号。当无线电/内话开关位于无线电位置"PTT"时，飞行员的音频信号通过 AMU 路由至所选无线电设备，并使无线电设备处于发射状态。当无线电/内话开关位于内话位置"INT"时，飞行员音频信号通过 AMU 路由给内话系统。

（4）氧气面罩话筒/吊杆话筒开关。用于选择话筒信号来自氧气面罩话筒（MASK）或吊杆话筒（BOOM）。

（5）音频滤波器选择开关。用于控制飞行员耳机是只收听话音信号或莫尔斯识别信号，还是话音信号和莫尔斯识别信号都收听。

3）各站位的麦克风、耳机插孔

各站位的麦克风插孔用于发送对应站位的话音信号，耳机插孔用于接收话音信号，其位置分布于驾驶舱、客舱、飞机各勤务站位等，如图 2-47 所示。

驾驶舱的麦克风、耳机供飞行员发送或接收话音信号，包括头戴式耳机、手持麦克风、氧气面罩耳机与麦克风等，如图 2-47（a）所示；客舱乘务员站位主要由乘务员的手持电话完成，其手持电话集成了麦克风与耳机功能，如图 2-47（b）所示；勤务站位的麦克风与耳机插孔位于飞机各勤务位置，用于勤务人员与机组人员以及勤务人员之间的互相联络，如图 2-47（c）所示。

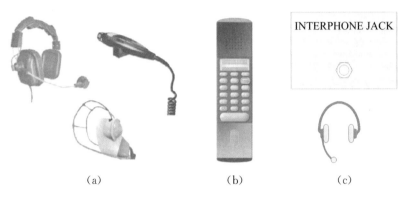

图 2-47　各站位麦克风、耳机插孔

（a）驾驶舱音频设备　（b）客舱手持电话　（c）勤务站位设备

4）PTT 按键

驾驶舱的 PTT 按键位于驾驶杆或者 ACP 上。当按下 PTT 按键时，键控对应系统处于发射状态，将飞行员麦克风的话音信号通过 ACP 所选的通信设备进行发射，包括无线电发射和内话功能。

5）机组呼叫与提醒装置

机组呼叫装置用于飞行员与乘务员、勤务人员之间的呼叫，同时以灯光和声音进行提示，机组提醒装置包括扬声器和提示灯，其分布于驾驶舱、客舱以及外部电源面板等处，如图 2-48 所示。

供飞行员使用的呼叫装置位于驾驶舱顶部板或集成到手持话筒上，用于飞行员呼叫地面勤务人员或客舱乘务员，如图 2-48（a）所示；当某站位被呼叫时，以灯光或音响装置给出提示，驾驶舱的提示灯集成在 ACP 或机组呼叫面板上，如图 2-48（b）所示；音响提醒由驾驶舱的扬声器给出，如图 2-48（c）所示。供乘务员使用的呼叫装置集成到乘务员手持电话或乘务员控制面板上，用于乘务员呼叫驾驶舱，如图 2-48（d）所示；客舱乘务员站位的灯光提醒由其站位上的提示灯给出，如图 2-48（e）所示。供地面勤务人员使用的呼叫装置位于外部电源面板上，用于地面勤务人员呼叫驾驶舱人员，如图 2-48（f）所示；

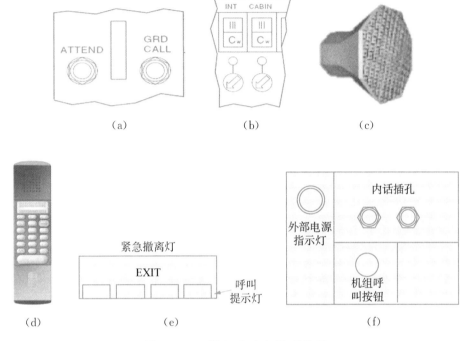

图 2-48 机组呼叫与提醒装置

(a) 驾驶舱的呼叫按钮   (b) ACP 灯   (c) 驾驶舱扬声器;
(d) 客舱手持话筒   (e) 客舱提示灯   (f) 外部电源面板

音响经由乘客广播系统给出提示,地面勤务人员的音响提醒由前轮的高音扬声器进行提示。

参考文献

[1] 郑连兴,任仁良.涡轮发动机飞机结构与系统(AV)(下册)[M]北京:兵器工业出版社,2006.

[2] 刘付星.机载 VHF 通信系统干扰研究[D].广州:华南理工大学,2010.

[3] 刘海旺.高频通信在民航地空通信服务中的应用[J].无线互联科技,2018(12):16-18.

［4］赵博阳.飞机甚高频故障诊断方法研究［D］.天津：中国民航大学,2013.

［5］曹锋.直播电视的数字卫星传输系统的研究［D］.南京：南京邮电大学,2013.

［6］刘天华.民用飞机数据链通信管理技术［J］.电讯技术,2010,50(5)：84－88.

［7］刘天华.民用飞机数据链应用适航要求及实现建议［J］.电讯技术,2014,54(10)：1326－1329.

［8］张力支.机载甚高频 ACARS 数据链系统及通信管理单元设计［J］.电讯技术,2011,51(12)：101－104.

［9］全轶青.民机甚高频数据链发展及 CMU 的设计浅析［J］.中国新通信,2012,14(15)：6－7.

［10］张鹏,段照斌.基于 DDS 的民航飞机选择呼叫发射机研制［J］.测控技术,2013,32(3)：106－110.

［11］王平.民用飞机音频综合系统设计考虑［J］.信息系统工程,2017(6)：34.

［12］孙艳玲.民航空中管制通信系统可靠性的研究［D］.济南：山东大学,2007.

3

无线电导航系统

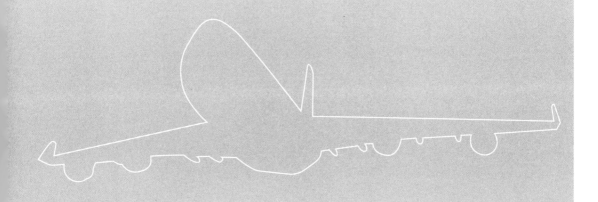

3.1　无线电导航系统概述

所谓导航,指的是对航行体进行引导,按照预定的航线、精度和时间等要求,引导航行体到达目的地,具备这项总体功能的系统就是导航系统。

对导航系统而言,其主要任务是将航行体所处位置确定下来,在给定时间范围内将航行体从当前所处位置引导至目的地[1]。因此,导航系统应该具备提供如下三种导航信号的功能:载体质量中心定位信号、定向信号、速度信号。导航系统基于上述信号对航行体的行进速度、方向等进行调整,确保航行体能够在规定时间内按照预定航线行驶至目的地。

对飞机导航系统而言,其主要功能是对飞机进行引导,按照预定的航线完成飞行任务,确保执行任务期间的经济性和安全性。如果以不同系统功能为依据,则可将飞机导航系统细分为四类:定位、测高、着陆引导和环境监测。无线电定位系统主要负责确定飞机位置,如全球定位系统等;较为常见的测高、环境监测设备分别是低空无线电高度表、气象雷达;着陆引导设备,如仪表着陆系统。

本章重点介绍无线电导航系统,即借助无线电技术达到导航的目的,本章内容包括甚高频全向信标系统、测距仪、仪表着陆系统、自动定向仪、无线电高度表、指点信标和卫星导航。

3.1.1　导航坐标系

3.1.1.1　地理坐标参量

飞机飞行是相对地球表面而产生的运动,在对飞机导航进行描述时,通常采用地理坐标来描述飞机所处位置。

1) 大圆和大圆航线

通过地心的平面与地球表面相交的圆是地球表面最大的圆,称为大圆。大圆弧连线是地球表面上任意两点之间距离最短的连线,尽可能沿大圆弧连线飞行的航线称为大圆航线。

2) 赤道和纬度

经过地心和地轴形成垂直关系的平面,并与地球表面相交的线叫作赤道,其他与地轴形成垂直关系的平面和地球表面相交的线称作纬圈。纬圈、赤道平面是相互平行的,纬圈和地心之间的连线与赤道平面所形成的夹角就是纬度,如图 3-1 所示。赤道的纬度为 0°;赤道以北为北纬(N)0°~90°,北极纬度为 90°N;赤道以南为南纬(S)0°~90°,南极的纬度为 90°S。

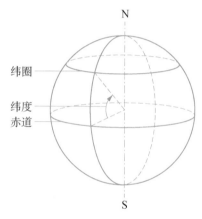

图 3-1 赤道、纬圈、纬度

3) 首子午线和经度

通过地轴的平面与地球表面相交所形成的线是经圈,不管在什么情况下,经圈、纬圈二者都是正交关系。经圈的一半是经线,即子午线。国际上规定,通过格林尼治天文台的经线作为首子午线,亦可称之为本初子午线,如图 3-2 所示。在地球表面,经度指的是通过该点的子午线平面与首子午线平面所形成的夹角。首子午线以东为东经(E)0°~180°,以西为西经(W)0°~180°。

确定以上坐标参量之后,可以通过经度、纬度这两个指标表示地球上任意点的坐标位置。

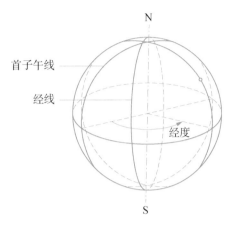

图 3 - 2　首子午线、经线、经度

3.1.1.2　导航参量

无线电导航系统常用的导航参量如下[2]所示。

1）磁北和磁子午线

磁北（magnetic north）是指南针所指示的北，地球的磁场两极与地理上的南北两极不重合，指南针指示的北为磁北而非真北（true north），磁北会随着时间产生变化[3]。在地面某点的磁针指向地球的磁南北极的线为该点的磁子午线，也叫磁经线。

2）航向角

航向角指飞机对应的经线北端按照顺时针方向测量到航向线（纵轴前端延长线在水平方向形成的投影）的角度，如图 3 - 3 所示。基于真北经线、磁北经线的航向分别称作真航向、磁航向[4]。

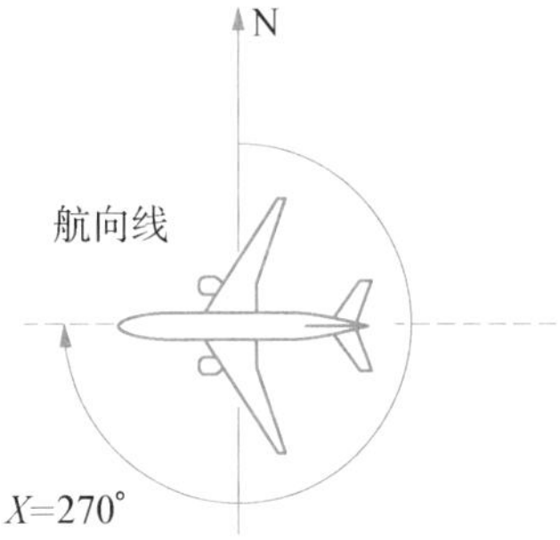

3）方位角

方位角指从经线北端以顺时针方向到水平面上某方向线形成的角度[4]，如图 3 - 4 所示。较为常见的方位角除了电台方位角和相对方位角之外，还包括飞机磁方位角。

图 3 - 3　航向角

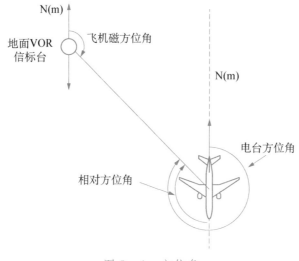

图 3-4　方位角

（1）所谓电台方位角,指的是基于飞机所处位置的磁北方向,按照顺时针方向转至飞机与地面 VOR 信标台连线所形成的夹角,这是在飞机上观察地面 VOR 信标台的方向,即地面 VOR 信标台的磁方位角。

（2）相对方位角是从飞机纵轴顺时针转到地面 VOR 信标台与飞机连线的夹角。

（3）所谓飞机磁方位角,实际上是基于地面 VOR 信标台所处位置磁北方向按照顺时针转至地面 VOR 信标台与飞机连线之间形成的夹角,这是从地面 VOR 信标台观察飞机的方向。

4）航迹与航迹角

航迹是飞机重心在地面投影所形成的点移动的轨迹。航迹角是指从经线北端顺时针测量至航迹方向所形成的角度。

5）所需航迹（角）

飞行员在执行任务的过程中,希望飞机运动的方向就是所需航迹（角）。如图 3-5(a)所示,经线北端与连接航路点 0 和航路点 1 的粗线形成的夹角即所需航迹（角）。在有些情况下,所需航迹（角）也可称作待飞航迹（角）。

6）航迹角误差

航迹角误差指实际航迹与所需航迹之间形成的夹角，也就是地速向量和所需航迹角这两者之间形成的夹角，如图 3-5（b）所示。在一般情况下，航迹角误差会做出左、右的标记。

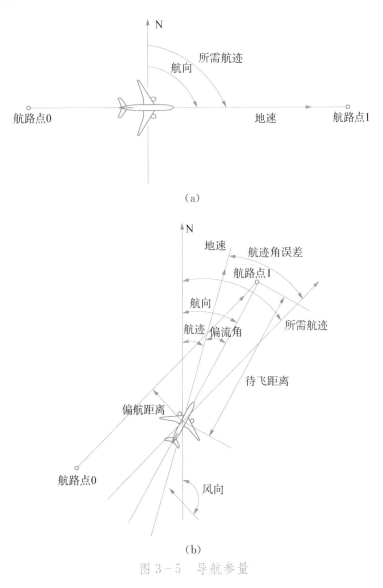

（a）

（b）

图 3-5 导航参量

（a）无偏流角沿航迹飞行 （b）偏航且偏流角不为零

7）偏流

侧风的存在会导致飞机实际航行时的航迹与航向存在差异。航迹线、航向线这两者所形成的夹角就是偏流角，如图 3 - 5(b)所示。如果航迹线偏向航向右边，则偏流角为正值；相反，如果航迹线向左侧偏，则偏流角为负值。

8）航路点

航路点是指在飞行航路上用于改变所处高度、飞行速度和航向等或向空管中心报告的规定位置。

9）待飞距离

待飞距离指飞机从当前所处位置出发飞到目的地、前方航路点之间的距离。在一般情况下，几个航路点连接在一起所形成的折线线路就是航路，在未列声明的情况下，待飞距离指的是飞机沿着预定航路向目的地飞行时的距离。两个航路的距离是大圆距离。

10）偏航距离

偏航距离指从飞机所处位置到飞行航段航路点连线形成的垂直距离，如图 3 - 5(b)所示。

11）地速

地速指地面投影点移动时的速度，是飞机相对于地面的水平移动速度。

12）空速

空速指飞机相对于周围空气的运动速度。

13）风速与风向

风速、风向分别指飞机所处位置的大气相对于地面而言的运动速度和方向。在三者关系 $S_G = S_A + S_W$ 这个式子中，S_G 代表地速，S_W 代表风速，S_A 代表空速，如果风速为零，则飞机地速、空速这两者完全相等。

14）预计到达时间与待飞时间

预计到达时间(estimated time of arrival，ETA)指飞机从当前所处位置飞行至目的地时预估的飞行时间，这个时间所依据的标准是格林尼治时间。待飞时间是指飞机从当前所处位置基于当前地速按照预定航线进行飞行时，到达目的地的空中飞行时间。

3.1.2　无线电导航系统

无线电导航系统是借助无线电技术对导航参数进行测量和计算，获取飞机的位置、无线电高度、相对于导航台的距离和方位等数据，从而引导飞机按预定航线飞行和着陆的导航系统。这种系统最大的好处是不会受到气候、时间的约束，设备相对简单，可靠性高。

在飞机的整个运行周期中除了需要知道起始点和目标位置之外，还需要知道飞机的当前位置、速度、姿态等导航参数，其中最重要的是位置。尽管无线电导航系统在具体的技术实现上各有差异，但都是通过接收和处理无线电信号来实现导航参数的测量和计算。在导航台位置精确已知的情况下，接收并测量无线电信号的电参量（如振幅、频率、相位或延迟时间等），根据有关电波传播特性，转换成导航需要的、接收点相对于该导航台坐标的导航参量（位置、方向、距离、距离差等），这就是无线电导航的实质[5]。

3.1.3　其他导航系统

惯性导航系统属于自主导航，即利用自主机载设备，不会与外界的光、电产生联系，具有良好的隐蔽性，不受其他外部条件的约束。惯性导航是在牛顿力学定律的基础上形成的，通过加速计对载体运动加速度进行测量，通过陀螺装置设立基准坐标系，在此基础上经过推算得到相应的导航参数。在时间不断推移的过程中，惯性导航系统随着时间的推移将产生积累误差。

3.2 甚高频全向信标

3.2.1 甚高频全向信标概述

VOR 属近程无线电导航系统,在 108.00~117.95 MHz 范围内的 VHF 频段工作。早在 1946 年,美国就将 VOR 视为标准导航设备,1949 年被 ICAO 采用,正式成为国际标准航线无线电导航系统[4]。VOR 为地备式导航,亦可称之为地面基准式导航。VOR 包括机载设备和地面发射台(VOR 台),地面发射台通过天线发射方位信息,机载设备通过接收地面发射台发射的方位信息,做出相应的处理措施,同时通过指示器指示从飞机至 VOR 台、VOR 台至飞机的磁方位角,如图 3-6 所示。

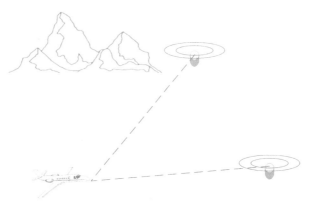

图 3-6　VOR 导航

就航空导航而言,VOR 的功能除了定位之外,还能沿着预定航路进行导航。可采用以下方式借助 VOR 进行定位[2]:

(1) 两个已知 VOR 台到飞机磁方位角可通过 VOR 机载设备进行测量,从而获得位置线,根据交点就能将飞机所处地理位置确定下来。这种测角定位的方式又可称作 $\theta-\theta$ 定位。

(2) 在一般情况下,VOR 与 DME 配合使用,飞机的磁方位角 θ 可用 VOR 设备进行测量,飞机和 VOR/DME 信标台之间的距离记为 ρ,可通过 DME 进行测量,通过 ρ 和 θ 可以确定飞机所处地理位置,这种测角测距定位亦可称之为 $\rho-\theta$ 定位。

VOR 台会辐射很多方位线,又可称作径向线,一条线与一个磁方位角对应。飞行员在操作过程中,借助机上全向方位选择器(omnibearing selector, OBS)确定方位线,也就是预选航道。飞机按照事先选择的航道飞向、飞离 VOR 台,根据航道偏离指示器指示的偏离角度和方向,对沿着预选航道飞行的飞机进行引导,使其到达目的地。

对空中航路而言,按照航路长短对 VOR 台进行设置。在航路上,安装的 VOR 台的位置叫作航路点。飞机会按照事先选择的航道从某一航路点飞行到另一航路点[1]。图 3-7 展示了飞机借助 VOR 台沿选定航路进行导航的情形。假定从 A 机场起飞时,飞机按照 315°方位线朝着 VOR 台 1 飞行。飞越其上空后,再按照 90°方位线逐渐飞离 VOR 信标台 1。到了 B 距离(频率)转换点之后,再按 270°方位线飞向 VOR 台 2,接着按 45°方位线飞离 VOR 台 2,这样一段接一段地飞行,直到飞到目的地机场 C。

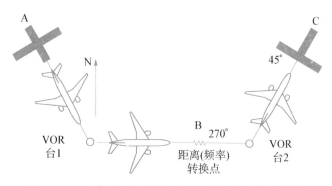

图 3-7　飞机借助 VOR 台沿选定航路进行导航

3.2.2　甚高频全向信标工作原理

3.2.2.1　有关的角度定义

对 VOR 导航系统而言,最主要的功能是对 VOR 方位角进行测量,无线电磁指示器(radio magnetic indicator，RMI)的指示通过磁航向加上相对方位形成 VOR 方位角。从这个层面来看，认识到这些角度的定义和关系[1]能够更好地了解 VOR 机载设备原理。

1) VOR 方位

VOR 方位是指飞机所在位置的磁北方向顺时针测量到飞机与 VOR 台连线之间的夹角，根据飞机对 VOR 台地理方位进行观察，亦可称之为电台磁方位。如图 3-8 所示。

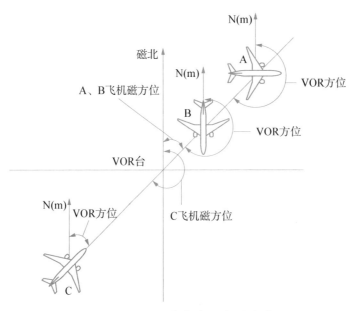

图 3-8　VOR 方位和飞机磁方位

2) 飞机磁方位

在 VOR 台磁北方向按照顺时针方向对其与飞机连线间的夹角进行测量，就能得到飞机磁方位，根据 VOR 台对飞机相对 VOR 台磁方位进行观察。如图 3-8 所示。

分析图 3-8 可获得如下结论：

（1）VOR 方位与飞机磁航向无关，VOR 方位只与相对 VOR 台的地理位置相关。

（2）飞机磁方位与 VOR 方位之间的差值为 180°。

（3）VOR 方位等于飞机磁航向与相对方位之和。

在图 3-8 中，画出了 A，B，C 三架飞机相对 VOR 台的姿态。为了加深对角度定义的理解，以具体的度数来表示每架飞机的 4 个角度值，如表 3-1 所示（假定飞机磁方位为 45° 或 225°）。

表 3-1　飞行导航定向方位对照表

飞机	飞机磁方位	飞机磁航向	相对方位	VOR 方位
A	45°	90°	135°	225°
B	45°	180°	45°	225°
C	225°	45°	0°	45°

3.2.2.2　甚高频全向信标工作频率分配

现代飞机的 VOR 导航系统机载设备与 ILS 的 LOC 的机载设备存在部分公用的现象，如天线、控制面板、指示器、接收机的高频和中频部分。公用的部分当飞机在航路上飞行时用于 VOR 导航，而在进近着陆时用于 LOC。因此，VOR 和 LOC 在同一 VHF 频段的不同频率上工作[1]。

VOR 和 LOC 的工作频率处于 108.00～117.95 MHz 这一范围内，间隔 50 kHz，波道总数为 200 个。VOR 和 LOC 共用频率范围为 108.00～111.95 MHz，波道数量为 80 个，分配至 ILS 系统的 LOC 的波道为 40 个，按照如下方式进行分配：

108.00 MHz——试验。

108.05 MHz——VOR。

108.10～111.90 MHz——奇数 100 kHz 波道及再加 50 kHz 的波道用于 LOC，并配对 GS 波道。

108.20～111.90 MHz——偶数 100 kHz 波道及再加 50 kHz 的波道用于 VOR。

......

112.00～117.95 MHz——间隔 50 kHz 的所有频率的波道都用于 VOR。

108.00 MHz 未分配至导航设备,仅用于试验。除此之外,还有些低频率段频段用于 ILS 试验,并非 VOR。若 LOC 和 VOR 共用,则在试验阶段所使用的频率为 117.95 MHz。对机载接收机而言,所能接收的波道范围为 108.00～117.95 MHz,留作试验的频率涵盖在内。

3.2.2.3　甚高频全向信标地面台的配置

在机场安装的 VOR 台是终端 VOR 台(terminal VOR,TVOR),在其工作频段 108.00～111.95 MHz 范围内可使用的波道数为 40 个[4],发射功率为 50 W,在 25 n mile 距离内工作。TVOR 选择低功率发射的原因如下:一方面,对相同频率的其他 VOR 不产生干扰;另一方面,TVOR 信标台在建筑物相对密集的机场,多路径干扰对 VOR 精度产生了严重影响,所以只适用于短距离导航。

在一般情况下,TVOR 台与 LOC、DME 等安装在一起,DME、VOR 形成极坐标定位系统。LOC、VOR 台安装在一起,借助与跑道中心延长线相互一致的 TVOR 台方位线,能够有效取代 LOC 对飞机着陆进行指引[6]。

在航路中安装的 VOR 台称作航路 VOR,一般在没有障碍物的地方选择台址。山顶是一个非常适宜的地点,可以有效减小多路径干扰和地形效应导致的台址误差。

对航路 VOR 而言,其工作频道 112.00～117.95 MHz 范围内的波道数量为 120 个,在 200 n mile 距离内工作,其发射功率为 200 W。

VOR 系统工作范围受到接收机灵敏度的影响,同时还受到 VOR 台四周地形、飞机高度和地面台发射功率的影响。工作范围主要受视距限制,而地球曲率会在一定范围内对视距产生制约。就地球表面而言,高度与视距的关系如图 3 - 9 所示[1]。只有飞机高度达到 30 000 ft 时,VOR 工作距离才能达到

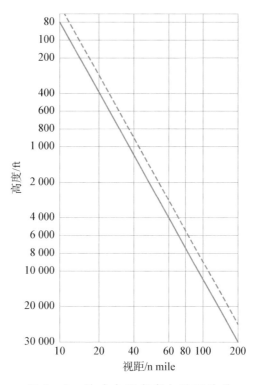

图 3-9 地球表面高度与视距关系

200 n mile。

3.2.2.4 甚高频全向信标系统的基本原理

假设地面 VOR 台是一个灯塔，将全方位光束发射到四周，与此同时，还会发射从磁北方向起沿着顺时针转动的光束[4]，如图 3-10 所示。

在相对较远的位置观察，将从见到全方位光线到见到旋转光束的时间间隔记录下来，根据光束旋转的速度进行计算，可以得到观察者磁北方位角[6]。

事实上，VOR 台将两个低频信号所调制的射频信号发射出来。所涉及的两个低频信号分别是可变相位信号和基准相位信号，其中前者类似于旋转光束，当 VOR 台径向方位变化时，其相位会随之改变；后者类似于全方位光束，VOR 台四周不同方位对应的相位完全相同。对飞机而言，磁方位主要是由

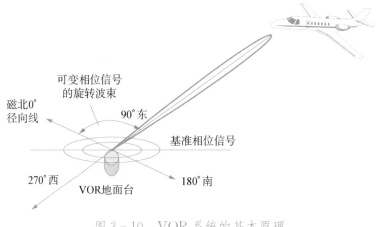

图 3 - 10 VOR 系统的基本原理

这两个低频信号间的相位差决定的,相当于看到光束、全方位光束的时间间隔。

从 VOR 台发射的信号被机载设备接收,对信号进行测量得到相位差,获得飞机磁方位角,加上 180°就成为 VOR 方位。

VOR 机载设备负责对 VOR 地面台所发射的方位信息进行接收,并做出相应的处理,借助仪表进行指示。飞行员依据方位信息对飞机所处位置进行准确定位,并按照预先确定的航路飞行。

VOR 机载设备对 VOR 地面台所发射的基准相位、可变相位 30 Hz 信号相位差进行测量,这两个 30 Hz 信号相位差与 VOR 台径向方位成正比,基准零度按照磁北计算[4]。为更好地在接收机中将这两个 30 Hz 信号区分开,VOR 台在信号发射的过程中选择不同方式进行调制;就可变相位信号而言,通过 30 Hz 信号对载波调幅,相位随 VOR 台的径向方位变化[4];就基准相位信号而言,9 960 Hz 副载波通过 30 Hz 进行调频,然后调频副载波再对载波调幅。需要注意的是,VOR 台四周的 30 Hz 调频信号相位完全相同。所以,接收机可以通过包络检波器对调幅 30 Hz 进行检测,采用频率检波器对调频 30 Hz 进行检测,再对相位进行对比,经过测量可以获得 VOR 方位[4]。

3.2.3 甚高频全向信标系统架构及设备

3.2.3.1 甚高频全向信标系统架构

典型的民机 VOR 系统一般装有两套系统,每套系统包括 VOR 接收机、TCP、指示器和天线等[7]。虽然机载设备的型号非常多,对方位信息进行处理的方式存在差异,但其功能非常相似。VOR 系统架构如图 3-11 所示。

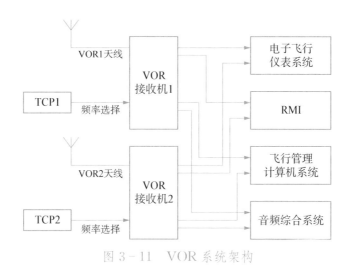

图 3-11 VOR 系统架构

飞机上装有 2～3 套完全相同的 TCP,每套 TCP 都可以对 VOR 接收机进行调谐,选择 VOR 工作频率,对 VOR 设备进行测试。VOR 接收机接收和处理 VOR 台发射的方位信息,发送到飞行管理计算机系统提供导航计算。VOR 接收机输出的识别码信号发送到音频综合系统,供飞行员监听。VOR 接收机将航道偏离信号、向/背台信号以及旗警告信号发送给电子飞行仪表系统(electronic flight instrument system,EFIS)水平状态指示器(horizontal situation indicator,HSI)或导航显示器(navigation display,ND);同时提供方位信号,驱动无线电磁指示器(radio magnetic indicator,RMI)的指针指示 VOR 方位角。

3.2.3.2　机载甚高频全向信标设备

1）VOR接收机

VOR系统通常包括两套接收机，安装在电子设备舱，除了相位比较器电路之外，还包括幅度检波器和外差式接收机等。VOR接收机对地面VOR台辐射的信号进行接收，输出音频信号、台站识别信号、方位信号、航道偏离信号、向/背台信号等。

VOR接收机前面板如图3-12所示，前面板有测试电门和LED状态指示灯等。当按压测试电门"TEST"电门后，收发机进行自测试，当测试结果正常时，绿色"LRU STATUS"LED状态指示灯亮，否则红色LED故障指示灯亮；若控制源正常则"CONTROL FAIL"绿色LED指示灯亮，若控制源不正常则"CONTROL FAIL"红色LED指示灯亮。

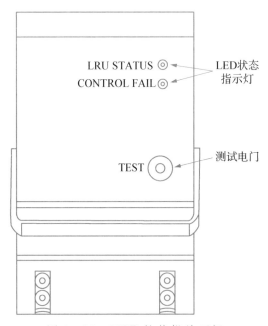

图3-12　VOR接收机前面板

有的 VOR 导航接收机和 ILS 接收机是组合在一起的,因此,接收机中还包括 LOC 横向引导和 GS 垂直引导信号处理电路。在不同型号的设备中,VOR、MB、LOC 和 GS 也可以分成几个单独的接收机或包括在一个接收机中。

2) TCP

在现代飞机上,VOR 系统调谐方式可以采用自动调谐和人工调谐。通过 FMC 可以对 VOR 系统实现自动调谐,人工调谐通过 TCP 由机组人工选择 VOR 频率,当 FMC 故障时可以通过 TCP 进行人工调谐。

TCP 有多种形式,有的是通信系统、导航系统、监视系统一体化的 TCP,有的是控制导航系统的导航控制面板或部分导航设备的控制面板,如图 3 - 13 所示。VOR、DME 和 ILS 共同使用时主要具备如下功能[7]:

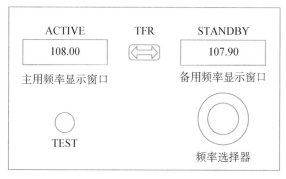

图 3 - 13　调谐控制面板

(1) 设备运行状态测试。按下测试按钮,可用于对 VOR 接收机运行情况进行检测。

(2) 人工选择频率并显示。选择和显示接收信号频率,波道间隔 50 kHz,在其频段 108.00～117.95 MHz 范围内的波道数量为 200 个,选择 ILS/LOC 频率的波道数量为 40 个。如果选择 LOC 频率,则显示窗口显示选择的 LOC 频率,与 LOC 配对的下滑信号频率自动选配。如果选择 LOC、VOR 频率时,则同时会对 DME 配对频率进行自动选择。在 TCP 上,可以同时显示两个频率,频率转换(transfer,TFR)开关控制备用频率与主用频率之间的切换。除此之外,TCP 将 FMC 自动调谐频率传送至 VOR 接收机。

3) 指示器

导航信息由 VOR 接收机提供,飞行员看到指示器上显示的信息确定飞机所处位置,按导航信息提示操控飞机按预定航线飞行。一般而言,在现代飞机上 VOR 方位信息在 EFIS 的 ND 或 RMI 上进行显示[8]。

RMI 将 ADF 方位、VOR 方位与罗盘组合在一起,接收 VOR1/ADF1 和 VOR2/ADF2 接收机输出的方位信息,通过不同指针指示出来,转换开关可用于对指针输入信号源进行转换操作,如图 3 - 14 所示。

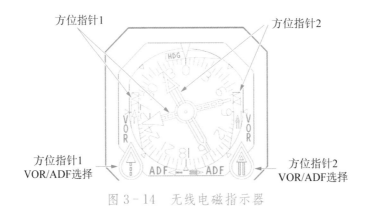

图 3 - 14   无线电磁指示器

现代飞机的 EFIS 的 ND 主要用来显示导航信息,具有多种显示方式,如图 3 - 15 所示,相对飞机预选航道而言的航道偏离信号对航道偏离杆进行驱动,将飞机偏离的角度指示出来。向/背台信号驱动相应的向/背台指示器,在向台区飞行时,三角形指向机头;而在背台区飞行时,三角形始终指向机尾。

4) 天线

对绝大部分飞机而言,LOC、VOR 共用天线,有些在机身下侧安装,有些

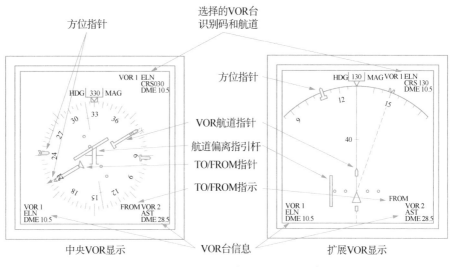

方位指针

选择的VOR台
识别码和航道

方位指针

VOR航道指针

航道偏离指引杆

TO/FROM指针

TO/FROM指示

中央VOR显示

VOR台信息

扩展VOR显示

图 3-15　EFIS 的 ND 显示方式

在垂直安定面上安装，有效地避免了机身对无线电波的阻挡，使得所接收的信号更加稳定[7]。VOR 天线有很多不同的样式，除了 V 形偶极子天线和环形天线之外，还包括蝙蝠翼形天线等。无论选择哪种天线，都应具备全向水平极化的方向性图，能够对 108.00～117.95 MHz 范围内的甚高频信号进行接收处理[6]。VOR 天线如图 3-16 所示。

侧视图

底视图

图 3-16　VOR 天线

3.3 测距仪

3.3.1 测距仪系统概述

DME 是一种非自主的脉冲式(时间式)近程测距导航系统,是测定飞机与地面已知坐标点之间斜距的无线电导航设备,它由机载 DME 和地面测距信标台组成。DME 通过测定电波从飞机到电台之间往返所耗时间来获得两者之间距离,是一种询问-应答式脉冲测距系统。地面测距信标台与机载 DME 相互配合,可将飞机与地面测距信标台之间的距离实时提供至飞行员。从本质上来讲,DME 是一种脉冲二次雷达系统,从二战期间就开始使用。自 20 世纪 50 年代末期,DME 通过 ICAO 的批准,作为标准测距系统在世界范围内获得广泛应用[8]。

如图 3-17 所示,DME 系统的工作方式与 ATCRBS 有相似之处,都是以空地设备间问答的方式进行工作,均采用在 1 000 MHz 左右的 L 频段工作的脉冲射频信号。机载 DME 对脉冲往返延迟时间进行测量,经过计算得到飞机与地面测距信标台的斜距。根据由 DME 提供的距离信息,再与 VOR 所提供的方位信息结合起来,就能够对飞机进行准确定位,还能实现对飞机的进近引导。除此之外,还可实现区域导航,对空域的繁忙、拥挤情况起到有效的缓解作

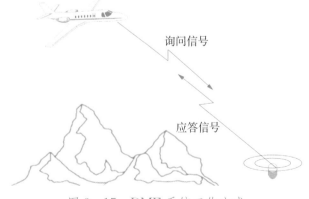

询问信号

应答信号

图 3-17 DME 系统工作方式

用,既能节省燃料,又能大大节省时间。

3.3.2　测距仪工作原理

3.3.2.1　测距仪的功能

对 DME 而言,主要负责对飞机和地面测距信标台之间的斜距进行测量,记作 R。在一般情况下,大型飞机在 30 000 ft 的高空飞行,如果飞机与地面测距信标台间的距离超过 35 n mile,则所测得的斜距 R 与实际水平距离 R_0 之间的误差小于 1%;如果飞机着陆时,与地面测距信标台之间的距离在 30 n mile 之内,则飞行高度往往已经下降(若相距 6 n mile,则对应的高度就是 1 524 m),斜距、水平距离之间的误差约为 1%[1]。在实际应用中,也可将斜距称作距离。只有当飞机在高空平飞接近测距信标台时,斜距、实际水平距离之间的误差才会比较明显。

在实际应用中,地面测距信标台通常与 VOR 台同台安装。在这样的情况下,可以借助 DME 获得距离信息,并与 VOR 结合起来,采取 $\rho - \theta$ 定位对飞机所处位置进行准确定位,计算得到地速和到达时间。同样,利用所测得的飞机到两个或三个地面测距信标台的距离,也可按 $\rho - \rho$ 或 $\rho - \rho - \rho$ 定位方法进行定位。

借助机场 VOR 和机场地面测距信标台就可达到进近引导飞机的目的。例如保持 DME 读数为常数,即可使飞机绕地面测距信标台做圆周飞行以等待着陆,或者绕过禁区、障碍物再按照指定的 VOR 方位进场。

3.3.2.2　测距仪系统的工作概况

1) 工作方式

DME 对距离进行测量时,主要采取询问应答的模式实现。如图 3 - 18 所示,机载 DME 中的发射电路产生射频脉冲对信号,借助无方向性天线进行辐射,就形成了询问信号[9]。这种信号被地面测距信标台接收机获得后,延迟 50 μs,通过发射机形成应答信号发射。地面射频脉冲对应答信号被机载 DME 接收后,就可以根据询问脉冲、应答脉冲之间的时间延迟,对飞机至地面测距信标台这两者的视线距离进行计算。所以,机载 DME 又可称为询问器,地面测距信标台又可称之为应答器[10]。我们常说的 DME 主要指机载询问器。根据以上描述不难发现,无论是机载询问器还是地面测距信标台,都含有接收电路,同时也含有发射电路。

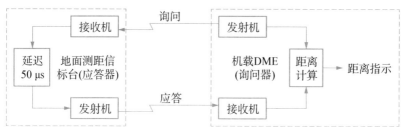

图 3-18 DME 工作原理

机载 DME 询问频率、地面测距信标台应答频率之间的差距为 63 MHz,也就是说 DME 发射频率、接收频率之间的差值为 63 MHz。机载 DME 询问频率对应的范围为 1 025～1 150 MHz,地面测距信标台应答频率对应的范围为 962～1 213 MHz[10]。

2) 机载 DME 的询问

机载 DME 通电后,将频率调至测距信标台工作频道,机载 DME 就开始工作,当机载 DME 接收到一定数量地面测距信标台发射的脉冲对信号时,机载 DME 就会产生发射脉冲对询问信号,地面测距信标台则产生对应的应答信号。

机载 DME 形成的询问脉冲信号询问频率处于不断变化的状态。如果机载 DME 为跟踪状态,则询问脉冲信号平均频率就会较低,在一般情况下,约为 10～30 对/秒[10]。如果机载 DME 为搜索状态,则对应的询问频率就会相对较高,通常情况下约为 40～150 对/秒[10]。典型机载 DME 跟踪状态询问率均值约为 22.5 对/秒,处于搜索状态时约为 90 对/秒。现代机载 DME 询问频率相对较低,处于搜索状态时为 40 对/秒,处于跟踪状态时下降到 10 对/秒。当机载 DME 处于跟踪或搜索状态时,对应的询问频率始终围绕均值以随机的方式产生抖动。

3）测距信标台的应答

（1）询问应答与断续发射。询问信号被地面测距信标台接收后，延迟 $50\,\mu s$ 产生应答信号，用以机载 DME 对距离进行计算，即询问应答信号。

只要飞机进入有效范围，地面测距信标台就能为机载 DME 提供相应的询问应答信号。这样一来就产生了一个问题，即在有些情况下，地面测距信标台接收多架飞机机载 DME 的询问信号，所以就需要产生密集应答脉冲对[10]。在有些情况下，飞机 DME 询问非常少，所产生的应答脉冲对相对较少。更有甚者，还可能出现没有飞机 DME 询问的现象。为了更好地让地面测距信标台处于最佳状态，不会因为应答频率过高而出现发射机过载的现象，应确保地面测距信标台应答频率基本保持不变。一般而言，地面测距信标台能在同一时间为100 架飞机提供应答信号，假设其中有 95 架飞机 DME 在跟踪状态下，对应的询问率是 22.5 对/秒，剩下 5 台机载测距机在搜索状态下，询问率是 90 对/秒，这样一来，信标台应答频率为 2 587.5 对/秒[10]。由于机载 DME 询问率在一定范围内不断变化，因此在满负荷运行的情况下，地面测距信标台应答脉冲频率处于 1 000～2 700 对/秒这一范围内。

（2）应答抑制。抑制指的是地面测距信标台接收询问脉冲后，在一定的时间范围内地面测距信标台接收机会被抑制，通常情况下会抑制 $60\,\mu s$，在较特殊的情形下极有可能抑制 $150\,\mu s$。

当地面测距信标台处于抑制寂静期时，根本无法接收询问脉冲，其目的在于避免多径反射信号触发应答。询问信号从机载 DME 发射出来后，有些沿着视线抵达地面测距信标台，有些经由地面目标或飞机反射后沿着折线抵达地面测距信标台。如果不采取相应的措施进行抑制，则多径反射信号极有可能对地面测距信标台进行触发获得应答脉冲信号，对系统产生一定的干扰。直达询问信号到达后，沿折线到达地面测距信标台的反射信号才会到达，在这样的情况下，地面测距信标台接收机接收询问信号后在一定时间内进行抑制,能够有效避免多径反射信号触发应答。

（3）识别信号。在测距时机载 DME 对地面测距信标台进行判别,确定其是否为所选地面测距信标台,地面测距信标台通过莫尔斯电码将三个字母识别信号发射出来[10]。从组成上来讲,识别信号由点、划组成,两者持续时间分别为 0.1～0.125 s、0.3～0.37 s。在点、划识别信号持续期间,信标发射机发射的等间隔脉冲对为 1 350 对/秒。在点、划空隙内,还需要将随机间隔脉冲对发射出去。识别信号每隔 30 s 发射一次,每次占用时间在 4 s 以内。

4）测距仪的接收

机载 DME 发射询问脉冲后就进入接收状态,所接收的信号有地面测距信标台对自身询问的应答信号,同时也接收地面测距信标台对其他飞机 DME 应答脉冲[10]。除此之外,DME 也接收地面测距信标台断续发射的脉冲信号、识别信号等。

值得一提的是,当飞机处于系统覆盖范围内时,并非所有询问都会得到应答。究其原因,主要在于当很多飞机同时询问时,地面测距信标台只要接收询问信号,接收机就会进入抑制期,在后续 60 μs 期间到达的询问信号就无法得到应答[10]。除此之外,对于这架飞机,当 ATC 应答机对地面二次雷达询问发射进行回答或处于另一套机载 DME 询问期间,都会抑制该机载 DME 约 30 μs。地面测距信标台发射点、划识别信号时,询问信号也无法得到应答。

5）距离

将机载 DME 发射询问信号和地面测距信标台应答信号经历的往返距离记为 2R,固定延迟时间为 50 μs,应答脉冲和询问脉冲的时间延迟为 $t=2R/c+50$,其中 c 代表光速[10]。机载 DME 根据时间延迟就能得到距离信息。

3.3.2.3　测距仪的频率及 X/Y 波道

工作频率 962～1 213 MHz 对应的测距波道为 252 个,间隔为 1 MHz。机载 DME 的询问频率为 1 025～1 150 MHz,地面测距信标台的发射频率比询问频率高或低 63 MHz。

1) X/Y 波道

在 252 个波道中,所采用的脉冲对的时间间隔有两种,分别称为 X 波道和 Y 波道[2]。X 波道的询问脉冲对间隔为 12 μs,应答脉冲对间隔与询问脉冲对间隔一致,也是 12 μs,如图 3‐19(a)所示;Y 波道的询问脉冲对间隔为 36 μs,但应答脉冲对的间隔则为 30 μs,与询问脉冲间隔是不同的,如图 3‐19(b)所示。所有询问及应答脉冲的宽度均为 3.5 μs。

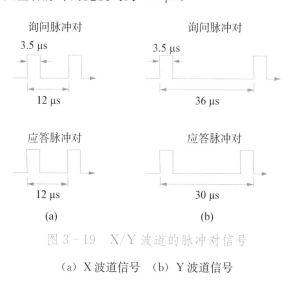

图 3‐19　X/Y 波道的脉冲对信号

(a) X 波道信号　(b) Y 波道信号

2) 频率安排

X/Y 波道的询问频率与应答频率关系如图 3‐20 所示。频率 1 025～

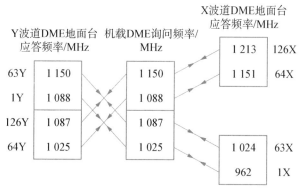

图 3‐20　X/Y 波道的询问频率与应答频率关系

1 150 MHz 对应的波道间隔是 1 MHz,能够安排的询问频率为 126 个。X/Y 波道安排对应的应答波道数量为 252 个,包括 1X-126X 和 1Y-126Y 波道[9]。

对民用测距信标台来说,在 252 个波道中不用的波道为 52 个,1~16X/Y 和 60~69X/Y 这两个频段不会采用。一方面,DME 都是与 ILS、VOR 配对使用,ILS 和 VOR 波道数量只有 200 个,因此,DME 需 200 个波道进行配对。另一方面,DME 和 ATC 应答机在同一频段工作,尽管两者采用了不同的脉冲编码,DME 还是应当避开 ATC 应答机所使用的 1 030 MHz 和 1 090 MHz 频率,以避免可能产生的相互干扰。

3) DME 与 VHF 导航系统的频率配对关系

表 3-2 展示了 DME 200 个波道与 VHF 导航系统的频率配对关系[1]。

表 3-2　频率配对关系

VHF 导航频率/MHz	波道分配	DME 波道
108.00	VOR	17X
108.05	VOR	17Y
108.10	ILS	18X
108.15	ILS	18Y
108.20	VOR	19X
……	……	……
111.95	ILS	56Y
112.00	VOR	57X
112.05	VOR	57Y
112.10	VOR	58X
……	……	……
112.25	VOR	59Y
112.30	VOR	70X
……	……	……
117.95	VOR	126Y

由表3-2可知,当在导航控制面板上选择一个 VOR 频率或者 ILS 频率后,同时确定了与之配对使用的 DME 的工作频率。如果选用的是 108.10～111.95 MHz 之间的十分位小数是奇数的 ILS 频率,则在调定频率之后,航向接收机(多模导航接收机的航向功能)、下滑接收机(多模导航接收机的下滑功能)以及 DME 三者的频率均被调谐到相应的波道上。

3.3.3 测距仪系统架构及设备

3.3.3.1 测距仪系统架构

机载 DME 系统包括 DME、距离指示器、TCP 和天线等[8],如图3-21所示。在一般情况下,飞机都会配备两套相同的 DME。

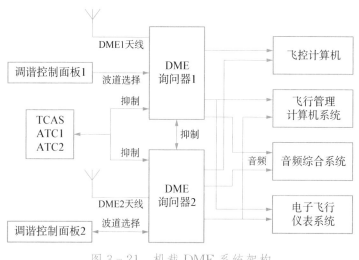

图 3-21 机载 DME 系统架构

DME 天线为 L 频段刀形天线,用来发射询问信号和接收应答信号。该天线与机载 ATC 是相同的,能够互换使用。

DME 除了包括发射机和接收机之外,还包括距离计算电路,能在 1 025～1 150 MHz 范围内产生射频脉冲询问信号,通过接收机对地面 DME 信标的 962～1 213 MHz 的应答脉冲信号进行接收,通过对接收信号进行处理,经过计算得到距离数据,将其发送至综合显示系统显示;同时,向 FCC 和 FMC 发送距离数据,接收机将音频识别信号发送到音频综合系统。

　　DME 通过同轴馈线与天线连接在一起,通过电缆与控制面板相连。飞行员操作控制面板进行频率选择和方式控制,控制信息通过 ARINC 429 数据总线传输到 DME。TCAS、DME 和 ATC 应答机均在 L 频段工作,为了避免同时工作时射频信号相互干扰,在 DME 发射信号的过程中,会形成 30 μs 抑制波,通过同轴电缆的方式送至 TCAS、两台 ATC 应答机和另一台 DME,以抑制其发射,反之亦然。

图 3 - 22　典型机载 DME 前面板

3.3.3.2　机载测距仪设备

1) DME

　　DME 安装在电子设备舱中。DME 的电源是 115 V, 400 Hz 交流电源。典型机载 DME 前面板如图 3 - 22 所示。

　　DME 面板设置了测试电门和 LED 状态指示灯。按压面板上的测试电门"TEST",可以方便地在电子舱中对系统进行检查。如果自测试正常,则"LRU STATUS"绿色 LED 指示灯点亮;若在自测试过程中探测到故障,则"LRU STATUS"红色 LED 指示灯点亮;若控制源正常,则"CONTROL FAIL"绿色 LED 指示灯亮;若控制源不正常,则"CONTROL FAIL"红色 LED 指示灯亮。

2) 距离指示器

　　DME 通常可显示的最大距离为 389.9 n mile,距离增量为 0.1 n mile,显示在 EFIS 的主飞行显示器(primary flight display, PFD)和 ND 上。

3) TCP

　　在现代飞机上,DME 的调谐方式可以采用自动调谐和人工调谐。通过

FMC 可以对 DME 实现自动调谐,人工调谐通过 TCP 由机组人员人工选择频率,DME 波道和甚高频导航设备(VOR 和 ILS)配对使用,选定甚高频设备(VOR 和 ILS)的频率后,DME 自动配对到相应的频率上。当 FMC 故障时可以通过 TCP 进行人工调谐。

TCP 的形式可以有多种,有的是通信系统、导航系统、监视系统一体化的 TCP,有的是控制导航系统的导航控制面板或部分导航设备的控制面板,图 3-13 所示为 VOR、DME 和 ILS 共用的 TCP。

TCP 主要具备如下功能:

(1) 设备运行状态测试。按下测试按钮,导航控制面板发送测试指令给 TCP 上显示的主用频率对应的甚高频导航设备(VOR 和 ILS);同时,导航控制面板发送测试指令给和甚高频导航设备(VOR 和 ILS)配对的 DME,用于对甚高频导航设备(VOR 和 ILS)以及配对的 DME 运行状态进行测试。

(2) 人工选择频率并显示。通过频率旋钮对甚高频导航设备(VOR 和 ILS)频率进行选择,DME 自动配对到相应的频率上。在 TCP 上显示的是甚高频导航设备(VOR 和 ILS)的频率,DME 的工作频率通常不显示出来。在 TCP 上,可以同时显示两个频率,TFR 控制备用频率和主用频率之间的切换。当利用 TFR 开关把甚高频导航设备(VOR 和 ILS)的工作频率转换到备用频率时,同时也把 DME 工作频率转换到相应配对的频率上。除此之外,TCP 将 FMC 自动调谐频率传送至 DME。

4) 天线

考虑到 DME 交替询问、发射,无论是发射电路还是接收电路,都能借助环流器共用一部天线[9]。如图 3-23 所示,DME 选择短刀形宽频道天线,与 ATC

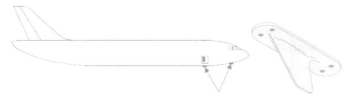

图 3-23 机载 DME 天线

天线型号相同,能够互换。这种天线在水平平面内的方向图基本上是圆的。两部 DME 的天线一般安装在机身的前下部,略向后倾斜。

3.4 仪表着陆系统

3.4.1 仪表着陆系统概述

1949 年,ICAO 将 ILS 指定为飞机标准的进近和着陆设备。不论是能见度很低还是气象条件非常差的情况,该系统都能为飞行员提供引导,确保安全进近和着陆。为了让飞机安全着陆,目视飞行规则(visual flight rules,VFR)明确指出,能见度应该超过 4.8 km,云底高应控制在 300 m 以上[11]。从实际应用情况来看,大多数机场都达不到这样的气象条件,这时飞机只有依赖 ILS 提供的引导信号进行安全着陆。

ILS 的引导信号显示在驾驶舱中的仪表或显示器上。飞行员根据仪表或显示器的指示操控飞机,或使用自动驾驶仪"跟踪"ILS 的引导信号,将飞机从 450 m 的高空沿着跑道中心线的垂直面和规定的下滑角引导至跑道入口水平面上某一高度,之后飞行员根据跑道对飞机进行操控,目视着陆[11]。因此,ILS 系统只能引导飞机到达看到跑道的最低允许高度(决断高度)上,在决断高度(decision height,DH)上发挥引导作用,ILS 系统不能独立引导飞机到接地点。

图 3 - 24 为飞机进场示意图,GS 和 LOC 信号组合,在空间形成一个角锥形进场航道。航向道、下滑道的宽度分别为 4°、1.4°(满刻度指示对应的偏转角)[7]。飞机在角锥形航道以内进场时,飞机偏离航向面和下滑面的角度与指示器指示的角度成比例。飞机位于角锥形航道以外时,指示器满刻度偏转,在这样的情况下,根据指示器的指示只可对飞行偏离方向进行判断,无法给出准确偏离角度。

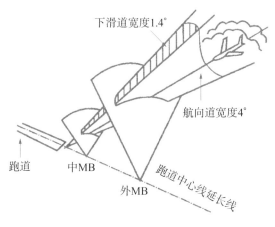

图 3-24　飞机进场示意图

3.4.2　仪表着陆系统工作原理

3.4.2.1　着陆标准等级

根据飞机的着陆能力不同，ICAO 按照 DH 和跑道视距（runway visual range，RVR）把着陆标准划分成了三个等级[1]，如表 3-3 所示。

表 3-3　着陆标准等级

类别	RVR/m(ft)	DH/m(ft)
Ⅰ	≥800(2 600)	60(200)
Ⅱ	≥400(1 200)	30(100)
ⅢA	≥200(700)	无限制
ⅢB	≥50(150)	无限制
ⅢC	0	无限制

注：上表中括号内的数字是基于 ft 计算得到的近似值。

所谓 DH，指的是飞行员对飞机着陆或复飞做出判断的最低高度。在 DH 上，飞行员只有在看到跑道的情况下才会进行着陆操作；反之，不能着陆而进行复飞。在通常情况下，由 RA 测量的 DH 应位于中 MB（Ⅰ类着陆）或内指点信标（Ⅱ类着陆）上空。所谓 RVR，亦可称为跑道能见度，是指白天在跑道面水平方向基于天空背景所能看到的物体最大距离,需采用大气透射计进行测量。

以着陆标准为依据,可以将 ILS 设施分为三类,分别与 ICAO 规定的着陆标准对应,采用罗马数字、字母进行表示。ILS 的分类依据是系统精度和能见度极限。从总的精度来看,系统除了障碍物影响和台址误差之外,还包括设备精度和配置、跑道长度等。ILS 设施性能可达到如下运用目标。

Ⅰ类设施:当 RVR 不小于 800 m 时,以高的进场成功概率对飞机进行引导,能将飞机引导至 60 m 的 DH。

Ⅱ类设施:当 RVR 不小于 400 m 时,以高的进场成功概率对飞机进行引导,能将飞机引导至 30 m 的 DH。

ⅢA 类设施:不受 DH 的约束,当 RVR 不小于 200 m 时,在着陆过程中,最后阶段只能依靠外界目视,将飞机引导至跑道表面,所以称作目视着陆。

ⅢB 类设施:不受 DH 的约束,不依赖外界目视参考,运行至跑道表面,接着在 RVR 50 m 的条件下,参照外界目视进行滑行,称作目视滑行。

ⅢC 类设施:不受 DH 的约束,不依赖外界目视参考,沿跑道表面滑行、着陆。

ILS 系统可满足前两类标准,Ⅲ类要求有复杂设备进行辅助才能实现。

3.4.2.2　仪表着陆系统组成

ILS 系统包括提供横向引导的 LOC、提供垂直引导的 GS 和提供距离引导的 MB。从构成上来讲,这三个分系统均包括机载设备和地面发射设备[8]。如图 3-25 所示,图中示意了地面发射设备的机场配置情况,内 MB 仅在Ⅱ/Ⅲ类着陆标准机场才会安装。

LOC 天线形成的辐射场位于跑道中心延长线垂直平面内,形成的航向道又可称作航向面,如图 3-26 所示,可为偏离航向道的飞机提供横向引导信号[8]。LOC 将信号发射至机载接收机,接收机对信号进行处理后,输出飞机相对于航向道的偏离信号,送到驾驶舱仪表进行显示。假设飞机在航向道上(飞机

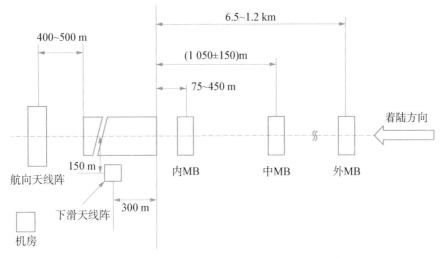

图 3-25　ILS 地面发射设备的机场配置情况

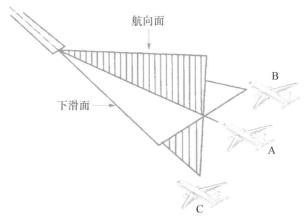

图 3-26　LOC、GS 引导信号

A)，对准跑道中心线，对应的航向道偏离指示就为零；假设飞机位于航向道左/右侧(飞机 C/飞机 B)，航向指针就会指向右/左方向，指示"飞右"或"飞左"。

　　GS 天线辐射场形成下滑面，与跑道水平面形成一定的夹角，从机场净空条件来看，可在 2°～4°的范围内选择[11]。GS 可对偏离下滑面的飞机产生垂直引导信号。GS 将信号发射至机载接收机，接收机对信号进行处理后，输出下滑道偏离信号,送到驾驶舱仪表进行显示[11]。在下滑面上的飞机(飞机 A)指针处在中心零位;假设飞机位于下滑道下/上方(飞机 C/飞机 B),航向指针就会指向上/下方向,指示"飞上"或"飞下"。

下滑道是航向面与下滑面的交线。飞机沿着下滑道着陆,就能对准跑道中心线和下滑角,并在距离跑道入口 300 m 左右的位置着陆。

MB 台有 2~3 个,在着陆跑道中心延长线规定距离进行安装,分别为外MB、中 MB、内 MB,如图 3 - 25 所示。各 MB 台向上发射垂直的扇形波束,当飞机飞越 MB 上空较小范围时,机载接收机才会接收到发射信号。各 MB 台发射信号对应的识别码,MB 机载接收机分别使驾驶舱仪表板对应颜色的指示灯亮,与此同时,飞行员佩戴的耳机中会听到不同音调的频率和识别码,飞行员据此判断当前飞机处于哪个 MB 台上空以及飞机离跑道头的距离。

3.4.2.3 仪表着陆系统工作频率

LOC 工作频率为 108.10~111.95 MHz,LOC 使用十分位为奇数的频率及其再加 50 kHz 频率,波道总数为 40 个。GS 工作频率范围为329.15~335 MHz,频率间隔为 150 kHz,波道总数为 40 个。MB 工作频率为 75 MHz[1]。

LOC 和 GS 的频率是配对工作的。在飞机上,航向接收机和下滑接收机是统一调谐的,控制面板对航向接收机频率进行选择并显示出来,下滑接收机频率自动配对。LOC 与 GS 频率配对关系如表 3 - 4 所示。

表 3 - 4　LOC 与 GS 频率配对关系

LOC/MHz	GS/MHz	LOC/MHz	GS/MHz
108.10	334.70	110.10	334.40
108.15	334.55	110.15	334.25
108.30	334.10	110.30	335.00
108.35	333.95	110.35	334.85
108.50	329.90	110.50	329.60

（续表）

LOC/MHz	GS/MHz	LOC/MHz	GS/MHz
108.55	329.75	110.55	329.45
108.70	330.50	110.70	330.20
108.75	330.75	110.75	330.05
108.90	329.30	110.90	330.80
108.95	329.15	110.95	330.65
109.10	331.40	111.10	331.70
109.15	331.25	111.15	331.55
109.30	332.00	111.30	332.30
109.35	331.85	111.35	332.15
109.50	332.60	111.50	332.90
109.55	332.45	111.55	332.75
109.70	333.20	111.70	333.50
109.75	333.05	111.75	333.35
109.90	333.80	111.90	331.10
109.95	333.65	111.95	330.95

3.4.3　仪表着陆系统架构及设备

3.4.3.1　仪表着陆系统架构

典型机载ILS的系统由接收机、TCP、指示仪表和天线组成[7]，如图3-27所示。飞机上通常装备两套相同的ILS。

TCP对ILS接收机进行调谐控制。ILS接收机接收来自LOC天线的LOC信号和来自GS天线的GS信号，经处理后，送给FCC系统进行飞行控制，送给FMC系统进行位置更新计算，送给EFIS进行显示；同时，将GS信号送给GPWS，作为GPWS判断是否低于下滑道（模式5）的判决依据。对于ILS和VOR共用天线发出的信号，接收机接收哪种信号取决于FMC系统或TCP选择的频率是LOC还是VOR频率。如果选择LOC频率，那么LOC发射的

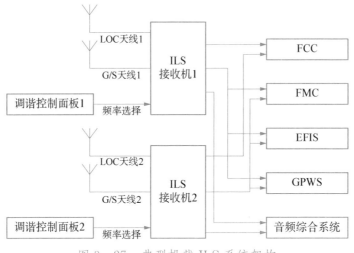

图 3-27　典型机载 ILS 系统架构

信号就由 ILS 接收机接收,并输出航道偏离指示信号到 EFIS 提供航道偏离指示,同时输出到 FMC 系统提供相应的导航计算。将 ILS 接收机输出的台站识别码音频信号发送至音频综合系统,飞行员通过操作 ACP 收听台站识别码音频。

3.4.3.2　仪表着陆系统设备

ILS 的机载设备包括接收机、TCP、航道偏离指示器和天线。

1) ILS 接收机

机载 ILS 接收机通常安装在电子设备舱内,其前面板如图 3-28 所示。

机载 ILS 接收机前面板设置了测试电门和 LED 状态指示灯。按压面板上的测试电门"TEST",可以方便地在电子舱中对系统进行检查。如果自测试正常,则"LRU STATUS"绿色 LED 指示灯点亮;若在自测试过程中探测到故障,则"LRU STATUS"红色 LED 指示灯点亮;若控制源正常,则"CONTROL FAIL"绿色 LED 指示灯亮;若控制源不正常,则"CONTROL FAIL"红色 LED 指示灯亮。在这里"ANT FAIL"的 LED 指示灯暂时不用。

2) TCP

在现代飞机上,ILS 接收机的调谐方式可以采用自动调谐和人工调谐。通过 FMC 可以对 ILS 接收机实现自动调谐,人工调谐通过 TCP 由机组人员人工选择频率。LOC 和 GS 的频率是配对工作的,飞行员通过 TCP 对 ILS 接收机进行调谐控制时,TCP 对航向接收机频率进行选择并显示出来,下滑接收机频率自动配对。当 FMC 故障时可以通过 TCP 进行人工调谐。

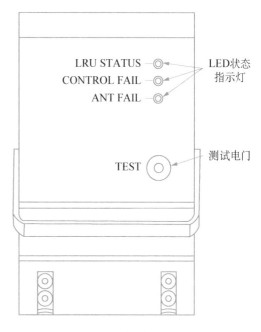

图 3-28　机载 ILS
接收机前面板

TCP 有多种形式,有的是通信系统、导航系统、监视系统一体化的调谐控制面板,有的是控制导航系统的导航控制面板或部分导航设备的控制面板,VOR、DME 和 ILS 共同使用的 TCP 见图 3-13。

TCP 主要具备以下功能:

(1) 设备运行状态测试。按下测试按钮,导航控制面板发送测试指令给 TCP 上显示的主用频率对应的 ILS 接收机,接收机开启自测试,并将测试结果显示在接收机前面板上。

(2) 人工选择频率并显示。通过频率旋钮对 ILS 接收机频率进行选择。在 TCP 上,可以同时显示两个频率,频率转换开关(TFR)控制备用频率和主用频率之间的切换。除此之外,TCP 将 FMC 自动调谐频率传送至 ILS 接收机。

3) 航道偏离指示器

ILS 信息、航向道和下滑道偏离指示显示在 PFD 和 ND 上,用来指示飞机相对于下滑道左/右、上/下的偏离情况,给飞行员提供直观的指示,提示飞机应该"飞左/飞右""飞上/飞下"。如果输入信号幅度不够大,则警告旗出现,表示偏离指示器上指示不可靠,如图 3-29 所示。

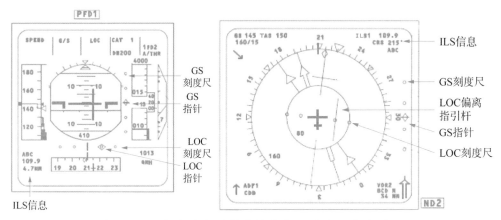

图 3-29　航向道和下滑道偏离指示及 ILS 信息显示

4) 天线

地面 LOC 的发射信号由安装在垂直安定面顶部的 VOR/LOC 天线或雷达罩内的 LOC 天线接收,LOC 天线是具有 50 Ω 特性阻抗的水平极化天线。GS 天线是单独的、具有 50 Ω 特性阻抗的水平极化天线,可接收 329.15～335 MHz 超高频信号,安装在雷达罩内[7]。ILS 天线及安装位置如图 3-30 所示。

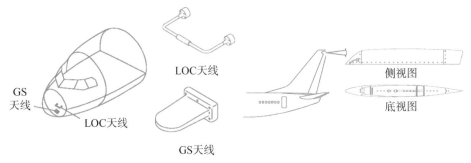

图 3-30　ILS 天线及安装位置

3.5　自动定向仪

3.5.1　自动定向仪系统概述

ADF 为中低频近程测向设备,亦可称之为无线电罗盘。ADF 与地面信标台配合使用,对信标台无线电波方向进行测量,进而计算飞机位置。在一般情况下,飞机或舰船等航行体上会安装该设备,人们利用这种设备就可以确定飞机或舰船等航行体的航行方向,如图 3-31 所示。

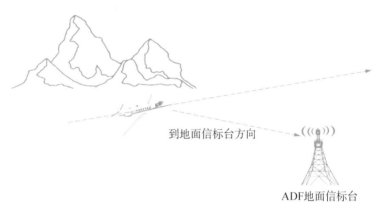

到地面信标台方向

ADF地面信标台

图 3-31　ADF 系统

在导航领域中,无线电测向设备是最先使用的设备,早在 20 世纪初无线电测向仪(人工手动无线电罗盘)就已开始为导航服务。若飞机上装有测向设备,则环形天线从飞机纵轴沿着顺时针方向旋转的角度就是飞机到地面信标台的相对方位角,即从飞机纵轴的机头方向顺时针转至地面信标台与飞机连线间的夹角。飞行员可根据无线电测向设备所测得的相对方位确定飞行方向,引导飞机沿预选航道飞行[8]。

ADF 能对飞机相对方位角进行测量,具备定向功能,在飞机上安装两套 ADF,分别调谐在两个不同的地面无线电台上的频率,可对飞机所处位置进行定位。

ADF 具有很多优点,如价格低、易维护、结构简单等,在 190～1 750 kHz 频段范围内可借助 NDB、民用广播电台等设备对飞机进行定向定位,同时可以与信标机、RA 等设备配合,引导飞机着陆。目前 ADF 在飞机导航方面得到了广泛的应用。

3.5.2 自动定向仪工作原理

ADF 具有如下功能[4]:

(1)测量相对方位角并指示。

(2)确定飞机实时位置。

在通常情况下,飞机都会安装两部 ADF,两部 ADF 在不同频率工作,所测相对方位角分别由单、双指针指示。飞机与地面 ADF 信标台的两条相对位置线的交点就是飞机的位置,如图 3 - 32 所示,指针 1、2 分别指示 ADF1 和 ADF2 方位。

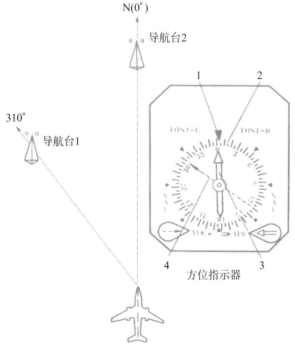

1—航向标记;2—罗盘;3—ADF2 方位指针;4—AFD1 方位指针

图 3 - 32　利用两个地面导航台为飞机定位

（3）借助 ADF 判断飞机飞越导航台的时间。如果飞机向台飞行，则指示器上的指针瞬间从 0°变为 180°，这就是飞越导航台的时间。

（4）飞机飞越导航台后，ADF 引导飞机沿预选航线背台飞行。

（5）此外，由于 ADF 在 190～1 750 kHz 范围内工作，因此可对民用广播电台信号进行接收，并可用于定向；同时还能对 500 kHz 遇险信号进行收听，并确定遇险方位。

3.5.3　自动定向仪系统架构及设备

3.5.3.1　自动定向仪系统架构

近年来机载 ADF 在技术上有很大发展和改进，国内外都相继研制和生产出了各种不同的新型号。机载 ADF 除了接收机、TCP 和方位指示器之外，还包括垂直、环形天线等部分[4]。机载 ADF 系统架构如图 3 - 33 所示。

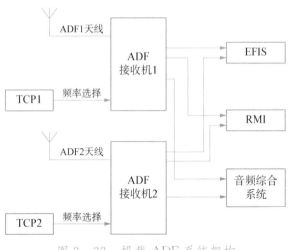

图 3 - 33　机载 ADF 系统架构

现代飞机上可装 1～2 套 ADF 系统，一般为 2 套。TCP 对 ADF 接收机进行调谐控制。ADF 接收机接收来自 ADF 天线的信号，经处理后送给 EFIS 和 RMI 进行显示。ADF 接收机输出的地面站音频识别信号发送至音频综合系统，飞行员通过操作 ACP 收听地面站音频识别信号。

3.5.3.2 机载自动定向仪系统设备

1) 自动定向接收机

自动定向接收机是组成 ADF 系统不可或缺的重要部分。可对垂直、环形天线的地面信标台信号进行接收，并做出相应的处理，将这些信息发送至方位指示器，将飞机与地面信标台的相对方位显示出来，将地面信标台音频识别信号分离出来，送至音频系统。除此之外，自动定向接收机还可用作普通收音机，收听广播信号，同时还可借助地面广播电台来实现定向功能。自动定向接收机前面板如图 3-34 所示。

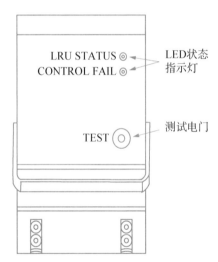

图 3-34 自动定向接收机前面板

机载自动定向接收机前面板设置了测试电门和 LED 状态指示灯。按压面板上的测试电门"TEST"，可以方便地在电子舱中对系统进行检查。如果自测试正常，则"LRU STATUS"绿色 LED 指示灯点亮；若在自测试过程中探测到故障，则"LRU STATUS"红色 LED 指示灯点亮；若控制源正常，则"CONTROL FAIL"绿色 LED 指示灯亮；若控制源不正常，则"CONTROL FAIL"红色 LED 指示灯亮。

2) TCP

TCP 与自动定向接收机配套使用，TCP 用来控制自动定向接收机的工作方式并对自动定向接收机工作频率进行选择，如图 3－35 所示。

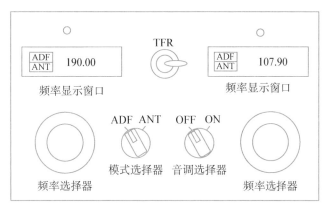

图 3－35　ADF 接收机控制面板

TCP 可选择自动定向接收机的工作模式，工作模式可分为"ADF"和"ANT"两种，"ADF"模式自动定向接收机输出方位数据和 ADF 信标台台站音频；而在"ANT"模式下，自动定向接收机只输出 ADF 信标台台站音频。电台频率的可选择范围为 190～1 750 kHz，频率间隔为 0.5 kHz。

TCP 可实现自动定向接收机的频率选择，通过频率选择器选择 ADF 的工作频率，通过转换（TFR）开关选择哪个窗口显示的频率是主用的，除此之外，TCP 将 FMC 自动调谐频率传送至 ADF 接收机。

3) 方位指示器

现代飞机上所使用的方位指示器是 RMI 或 EFIS 的导航显示器，如图 3－36 所示。RMI 的选择开关位于"ADF"，可将飞机和地面信标台之间的相对方位角指示出来，若转换至"VOR"，则指示 VOR 方位。一般飞机上的 ADF 设备都是双套配置的，所以指示器也为双指针指示。在 RMI 上还有方位故障旗，当方位（ADF 或 VOR）数据源失效或 RMI 内部方位电路失效时，方位故障旗出现。

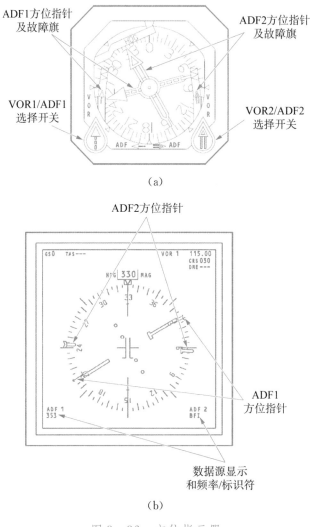

ADF1方位指针及故障旗

ADF2方位指针及故障旗

VOR1/ADF1 选择开关

VOR2/ADF2 选择开关

(a)

ADF2方位指针

ADF1 方位指针

数据源显示和频率/标识符

(b)

图 3 - 36　方位指示器

（a）无线电磁指示器　（b）导航显示器的 ADF 方位指示

ADF 输出方位信息到 EFIS,并将其在 ND 上显示出来,细针和粗针分别指示第一、第二部 ADF 方位。不论是 EFIS 符号产生器出现故障还是方位数据不可靠时,故障旗都会出现在显示器上。

4）天线

ADF 需通过方向性天线和无方向性天线两种天线进行自动定向。其中前者又可称为环形天线,主要负责提供方位信息;后者又可称为垂直天线,垂直天线接收信号用来对接收机进行调谐。两种天线都在190~1 750 kHz频段工作。

现代飞机上的垂直天线与环形天线组装在一起,即组合式环形/垂直天线。典型AFD天线及安装位置如图3-37所示。

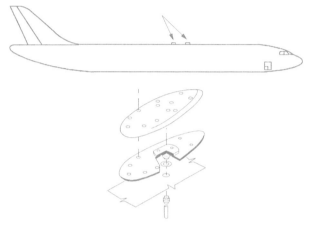

图3-37　ADF天线及安装位置

3.6　无线电高度表

3.6.1　无线电高度表系统概述

无线电高度表又可称作无线电测高机,是一个向地面发射无线电波的装置,在工作中不需地面设备配合,如图3-38所示。无线电高度表可对飞机相对地面的高度进行测量,测高限定在2 500 ft以内的范围,记作LRRA。无线电高度表能提供决断高度和预定高度的灯光和音频信号,该设备能在着陆、进近阶段确保飞行安全。

在复杂气象条件下飞机能通过无线电高度表进行飞行和穿云下降。无线电高度表还可与其他导航设备一起引导飞机执行仪表着陆任务,或与自动着陆系统配合在符合ⅢB、ⅢC类条件下的情况下实现全自动着陆[1]。

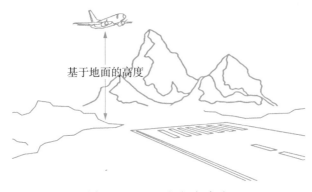

基于地面的高度

图 3 - 38　无线电高度表

3.6.2　无线电高度表工作原理

机载无线电高度表将无线电波发射至地面,经过反射之后再返回飞机。测量得到的电波往返传播所需时间记为 Δt:

$$\Delta t = \frac{2H}{c}$$

式中,H 为飞机离地的高度;c 为电磁波的传播速度(光速)。现代民机机载无线电高度表工作中心频率为 4 300 MHz(C 频段)。

3.6.2.1　普通调频连续波无线电高度表

普通调频连续波无线电高度表调制器会形成对称三角波线性调制电压,对发射机进行调频,发射波是三角波线性调频的连续波。通常调制频率为 100～150 Hz,频移为 100～150 MHz。发射信号特性是中心频率为 4 300 MHz,调制频率 F_M 为 100 Hz,频移 ΔF 为 100 MHz,如图 3 - 39 所示。

测高原理如图 3 - 40 所示。在 t_1 时,若发射频率为 f_1,则经地面反射后在 t_2 时刻被接收。时间差 $\Delta t = t_2 - t_1$。Δt 就是电波从飞机到地面,再反射到飞机的往返传播时间,$\Delta t = 2H/c$。

在接收到反射波的 t_2 时刻,现在的发射频率为 f_2,因此在 Δt 时间内,发

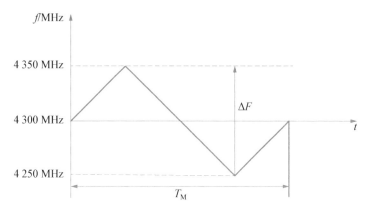

图 3 - 39　普通调频连续波无线电高度表发射信号

射频率从 f_1 变化到 f_2，$\Delta f = f_2 - f_1$。所以可以用 Δf 来测量高度，因为它反映了时间差 Δt，即反映了飞机高度。

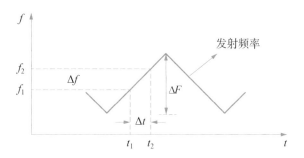

图 3 - 40　普通调频连续波无线电高度表测高原理

3.6.2.2　等差频调频连续波无线电高度表

等差频调频连续波无线电高度表保持差频 F_b 和频移 ΔF 不变，调制周期 T_M 随飞机高度变化。由于发射信号是调频连续波，且差频保持不变，因而得名。

当飞机高度增加时，电波往返传播时间 Δt 增加，因此需增大调频波的调制周期 T_M 才能保持差频不变。反之，当飞机高度减小时，电波往返传播时间 Δt 也减小，需减小调频波的调制周期 T_M，所以这种无线电高度表实际上是用调制周期的大小来测量高度的。其高度 $H(\Delta t)$ 与调制周期 T_M 之间的关系如图 3 - 41 所示[7]。

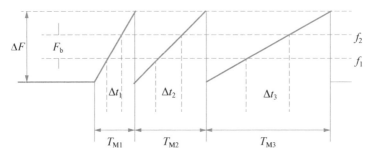

图 3-41 高度 $H(\Delta t)$ 与调制周期 T_M 的关系

从图中可以看出,在某一时刻如果发射频率是 f_1,则当电波到地面再反射回到接收机,发射频率已变为 f_2,两者的差频 $F_b = f_2 - f_1$。

对锯齿波调频信号来说,差频信号可以表示为

$$F_b = \frac{\Delta F}{T_M} \cdot \Delta t$$

式中,$\frac{\Delta F}{T_M}$ 为调频信号频率变化率;$\Delta t = \frac{2H}{c}$ 为电波从飞机到地面再反射到飞机的往返传播时间,$\Delta t = \frac{2H}{c}$。所以差频信号可以表示为

$$F_b = \frac{\Delta F}{T_M} \cdot \frac{2H}{c} = \frac{2\Delta F}{cT_M} \cdot H$$

为了保持差频 F_b 不变,调制周期 T_M 必须随飞机高度增加而增加。

3.6.3 无线电高度表系统架构及设备

3.6.3.1 无线电高度表系统架构

由于飞机型号不同,因此 RA 有很多不同的类型。RA 包括收发机、指示器和收发天线[7],现代飞机典型 RA 系统架构如图 3-42 所示。

RA 收发机用来测量飞机离地面的实际高度,产生并输出中心频率为 4 300 MHz 的调频连续波(frequency modulated continuous wave,FMCW)信号。RA 接收

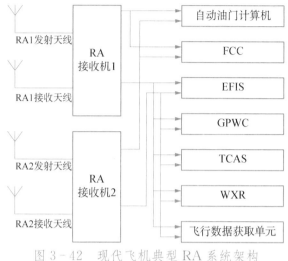

图 3-42　现代飞机典型 RA 系统架构

机接收反射回来的信号,并与发射频率比较,产生相当于实际飞行高度的差频信号。

RA 收发机的高度信息发送到自动油门计算机,在飞机着陆时,随着飞机高度降低,自动油门调整减速;发送到飞行控制计算机(flight control computer,FCC),用于低高度飞行计算和进近计算;发送到 EFIS 进行显示;发送到 GPWS,用于告警的逻辑计算;发送到 TCAS,用于确定 TCAS 警告范围的灵敏度等级等;发送到 WXR 系统,用于开/关预测风切变功能等;发送到飞行数据获取单元进行数据记录。

3.6.3.2　机载无线电高度表系统设备

1)收发机

RA 收发机面板前面有一个测试插座,用于在外场连接 RA 测试仪,典型的 RA 收发机前面板如图 3-43 所示。

图 3-43　RA 收发机前面板

RA 收发机设有自检测功能，当按压电门"TEST"时，收发机进行自检测，RA 收发机除了检测自身工作情况之外，还可以对发射机天线和接收机天线状态进行检测。若 RA 收发机及天线工作正常，则绿色 LED 指示灯亮；反之在故障情况下，相应红色 LED 指示灯亮。

2）高度指示

（1）RA 指示器。典型的 RA 指示器如图 3 - 44 所示[1]。

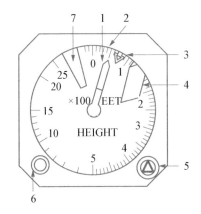

1—高度表指针；2—指针指示；3—游标；4—警告旗；5—决断高度游标调整钮；6—测试电门；7—指针隐蔽罩。

图 3 - 44　RA 指示器

a. 高度指针。由 RA 收发组件驱动指示指针，指示无线电高度，指示范围为 −20～2 500 ft，指示器上的刻度在 0～500 ft 范围内呈线性变化，在 500～2 500 ft 范围内呈对数变化。当高度大于 2 500 ft 时，高度指针由指针隐蔽罩遮住。

b. DH 旋钮。飞行员根据具体情况，选择确定的决断高度。转动 DH 旋钮时，它带动 DH 指标沿刻度盘滑动，指示出选定的 DH。当飞机高度低于 DH 时，DH 灯亮，飞行警告系统发出音频警告。

c. 警告旗。用来监视接收机、发射机和指示器的工作是否正常。如果系统工作正常,则警告旗不出现。当系统有故障或接收信号太弱时,警告旗出现,此时高度指示无效。

d. 测试电门。用来对系统进行自检测,当按下测试按钮时,通常警告旗出现,高度指针指示在规定的高度。如果自检测指示的高度低于选择的 DH,则 DH 灯亮,说明系统工作正常。

在自动着陆期间截获 LOC 和 GS 时,主用 FCC 输出一个抑制信号,断开人工自检测功能,防止试验高度信号输入 FCC。

(2) EFIS 上的高度指示。不同机型上无线电高度在 EFIS 上的显示不尽相同,无线电高度和 DH(有些机型使用"无线电高度最小值"表示 DH)在 PFD 上的显示如图 3-45 所示。

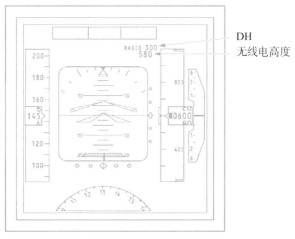

图 3-45 PFD 显示器上的无线电高度显示

a. 无线电高度显示。(无线电高度>DH)。无线电高度显示范围为-20~2 500 ft,字呈白色;大于 2 500 ft,显示空白。

b. DH 显示。DH 显示在无线电高度的上面,字呈绿色。

c. DH 警戒。当飞机下降到 DH 时,无线电高度和 DH 显示变为琥珀色,并且字母"DH"闪亮。有的飞机还出现音响警告信号。

d. DH 警告结束。DH 警告可以自动结束或人工复位。当飞机着陆或飞机爬升到比选定 DH 高 75 ft 时, DH 警告自动结束。人工复位是通过按压 EFIS 控制板上的复位按钮实现的。

e. 无效数据显示。当无线电高度数据无效时, 无线电高度数据位置出现琥珀色警告旗。

3) 天线

RA 系统工作时需要两部天线, 一部用于发射, 另一部用于接收。天线与收发机的连接使用规定长度的同轴电缆。天线固定于飞机的蒙皮上, RA 天线及安装位置如图 3-46 所示。

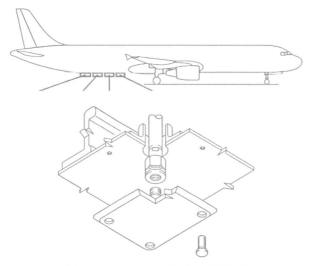

图 3-46 RA 天线及安装位置

3.7 指点信标

3.7.1 指点信标系统概述

MB 主要用于飞机在航路上的位置报告和在进近着陆阶段的距离引导。按其用途分为航路信标和航道信标。在航路上安装的航路信标将飞机通过航路特定地点的位置信息报告给飞行员。飞机进近着陆时选择使用航道信标, 报告飞机距离跑道头预定点(远、中、近 MB 上空)的距离。航路信标、航道信标天线垂直向上发射倒锥形或扇形波束,对于飞越信标台上空的飞机而言,便于接收信号[1]。MB 系统如图 3-47 所示。

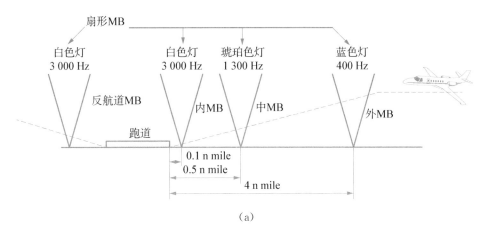

(a)

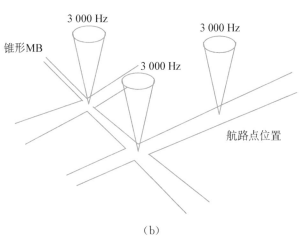

(b)

图 3-47　MB 系统

(a) 扇形航道 MB　(b) 倒锥形航路 MB

　　MB 台对应的发射频率为 75 MHz。通过其不同的调制频率和识别码,可对远、中、近 MB 台进行识别。MB 台的发射功率最小为几瓦,最大为 100 瓦。高功率信标台用于外 MB 和航路 MB,此时飞机高度比较高。不管是航道 MB

还是航路 MB,机载 MB 接收机都是相同的。

3.7.2 指点信标工作原理

3.7.2.1 指点信标发射信号

航道 MB 台安装在着陆方向的跑道中心线延长线上。有些机场还安装了反航道 MB,便于反航道进场。

内 MB 偏离跑道中心延长线不应超过 30 m,中 MB 和外 MB 偏离跑道中心延长线不应超过 75 m。对于某些机场来说,3 个 MB 台的具体位置可根据机场的地理条件在允许的距离范围内设置[2]。外 MB 指示下滑道截获点;中 MB 用来测定Ⅰ类着陆标准的决断高度点,即下滑道通过中 MB 台上空的高度约 60 m;内 MB 用来测定Ⅱ类着陆标准的决断高度点,即下滑道通过内 MB 台上空的高度约 30 m。考虑到内 MB 和中 MB 之间的干扰和机上目视指示灯发亮时间间隔,内 MB 和下滑道之间所标示的最大高度限制为高于跑道入口 37 m。典型的 MB 接收机在飞机速度 140 n mile/h 时,中 MB 和内 MB 目视指示灯发亮的最小间隔应为 3 s,以此来选择内 MB 台的台址,便可确定其标示的最高高度。各 MB 台均发射扇形波束以覆盖整个航道宽度。发射功率是由 MB 覆盖范围确定的,各 MB 覆盖范围规定如表 3 - 5 所示[4]。

表 3 - 5　各 MB 覆盖范围规定

MB	高度/m	宽　度
内 MB	150±50	在整个航向道宽度内能达到正常指标
中 MB	300±100	
外 MB	600±200	

在覆盖区边界,场强应不小于 1.5 mV/m。在覆盖区内场强应不低于 3 mV/m,标准机载 MB 接收机如能收到 1.5 mV/m 场强,则能正常工作。

飞机飞越 MB 台上空时,MB 指示灯点亮的时间取决于飞机的速度、发射波束的纵向宽度以及 MB 接收机灵敏度。若飞机速度为 96 kn(1 kn=0.514

m/s),则飞越外 MB 台上空时,外 MB 灯亮的时间应为(12±4)s;飞越中 MB 台上空时,中 MB 灯亮的时间应为(6±2)s。

当飞机飞越信标台时,为了让飞行员更好地识别所飞越的信标台,便于准确了解飞机离跑道入口的距离,可按照音频编码键对各 MB 台发射频率进行控制,如表 3-6。

表 3-6　MB 台发射频率的音频编码键控制

MB	调制频率/Hz	识别码	机上指示
外 MB	400±2.5%	连续拍发,2 划/S	蓝色(或紫色)
中 MB	1 300±2.5%	连续交替拍发点、划	琥珀色(或黄色)
内 MB	3 000±2.5%	连续拍发,6 点/S	白色
反航道信标	3 000	连续拍发,6 对点/S	白色

各 MB 发射信号的调幅度应为(95±4)%。在发射识别信号的间隙,载波不应中断[4]。

3.7.2.2　航路 MB

在任何航路上,如果需要用 MB 来标定一个地理位置的地方,则应安装扇形 MB。在需要用 MB 标出航路上无线电导航设备的地理位置的地方,应安装锥形 MB,航路 MB 发射信号的调制频率为(3 000±75)Hz,键控发送莫尔斯电码,以表示该 MB 的名称或地理位置。在发送识别信号的间隙,载波不应中断[7]。

3.7.3　指点信标系统架构及设备

3.7.3.1　指点信标系统架构

MB 系统的机载设备通常由接收机和天线组成,如图 3-48 所示。

图 3-48　MB 系统架构

MB 接收机通常采用一次变频的超外差接收机,MB 接收机输出的信号加至正、副飞行员 EFIS 显示器和音频综合系统,为飞行员提供目视和音频提示,以区别飞机飞越哪个 MB 台的上空。

3.7.3.2　机载 MB 系统设备

1) 接收机

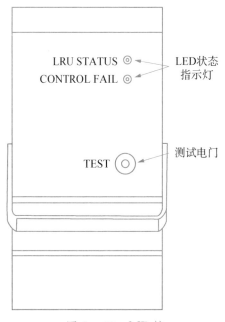

图 3 - 49　MB 接收机前面板

MB 接收机前面板如图 3 - 49 所示,机载 MB 接收机前面板设置了测试电门和 LED 状态指示灯。按压面板上的测试电门"TEST",可以方便地在电子舱中对系统进行检查。如果自测试正常,则"LRU STATUS"绿色 LED 指示灯点亮;若在自测试过程中探测到故障,则"LRU STATUS"红色 LED 指示灯点亮;若控制源正常,则"CONTROL FAIL"绿色 LED 指示灯亮;若控制源不正常,则"CONTROL FAIL"红色 LED 指示灯亮。

天线所接收的信号送到接收机,经 75 MHz 调谐滤波处理后,添加至混频器。经过混频处理后,中频信号送到中频放大器,经过包络检波,获得幅度为 3.5 V,频率分别为 400 Hz、1 300 Hz、3 000 Hz 的三个音频,分别通过整流后得到直流电压,以接通晶体管的灯开关,使相应的指示灯亮;同时,检波后的音频经放大后发送至音频综合系统。

2) 天线

MB 天线为调谐至 75 MHz 的天线,安装在机身下部,以便接收 MB 台发射的垂直向上的波束信号。在高速飞行的飞机上,一般采用低阻力天线。MB

天线及安装位置如图 3 - 50 所示。

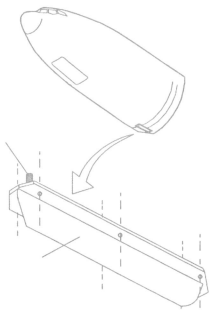

图 3 - 50　MB 天线及安装位置

3）显示

当飞机飞越 MB 台时，MB 数据出现在 EFIS 的 PFD 上。当飞机飞越远台时，外 MB 出现在 PFD 上，字母呈蓝色；当飞机飞越中台时，中 MB 出现在 PFD 上，字母呈琥珀色；当飞机飞越近台，反向信标台或航路信标台时，内 MB 出现在 PFD 上，字母呈白色。

3.8　卫星导航

3.8.1　卫星导航系统概述

卫星导航系统是以卫星为导航平台的无线电导航系统。在确定卫星运行轨迹的情况下,卫星导航系统以卫星作为基准点,利用接收设备对用户和卫星之间的距离或多普勒频移等观测量进行测量,获得用户的位置等导航信息,如图 3-51 所示。全球导航卫星系统(GNSS)泛指所有的卫星导航系统,现阶段世界上主要在用的卫星导航系统主要包括美国的 GPS、俄罗斯建设的GLONASS、欧盟开发的 GALILEO、我国的北斗卫星导航系统[12]以及相关的卫星导航增强系统,如美国的广域增强系统(wide area augmentation system,WAAS)、欧洲地球静止导航重叠服务(European geostationary navigation overlay service,EGNOS)系统和日本研发的星基增强系统(MTSAT satellite based augmentation system,MSAS)等,还涵盖在建和计划建设的其他卫星导航系统[13]。

图 3-51　卫星导航系统

卫星导航定位是在卫星位置已知的前提下,借助卫星空间分布和卫星与地面距离相交,进行三维空间定位,获得地面点位置的方法。卫星导航定位解包含地面点的三维坐标与接收机钟差 4 个未知参数,因此至少观测到 4 颗卫星才能实现卫星导航定位。与常规方式相比,卫星导航系统最大的优势就是高精度、不间断、全天候等,卫星导航系统为全球航行系统和空中交通管制系统带来了深刻的变革。

1) 美国全球定位系统

GPS 于 1994 年 3 月布设完毕并投入使用,由 24 颗卫星组成,GPS 卫星在 L1(1 575.42 MHz)载频上调制 C/A 码提供标准定位服务(standard positioning service,SPS);在 L2(1 227.6 MHz)载频上调制 P 码提供精密定位服务(precise positioning service,PPS)。PPS 只有美国军方以及特许用户才能使用,定位精度优于±1 m;SPS 为民用,美国为了安全考虑,在信号上加入了选择可用性技术,令接收机误差增大,水平精度约为±100 m、垂直精度为±156 m。2000 年 5 月,美国关闭了降低 GPS 民用信号精度的选择可用性技术措施,使民用 GPS 定位精度改善到±(20~30)m。同时,由于星历误差、卫星钟差、电离层延迟、人为干扰等因素,可能会影响定位精度,进而影响飞机导航系统的完好性、可用性、连续性。针对 GPS 系统,美国建立了局域增强系统(local area augmentation system,LAAS)和 WAAS 系统用于改善定位精度。目前,GPS 已经纳入 ICAO 批准的 GNSS 中,相应的规章、标准比较完善,广泛应用于民航领域中,可为配置机载卫星导航设备的飞机提供精密进近、着陆引导服务[14]。

2) 中国北斗卫星导航系统

我国研发的北斗卫星导航系统已成为全球四大卫星导航系统之一,具有实时导航、快速定位、精确授时、位置报告和短报文通信服务五大功能[15]。北斗卫星导航系统的全球星座共由 30 颗卫星构成,包括 3 颗地球静止轨道(geostationary earth orbit,GEO)卫星、3 颗倾斜地球同步轨道(inclined geosynchronous satellite orbit,IGSO)卫星和 24 颗中地球轨道(medium earth orbit,MEO)卫星。2020 年 6 月 23 日,我国在西昌卫星发射中心成功发射了北斗系统第 55 颗导航卫星,即北斗三号最后一颗全球组网卫星。至此,北斗三号全球卫星导航系统星座部署完毕,此原计划提前半年全部完成。目前,北斗系统定位导航授时服务性能指标[16]如下所示①服务区域为全球;②定位精度为水平 10 m、高程 10 m(95%);③测速精度为 0.2 m/s(95%);④授时精度为

20 ns(95%);⑤服务可用性优于 95%。在亚太地区,定位精度水平 5 m、高程 5 m(95%)。北斗一号系统于 2000 年年底建成,向中国提供服务。北斗二号系统于 2012 年年底建成,向亚太地区提供服务。目前,我国已完成北斗三号系统 30 颗卫星发射组网,建成北斗全球系统,向全球提供服务。计划在 2035 年,以北斗系统为核心,建设完善更加广泛、更加融合、更加智能的国家综合定位导航授时体系。中国北斗星基增强系统正在建设中,于 2017 年被 ICAO 接纳为星基增强系统(satellited-based augmentation system,SBAS)服务供应商[17]。

3) 俄罗斯格洛纳斯系统

GLONASS 是俄罗斯发展的全球卫星定位系统,由分布在 3 个轨道面上的 24 颗卫星组成。GLONASS 民用码信号可免费向用户提供服务。为提高定位精度,俄罗斯采用差分校正和监测系统提供卫星导航增强服务。目前该系统的服务区域主要为俄罗斯境内,在服务区内其水平导航精度为 1～1.5 m,垂直精度为 2～3 m。俄罗斯于 2012 年制定了新一轮系统维护、发展及应用计划,预计在 2020 年前,完成系统空间星座、地面控制,特别是信号体制方面的重大改进。GLONASS 于 1996 年纳入 ICAO,但其在轨正常运行卫星在相当一段时间内数量很少,不能满足全球覆盖要求,致使 GLONASS 在交通、民用航空等领域应用不是特别广泛[14]。

4) 欧洲全球导航卫星系统伽利略

GALILEO 是由欧盟研制和建立的全球卫星定位系统,该系统由 30 颗卫星(含 3 颗备份卫星)组成,建成后的 GALILEO 导航卫星可提供多种服务:①公开服务,②生命安全服务,③商业服务,④公共特许服务,⑤搜救服务。在 GALILEO 提出的 5 种服务中,公开服务、生命安全服务、商业服务和公共特许服务是导航服务。GALILEO 系统免费服务的设计定位精度为 6 m,有偿服务的定位精度可优于 1 m,将为民航等用户提供高可靠性和高精度的导航定位服务。截至 2017 年 12 月,GALILEO 导航系统已经发射了 22 颗工作卫星,计划于 2020 年完成全部卫星发射。目前 GALILEO 系统发展较慢,暂时未纳入 ICAO[14]。

3.8.2　卫星导航工作原理

3.8.2.1　卫星导航系统组成

1）GNSS 空间星座部分

GNSS 空间星座是指所发射的导航卫星,其主要作用是将原始卫星信号持续播发至地面。例如,GPS 空间星座的工作卫星数量为 24 颗,这些卫星部署在 6 个不同的轨道平面上,每个轨道上均匀分布了 4 颗卫星,24 颗卫星实现全球覆盖。GPS 卫星使用高精度铯原子钟,为全球用户提供定位和授时服务。

2）GNSS 地面监控部分

GNSS 地面监控部分主要由主控站、监测站和注入站构成。

（1）主控站。主控站是 GNSS 系统主控中心,主要任务是采集各种数据,对导航电文进行编制和推算,确定 GNSS 时间基准;对地面监测站、注入站等进行协调;对卫星当前的运行情况进行调整;对备用卫星进行管理等。

（2）监测站。监测站通常分布在全球各监测点,监测站除了装设精度较高的铯原子钟之外,还安装了 GNSS 接收机,由主控站控制,以自动、持续的方式跟踪测量卫星,在这个过程中,自动采集时间标准、伪距观测量等数据,经过存储后传送至主控站。

（3）注入站。注入站向卫星注入各种指令和数据,注入站除了传送控制指令和卫星星历之外,还会对导航电文、钟差信息等进行传送,将其注入卫星存储器,提升卫星广播信号的精度,以满足不同用户的实际需求。

3）用户设备

GNSS 的用户设备是机载 GNSS 接收机。由于不同机型的机载航空电子 CNS 系统架构不一样,因此选用的 GNSS 接收机的设备形态也不一样,有的是单独的 GNSS 接收机,有的是与其他导航功能如 ILS 一体化设计的 MMR,需根据机载 CNS 系统的架构设计选用适用的型号。

3.8.2.2　机载卫星导航工作原理

卫星导航的主要任务是实现用户的定位。卫星发射测距信号和导航电文,导航电文中含有卫星的位置信息。用户接收机在某一时刻同时接收 3 颗以上卫星信号,测量出用户接收机至 3 颗卫星的距离,再利用距离交会法,就可以解算出用户接收机的位置。整个过程就是三球交会定位原理在卫星导航领域中的体现[18]。

目前,国际上四大卫星导航系统 GPS、GLONASS、GALILEO 和北斗卫星导航系统的定位原理都是相同的,均采用三球交会的几何原理实现定位,如图 3 - 52 所示。具体流程如下[18]:

(1)用户测量出自身到 3 颗卫星的距离。

(2)卫星的位置精确已知,通过电文播发给用户。

(3)以卫星为球心,距离为半径画球面。

(4)三个球面相交得两个点,根据地理常识排除一个不合理点即得用户位置。

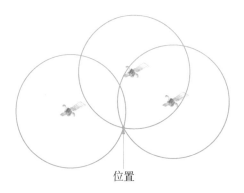

位置

图 3 - 52　三球交会定位原理

距离的确定是通过测量卫星信号从卫星到接收机的时间来实现的。接收机接收到信号的时刻与卫星发送信号的时刻之间有一段时间间隔,这个时间间隔通常称为时延。卫星和接收机同时产生同样的伪随机码,一旦两个码实现时间同步,接收机就能测定时延,将时延乘以光速,便能得到距离。

由于时延信号中包含卫星时钟与接收机时钟不同步的误差、卫星星历误差、接收机测量噪声以及测距码在大气中传播的延迟误差等,因此求得的距离值并非真正的站星几何距离,习惯上称为伪距[19]。

卫星的位置是精确可知的,在卫星导航系统观测中,可得到卫星到接收机的距离,利用三维坐标中的距离公式,利用 3 颗卫星,就可以组成 3 个方程式,解出接收机的位置(x,y,z)。考虑到卫星的时钟与接收机时钟之间的误差,实际上有 4 个未知数 x、y、z 和钟差,因而需要引入第 4 颗卫星,形成以下 4 个方程[20-21]:

$$R_1 = \sqrt{(x_1-x)^2+(y_1-y)^2+(z_1-z)^2} - c(t_u-\delta_{t1}) \quad (3-1)$$

$$R_2 = \sqrt{(x_2-x)^2+(y_2-y)^2+(z_3-z)^2} - c(t_u-\delta_{t2}) \quad (3-2)$$

$$R_3 = \sqrt{(x_3-x)^2+(y_3-y)^2+(z_3-z)^2} - c(t_u-\delta_{t3}) \quad (3-3)$$

$$R_4 = \sqrt{(x_4-x)^2+(y_4-y)^2+(z_4-z)^2} - c(t_u-\delta_{t4}) \quad (3-4)$$

式中,(x_i,y_i,z_i)为卫星位置;(x,y,z)为接收机位置;R_1、R_2、R_3、R_4 分别为 4 颗卫星测量的伪距;t_u 为用户接收机钟差,δ_{t1},δ_{t2},δ_{t3},δ_{t4} 分别为 4 颗卫星钟差,c 为光速。对方程式进行求解,从而得到观测点的经度、纬度和高度。

事实上,接收机往往可以锁住 4 颗以上的卫星,这时接收机可按卫星的星座分布分成若干组,每组 4 颗,然后通过算法挑选出误差最小的一组用作定位,从而提高精度[21]。

3.8.3　卫星导航系统架构及设备

3.8.3.1　卫星导航系统架构

目前民机上装载的卫星导航系统主要为机载 GPS 系统。飞机上一般加装两套 GPS 系统,能够提供经度、纬度、高度、时间以及地速等参数[7]。这些数据输入至 FMC 系统、惯性基准系统、GPWS 和时钟。GPS 系统架构如图 3-53 所示。

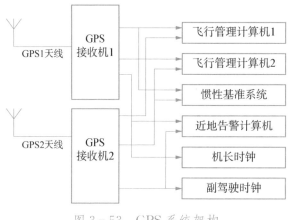

图 3-53　GPS 系统架构

　　飞机上通常将 GPS 接收机与 ILS、GLS 接收机集成为一个计算机——MMR,但 GPS 与 ILS、GLS 模块独立工作。

　　GPS 天线首先将卫星信号放大,然后送至 GPS 接收机,由 GPS 接收机中的低噪放大器接收并放大,GPS 接收机对这个去噪放大后的卫星原始信号进行捕获与跟踪处理,解算出飞机位置数据,并把飞机位置数据送至惯性基准系统、FMC 等飞机系统。

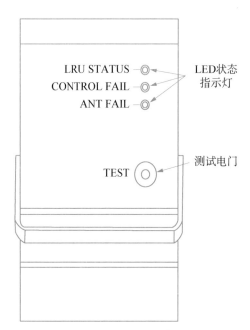

图 3-54　MMR 接收机前面板

3.8.3.2　机载卫星导航系统设备

　　1) GPS 接收机

　　GPS 接收机可以是单独的接收机,也可以集成在 MMR 中,现代大型客机中主要集成在 MMR 中,采用 115 V、400 Hz 交流电供电,MMR 前面板采用 LED 灯或 LCD 屏显示组件状态,前面板设置了测试电门"TEST"可以对 MMR 进行工作状态检测,如图 3-54 所示。

按压面板上的测试电门"TEST",可以方便地在电子舱中对系统进行检查。如果自测试正常,则"LRU STATUS"绿色 LED 指示灯点亮;若在自测试过程中探测到故障,则"LRU STATUS"红色 LED 指示灯点亮;若控制源正常,则"CONTROL FAIL"绿色 LED 指示灯亮;若控制源不正常,则"CONTROL FAIL"红色 LED 指示灯亮。

2) GPS 天线

GPS 天线可以采用右旋圆极化天线,位于机身上表面,接收 L 频段信号,并将信号送至 GPS 接收机。GPS 天线及安装位置如图 3-55 所示。

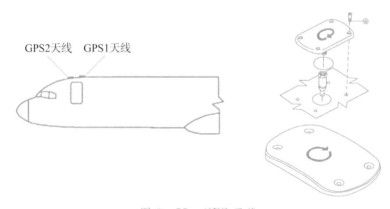

图 3-55 GPS 天线

参考文献

[1] 马存宝.民机通信导航与雷达[M].西安:西北工业大学出版社,2004.

[2] 蔡成仁.航空无线电[M].北京:科学出版社,1992.

[3] 许启明,冯俊伟,宫明.太阳能利用跟踪技术的研究进展[J].安徽农业科学,2011, 39(10):6294-6297.

[4] 李新喜.飞行模拟器无线电导航系统仿真研究[D].哈尔滨:哈尔滨工业大学,2007.

［5］李长川.无线电导航设备集中监控系统的设计［D］.成都：电子科技大学,2010.

［6］吴江.中国民用航空 VOR/DME 导航系统概述［J］.科技致富向导,2012(3)：83－84.

［7］张鹏.涡轮发动机飞机结构与系统(AV)(上)(第 2 版)［M］.北京：清华大学出版社,2017.

［8］郑连兴,任仁良.涡轮发动机飞机结构与系统(AV)(下)［M］.北京：兵器工业出版社,2006.

［9］于敬宇,路遥,舒小华.现代民航导航系统综述［C］.2010 年航空器适航与空中交通管理学术年会,2010.

［10］高伟.测距机测试平台研究与实现［D］.上海：华东理工大学,2016.

［11］吴建勋.仪表着陆系统浅谈［J］.科技资讯,2012(5)：86.

［12］周祖渊.全球卫星导航系统的构成及其比较［J］.重庆交通大学学报(自然科学版),2008,27(S1)：999－1004.

［13］何杰.GNSS 定位技术在地质灾害监测中的应用［D］成都：西南交通大学.2017.

［14］刘天华,王洪全.天地一体化信息网络在我国民航领域的应用设想［J］.电讯技术,2018,58(6)：738－744.

［15］中华人民共和国国务院新闻办公室.中国北斗导航卫星系统［R］.中华人民共和国国务院新闻办公室,2016.

［16］中国卫星导航系统管理办公室.北斗卫星导航系统发展报告(4.0)［R］.中国卫星导航系统管理办公室,2019.

［17］中国民用航空局.中国民航北斗卫星导航系统应用实施路线图［R］.中国民用航空局,2019.

［18］无人机定位方案介绍［G］.世界电子元器件,2018.

［19］吴伟.GPS 接收系统 PVT 信息处理技术的研究与仿真［D］.沈阳：沈阳理工大学,2010.

［20］全德琨,敬忠良,王国庆,等.民用飞机航空电子系统［M］.上海：上海交通大学出

版社,2012.

[21] 卫星定位基本原理[EB/OL]. [2010 - 10 - 29]http://www. beidou. gov. cn/zy/
kpyd/201710/t20171021_4626. html.

4

监视系统

4.1　监视系统概述

机载监视系统是重要的航空电子系统,其主要作用是在飞行过程中为飞行员提供及时、准确的气象、地形、交通监视信息和避让建议,提高飞行员在空中环境中的感知能力,降低其工作负担,减少判断失误,从而保障飞行安全。机载监视系统还能够配合地面 ATC 系统实现地面人员对一定范围的空中交通状况的监视,确定并跟踪飞机在空中或地面的位置,进行交通流量预测和控制,防止相撞事故的发生,从而保证飞机准时、有序地完成飞行任务。

4.1.1　监视系统组成

根据对不同监视目标的探测功能,监视系统主要包括 WXR、TAWS、TCAS、ATC XPDR 和 ADS‐B 系统。

(1) WXR:实现对航路上天气情况有效的预报和警戒以及飞机前下方地形探测,为飞行员提供航路气象和下方地形参考。WXR 系统主要由 WXR 天线、收发机、波导传输、控制面板和显示器等部分组成。

(2) TAWS:主要功能是当飞机处于不安全的接地飞行状态时向机组发出视觉和听觉警告,从而避免发生可控飞行撞地事故,保证飞行安全。TAWS主要由 EGPWC、扬声器、警告灯、控制面板和地形显示器等部分组成。

(3) TCAS:主要功能是对本机周围一定空域内的飞机进行冲突检测,预测未来可能相撞的危险,为飞行员提供避免相撞的提示。TCAS 的冲突检测功能由本机的 TCAS 与对方飞机的 ATC XPDR 配合完成,本机的 TCAS 主要由TCAS 计算机、天线、控制面板和显示设备等部分组成。

(4) ATC XPDR:主要功能是为地面管制中心提供飞机的识别代码和气压高度等信息,从而使地面管制员了解和掌控一定空域内飞机位置、高度与运动态势,保持飞机之间的安全间隔,提高终端区空域的利用率;ATC XPDR 还配合他机的 TCAS 完成飞机避撞功能。机载 ATC XPDR 系统主要由 XPDR、控制面板和天线等部分组成。

(5) ADS－B 系统:主要功能是从相关机载设备获取参数并向其他飞机或地面站广播飞机的准确位置、高度、速度、航向等相关信息,实现空对空的协同和地面活动的灵活性。ADS－B 系统由信号源、信息传输通道和信息处理与显示三部分组成。信号源提供飞机相关参数,其参数主要来自机载卫星导航系统、惯性导航系统、飞行管理系统等;信息传输通道以 ADS－B 报文形式,通过空空或空地数据链系统传输;信息处理与显示提供 ADS－B 报文解析与信息显示。

在 CNS/ATM 系统中,监视系统在传统二次雷达机载设备(A/C 模式或 S 模式应答机)的基础上,发展了 1090ES ADS－B 应用,同时随着先进飞机上 IMA 系统的研发和五个监视模块的功能集成,形成 ISS。典型监视系统结构如图 4－1 所示。

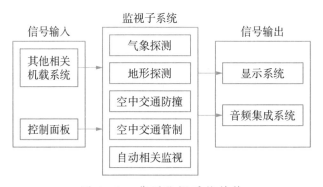

图 4－1　典型监视系统结构

在图 4－1 中,典型监视系统包括信号输入、监视子系统、信号输出三部分。

信号输入部分提供来自外围机载设备的必要信息输入,包括各类空地继电器、起落架收放状态等离散信号以及大气数据与惯性基准组件、无线电高度表、FMC 等航空电子系统以及各功能模块、控制面板的数字信号。

监视子系统由五个模块组成,包括气象探测、地形探测、空中交通防撞、空中交通管制和自动相关监视。

（1）气象探测模块主要通过产生、发射和接收不同频段射频信号，并对接收的回波射频信号进行处理，实现气象状态检测，并将检测结果输出至显示系统供飞行员查看。

（2）地形探测模块接收来自机载系统的飞机位置、高度、升降速度等实时数据，通过近地告警算法、前视地形感知和障碍物告警及显示等算法进行地形信息监控，并将提示告警信息输出至显示系统。

（3）空中交通防撞模块通过与对方飞机交通管制之间的询问应答，通过数据融合和冲突检测算法实现交通冲突探测及告警优先级排序，并输出至显示系统进行显示。

（4）空中交通管制模块将本机的识别码、气压高度等信息进行编码，经由XPDR 发往地面管制系统，供地面管制员掌控空域状况。

（5）自动相关监视模块接收来自机载导航系统的位置、高度等数据，由 S 模式 XPDR 编码后发射，实现 ADS－B OUT 功能，其他飞机的空中交通防撞模块或地面 ADS－B 接收模块接收该信号，实现 ADS－B IN 功能，经由信号解码后由终端显示系统进行显示。

信号输出主要包括监视子系统输出的视觉和音频信息。其中，显示系统主要接收来自监视子系统的计算结果，以不同的方式显示气象、地形、交通等视觉信息，为飞行员提供导航辅助功能。音频集成系统主要用于输出来自监视子系统的音频提醒信息，使飞行员能够根据音响警告及时作出正确操作，脱离不安全区域。

4.1.2　监视系统功能

监视系统是机载航空电子系统的重要信息来源，在飞机起飞、航行和着陆等阶段保障飞机的安全。监视系统主要功能包括气象监视、地形监视、空中交通防撞、空中交通管制和自动相关监视，主要功能如图 4－2 所示。

气象监视	地形监视	空中交通防撞	空中交通管制	自动相关监视
-气象探测(WX) -湍流探测(TURB) -预测式风切变探测 (PWS) -地形探测(MAP)	-GPWS模式1~6告警 -风切变告警(WS) -前视地形回避 (FLTA) -地形显示(TD)	-交通探测 -避撞解脱	-A/C模式、S 模式应答 -基本监视和增 强监视应答	-1090ES ADS-B OUT -1090ES ADS-B IN

图 4-2　监视系统主要功能

(1) 气象监视：对恶劣气象环境进行探测，采用工作于 X 频段的脉冲多普勒彩色数字 WXR，主要提供气象探测、湍流探测、预测风切变探测和地形探测等功能，获取航路上地形与气象信息，并发出警告、警戒、提示三级告警信息，通过彩色图像显示和声音提示，帮助飞行员规避恶劣气象条件。

(2) 地形监视：通过飞机实时参数与模式 1~6 告警门限以及风切变告警门限进行比较，判断飞机是否存在不安全接地状态。增强型地形监视通过飞机实时位置从地形数据库、机场数据库获取地形相关信息，探测可能存在的危险地形，为飞行机组人员提供地形显示，回避前方危险地形，以避免可控飞行撞地事故。

(3) 空中交通防撞：通过与周围空域飞机的 ATC XPDR 之间的询问应答获取本飞机周围一定空域内其他飞机的识别码、高度等信息，并通过距离和接近率计算判断自身与其他飞机之间的交通状况，实现交通探测功能。若存在相撞危险的情况则提供正确的防撞规避措施，实现避撞解脱功能，从而防止与其他飞机的危险进近和相撞事故。

(4) 空中交通管制：由地面二次雷达和机载 ATC XPDR 之间的询问应答获取空域中飞机的识别码、高度等信息，该询问与应答包括 A 模式、C 模式及 S 模式。A/C 模式的询问与应答仅能获取飞机识别码和高度信息，而 S 模式还可以获得飞机位置等其他相关信息，为地面管制人员或其他飞机提供空域监视功能。

(5) 自动相关监视包含 ADS-B IN 和 ADS-B OUT 功能，机载 ADS-B OUT 功能通过 S 模式应答机将飞机相关信息编码后发送供地面或其他飞机接收。机载 ADS-B IN 功能通过 TCAS 计算机的接收功能实现，为地面或机组人员提供交通状况监视功能。

4.2　气象雷达

4.2.1　气象雷达概述

WXR 是用于航路气象探测的雷达设备,在民航安全中的应用越来越重要。WXR 在民航中的应用主要在于对严重影响民航安全的风切变、湍流等危险目标进行有效的探测和预警,降低进近机场区域低空风切变事件,保障飞机飞行的安全性。

机载 WXR 探测飞机前方航路上的气象目标及分布情况,并将所探测目标的轮廓、雷雨区的强度、方位和距离显示在显示器上[1]。它利用电磁波经天线辐射后遇到障碍物被反射回来的原理,目标的导电系数越高,反射越强,则回波越强。雷达发射机在极短的脉冲持续期间产生功率强大的 9.3 GHz 周期性射频脉冲信号,由雷达天线汇聚成束后向空中某一方向辐射出去[1],大气中的水汽凝结物对雷达发射波产生一定的吸收和散射作用,机载 WXR 接收其回波,探测前方航路的气象情况并在显示器上显示,如图 4-3 所示。

图 4-3　机载 WXR 系统

机载 WXR 的体积小,重量轻,探测航路前方及左右扇形区域内的天气,能显示出气象目标的平面分布图像及它们相对于飞机的方位,并可用于观察飞机前下方的地形。

4.2.2 气象雷达工作原理

1) WXR 探测目标基本原理

机载 WXR 通过方向性天线向空间发射无线电波脉冲信号,通过接收大气中水汽凝结物对雷达发射波产生的回波,确定探测目标物的空间位置、形状、尺度、移动、流场分布以及演变过程等宏观特征和云中含水量、降水强度、降水雨滴和雨滴的尺度分布及其相位等微观特征,从而探测云雨和降水、冰雹、大气湍流和大气边界层。

WXR 发射机在极短的脉冲持续期间产生功率强大的 9.3 GHz X 频段周期性射频脉冲信号,其波长为 3.2 cm,射频频率(工作频率)用 f_0 表示。由 WXR 天线汇聚成束后向空中某一方向辐射出去,降雨区及其他空中降水气象目标能够对这一频段的信号产生有效的反射,形成具有一定能量的回波信号,从而被 WXR 接收机所检测[1]。周期性脉冲重复频率一般在 120~3 000 Hz 之间,脉冲宽度 τ 一般为数微秒,如图 4-4 所示。在这短短的数微秒内,WXR 接收机的输入端是关闭的。

图 4-4 雷达发射机发射信号

2）WXR 测定目标距离的原理

WXR 天线所辐射的电磁波以光速 c 在空中沿直线传播。在 WXR 中，通过度量接收到的目标回波信号与发射脉冲之间的时间间隔，就可以确定目标相对于飞机的距离。

设目标的距离为 R，则信号往返于飞机与该目标之间所需时间 t 为 $\dfrac{2R}{c}$。

3）WXR 显示目标方位的基本原理

WXR 天线所形成的辐射波束是宽度很窄的圆锥形波束，当天线指向某一方位时，只有该方位的目标回波才能被雷达所接收，只要把接收到回波信号时的天线方位值正确地传送到显示器中去，使回波图像显示在荧光屏上的对应方位，就能正确地显现出该目标的实际方位。

4.2.3　机载气象雷达系统架构及设备

4.2.3.1　系统架构

机载 WXR 的基本组件为 WXR 收发机、WXR 天线、显示器、控制面板和波导系统等[2]。在装备 EFIS 的飞机上，WXR 图像和其他导航信息同时显示在 ND 上，其系统架构如图 4-5 所示。

图 4-5　机载 WXR 系统架构

机载 WXR 收发机接收来自 EFIS 控制面板(选择目标图像信息)、其他机载系统(大气数据惯性基准系统、无线电高度表系统、自动油门开关组件、起落架收放开关等)及 WXR 控制面板的输入信息,包括工作方式的选择、天线的俯仰角、接收机的增益等,由 WXR 收发机内的发射机产生发射射频脉冲,天线接收到输出的电磁波形成波束实现定向辐射,接收机接收目标反射回的电磁波,转换成视频回波信号送入显示系统、其他监视系统和音频系统,显示系统显示目标属性并指示目标位置。

4.2.3.2 机载设备

1) WXR 收发机

WXR 收发机是机载 WXR 的核心组件,其基本功能是从杂乱的噪声背景中检测出微弱的目标回波信号,产生视频回波信号输送到显示器。WXR 收发机除了产生与接收处理雷达信号的电路外,还包括控制天线运动和稳定的电路,其前面板如图 4-6 所示,包含一个液晶显示器和两个检测电门,液晶显示器用于显示检测结果和维护数据,检测电门用于启动 WXR 收发机自检测。

2) WXR 天线

WXR 天线安装在飞机雷达罩(机鼻罩)内的密封舱前隔板上。WXR 天线是一种方向性很强的微波天线,其作用是把发射机所产生的微波射频脉冲信号形成很窄的雷达波束辐射到空中,并接收目标反射回来的回波信号[2]。现代 WXR 均应用平板型天线,如图 4-7 所示。

WXR 罩用以保护 WXR 天线,保持飞机的流线型外形。WXR 罩是用非金属材料制成的,可确保电磁波的顺利穿透。

3) WXR 控制面板

WXR 接收机输出的视频回波信号在显示器中经过一系列的处理后,在 ND 上显现为相应的 WXR 目标图像[2],显示画面受 EFIS 控制面板控制。WXR

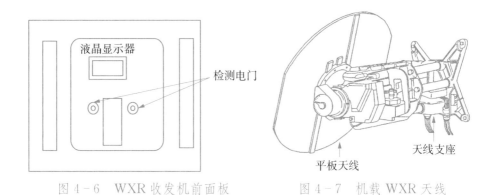

图 4-6 WXR 收发机前面板　　　　图 4-7 机载 WXR 天线

控制面板可以控制 WXR 的工作方式、天线的俯仰角、接收机的增益等。典型机载 WXR 控制面板如图 4-8 所示。

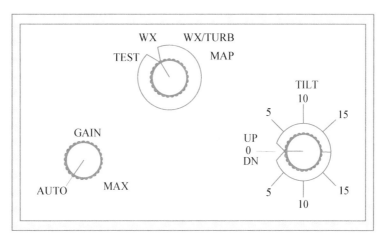

图 4-8 典型机载 WXR 控制面板

在装备 EFIS 的飞机上，设有单独的 WXR 控制面板。在有的雷达系统中，WXR 的控制面板通常与显示器本身的控制面板集成，安装在显示器的控制面板上。

4）波导系统

波导系统用以实现 WXR 收发机和天线之间的射频能量传输。波导系统由刚性波导和软波导组成。

4.3 地形感知及告警系统

4.3.1 地形感知及告警系统概述

根据国际权威的航空安全组织——飞行安全基金会（Flight Safety Foundation，FSF）的民用飞行事故报告统计：飞机在起飞或者着陆时发生的事故占事故总数的 49% 以上，因可控飞行撞地（controlled flight into terrain，CFIT）事故导致的死亡人数约占民用航空运输重大伤亡事故人数的 80%。不难看出，CFIT 是导致民用航空运输事故的重要诱因[3]。

CFIT 是指飞行中并非飞机本身故障，而是由于机组缺乏充分、及时的提示导致无意识地操纵飞机撞山、撞地或飞入水中而造成飞机坠毁或严重损坏和人员伤亡的事故[4]。大部分的飞行阶段都可能发生 CFIT，但它更常见于进近和着陆阶段。

GPWS 由近地警告计算机、警告灯和控制面板组成。其核心是近地警告计算机，一旦发现不安全状态就通过视觉和听觉告警通知飞行员，直到飞行员采取措施脱离不安全状态时信号终止，GPWS 如图 4-9 所示。

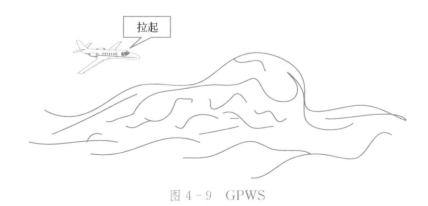

图 4-9　GPWS

GPWS 在一定程度上减少了 CFIT 事故,但其存在不能反映飞机前方的地形情况,无法对前方极端地形(如突然上升的地形,垂直峭壁或陡峭悬崖等)及时提供告警以及在着陆状态无法告警等缺点。

EGPWS 将最新全球地形数据、机场及跑道资料全部存储在其数据库内,通过飞机当前位置和飞行状态来预测未来的状态航迹,比较飞机当前高度与前方地形最高点的差值,在进入危险区域前为飞行员提供告警;EGPWS 还将周围地形高度以不同颜色显示给飞行员[3]。

EGPWS 的前视地形告警和地形显示功能具有"感知"潜在冲突的能力,使其能够有效防止 CFIT 事故的发生,因此,EGPWS 也被称为 TAWS[3]。

4.3.2 地形感知及告警系统工作原理

4.3.2.1 工作原理

TAWS 利用飞机气压高度、飞机当前的位置等信息与计算机内全球机场位置数据库和地形数据库的相关地形数据进行比较,来确定潜在的撞地危险。

在飞机飞行的过程中,TAWS 从机载导航系统和 GPS 获取各种飞机飞行运动参数,将所获得的实时数据(如从 RA 获取的高度信号、大气数据计算机提供的气压高度和变化率、来自惯性导航的惯性垂直速度等)和从地形数据库中提取出来的航线前方地形资料进行对比,计算出飞机和前方某些最高地形点的接近速度及高度,然后与既定告警判据相比较,一旦超过某一种告警方式的极限值,则判定为地形威胁而触发告警[4],飞机进入危险地形区域前给机组以灯光和语音告警,直到机组采取适当措施离开不安全状态该告警信号才终止。

近地警告计算机中存储了基本 GPWS 所具备的告警算法,还加入了前视地形感知和障碍物告警以及显示算法、TCF 告警算法等。当其接收到其他相关系统提供的飞机实时数据,如无线电高度、气压高度、气压变化率、飞机当前高度、速度和航向、ILS 信息、襟翼和起落架状态等数据时,比较这些数据与系统内部的告警触发条件[3],若达到告警提示条件,则发出告警提示,提醒飞行员做出适当的规避操作改变飞机当前飞行状态，防止 CFIT 的发生。

4.3.2.2　功能

根据 FAA 对地形感知和告警系统的最小功能需求，TAWS 应包括如下功能。

1）前视地形回避

前视地形回避（forward looking terrain avoidance，FLTA）系统根据飞机当前位置和状态参数，沿飞机预定航迹连续搜索地形数据库，判断前方是否有潜在的地形威胁，并提供适当的告警提示[3]。

2）过早下降告警

在飞机进入进近着陆阶段时，根据系统中存储的机场数据和跑道数据，判断飞机当前飞行轨迹与正常进近轨迹的偏离程度，如果飞机低于正常轨迹一定的范围（一般为 3°），则说明有潜在的撞地危险，这时过早下降告警（premature descent alert，PDA）系统将发出告警提示[3]。

3）告警提示功能

通过输出控制模块使得飞机进入告警区域以后，系统发出相应的视觉和听觉告警提示，提醒机组人员采取相应的规避措施[3]。

4）逼近的地形冲突告警

（1）下降率过大告警。当飞机位于某无线电高度上时，飞机处于下降状态且下降速率超过当前无线电高度下的高度下降率极限值，系统就会发出下降率过大告警，并对飞行员提供视觉和语音告警提示。

（2）地形接近率过大告警。当飞机飞行过程中检测到前方有陡峭上升的地形时，根据飞机当前无线电高度和地形接近速率进行告警条件判断，对飞行员发出告警提示。

（3）起飞或复飞时过度掉高告警。飞机在起飞后或者复飞阶段因飞机的升力与重力不平衡而产生有效的高度损失，且超过气压高度损失所允许的门限值时，系统将发出告警提示[3]。

（4）不在着陆状态时的不安全越障高度告警。根据飞机所处飞行阶段、计算空速及起落架和襟翼状态,在离地高度不足的情况下告警系统会为机组人员提供的告警提示。

(5)下滑道偏离告警。飞机在进近着陆时低于 ILS 下滑道波束一定范围时,根据偏离程度系统会给出告警提示。

(6)无线电高度提示和侧倾角过大告警。通过预定义的无线电高度为飞行员提供高度播报的语音提醒功能,并且当飞机侧倾角过大时提供过大倾斜角的语音告警功能[3]。

5)地形感知和显示功能

通过显示系统对地形信息进行显示,如导航显示器、多功能显示器等,直观地观察飞机当前所在地理位置以及周围地形分布情况等信息[3]。

(1)地形显示功能。TAWS 根据接收到其他机载系统的飞机实时位置数据,从内部地形数据库提取地形相关信息,通过多功能显示器或导航显示器进行显示。地形和 WXR 数据不能同时显示在一个显示器上。因此,当在一个显示器上显示地形时,可在另一个显示器上选择显示气象信息[4]。

根据飞机实时高度与前方地形的高度差,在显示器上以红、黄、绿等光点图形来显示,不同颜色代表前方地形与飞机不同的高度差,如图 4-10 所示。

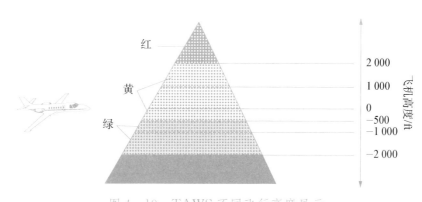

图 4-10　TAWS 不同飞行高度显示

(2)前视地形告警功能。除了对地形进行显示以外,TAWS 还具备前视地形告警功能,通过完整的地形数据库及相关比对算法实现前视地形告警。

　　飞机在飞行过程中通过飞机当前位置、航迹角、相对速度等信息可以预测飞机的飞行轨迹,TAWS 计算机通过前视告警算法实时计算并判断飞机轨迹与地形数据库中地形或者障碍物高度的相对距离,若预测轨迹与危险区域有交集则发出两个等级的告警提示[3]:警戒级告警和警告级告警。警戒区域如图 4 - 11(a)所示,在该情形下将提前 60 s 发出"CAUTION TERRAIN"语音警告提示,并且每隔 7 s 发出一次语音提示[3],在地形显示中使用黄色来表示。警告区域如图 4 - 11(b)所示,在此种情况下将在飞机到达危险之前 30 s 内发出"PULL UP"语音警告提示[3],在地形显示中使用红色来表示。

CAUTION TERRAIN
CAUTION TERRAIN

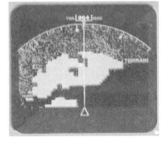 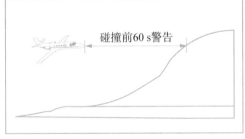

(a)

TERRAIN TERRAIN
PULL UP

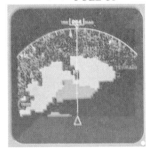 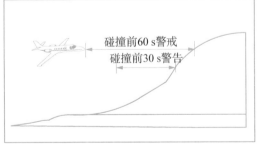

(b)

图 4 - 11　前视地形告警功能

(a) 警戒级告警　(b) 警告级告警

4.3.3　机载地形感知及告警系统架构及设备

4.3.3.1　系统架构

TAWS 主要由增强型近地警告计算机、扬声器、警告灯、控制面板和地形显示器组成[3]。

增强型近地警告计算机内存储报警极限算法，将接收的飞机无线电高度、下降速率、下滑道偏离度等信号数据根据判断准则与告警极限值进行比较，若实际状态超越了报警极限，则认为存在潜在的飞行撞地危险，TAWS 以声音、灯光或图像的告警方式提醒，以提醒飞行员迅速、及时和准确地调整飞机当前的飞行状态，避免 CFIT 事故的发生。增强型近地警告计算机的机内自测试模块执行系统的功能检查，记录并存储飞行航段中出现的故障和通告信息。图 4-12 为典型的机载 TAWS 系统组成架构。

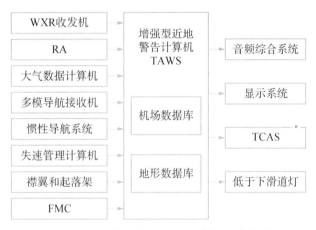

图 4-12　典型的 TAWS 系统组成架构

TAWS 系统中的核心部件为增强型近地警告计算机，主要接收其他机载系统的飞行状态数据，包括 WXR 收发机、RA、大气数据计算机、多模导航接收机、惯性导航系统、襟翼和起落架、FMC 等系统的数据，根据计算机内存储的 GPWS 运算法则、地形意识警报和显示运算法则及离地高度运算法则等告警运算法则进行告警计算，当超出告警包络时，为机组人员提供声音告警信息和告警显示。

4.3.3.2　机载设备

TAWS 机载设备主要是增强型近地警告计算机，它是一个外壳涂有一层暗光涂料的组件，装在 ARINC 600-6 格式的 2MCU 壳体内。内部存储器存储了基本 GPWS 所具备的告警算法、前视地形感知和障碍物告警及显示算法、TCF 告警算法等[3]。增强型近地警告计算机外观及前视图如图 4-13 所示。

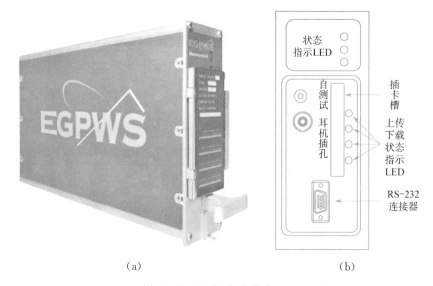

(a)　　　　　　　　　　　　(b)

图 4-13　增强型近地警告计算机外观及前视图

(a) 外观　(b) 前视图

增强型近地警告计算机由前面板、后面板、壳体及内部存储器存储的各种算法等部分组成，其中：

(1) 前面板：包括 3 个增强型近地警告计算机状态指示 LED、一个自测试开关、一个耳机插孔、一个 RS-232 连接器、一个插卡槽及 4 个状态指示 LED。其中插卡槽提供 TAWS 信息上传和下载功能，通过将存储卡插入前面板插卡槽完成数据的上传和下载，4 个 LED 用于存储卡接口的操作指示；RS-232 连接器用于连接显示器或计算机，可提供三线串行接口、ARINC 429/422/423 数据装载机接口。

（2）后面板：包括电源接口和 1 个 2MCU ARINC600-6 格式的飞机接口连接器。

（3）壳体：包括底部、顶部和两边，提供内部电路板卡槽、前面板和后面板空间的箱体。

4.4　空中交通警告与防撞系统

4.4.1　空中交通警告与防撞系统概述

TCAS 是一种航空电子系统，简称避撞系统或防撞系统，欧洲航空体系称之为机载避撞系统（airborne collision avoidance system，ACAS）。防撞系统于 20 世纪 90 年代开始装备在飞机上，目前已成为民航运输类飞机必须配置的设备。

TCAS 通过对飞机周边空域进行监视，确定临近空域中是否存在其他飞机，若存在则计算其位置和运动状况，并将具体信息提供给飞行员，使其了解本机周边空域中入侵飞机状况，能够准确、及时、正确地做出回避措施，避免危险接近情形的发生[5]，如图 4-14 所示。

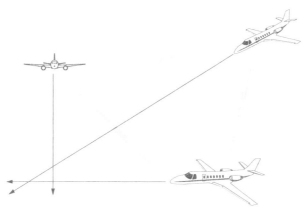

图 4-14　空中交通警告与防撞系统

根据 TCAS 的发展和功能分为三种构型：TCAS Ⅰ、TCAS Ⅱ 和 TCAS Ⅲ。早期研制的 TCAS Ⅰ 只能提供本飞机周围一定空域交通情况的监视，即交通探测功能，但不能提供避让解脱措施。

TCAS Ⅱ 既提供交通探测功能，又提供避让解脱功能，但仅提供垂直方向上的避让措施(决策信息)，以避开冲突的交通目标。航线运输飞机、较大的通勤飞机和公务飞机多使用此类避让措施。

TCAS Ⅲ 在 TCAS Ⅱ 的基础上还提供水平方向上的避让指令，但该功能仍在研制测试阶段，尚未在民航飞机上安装使用。

目前民航飞机主要安装的 TCAS 以 TCAS Ⅱ 为主，本书后续所提到的均为 TCAS Ⅱ。

4.4.2 空中交通警告与防撞系统工作原理

TCAS 是独立于地面 ATC 系统工作的机载系统，通过与对方 ATC XPDR 的询问与应答实现目标探测，其询问应答模式如图 4-15 所示。TCAS 计算机能够处理 A 模式、C 模式和 S 模式应答机的信号。目前大多数民航飞机都装备了 S 模式应答机，其传输的信息比 A 模式或 C 模式多，进一步加强了空中交通防撞能力，因此本节主要以与 S 模式应答机之间的交互为例说明 TCAS 的基本工作原理。

图 4-15　TCAS 的询问应答模式

TCAS 系统通过"收听-询问-应答"过程来完成目标探测，该过程是不断进行的。通过收听其他飞机对地面 ATC 的应答信号来获取这些入侵飞机的信息，判断入侵飞机装载的 ATC XPDR 模式，从而针对该模式的应答机发出对应询问信号，对方飞机的 ATC XPDR 会根据询问信号发出应答信号，当本机的 TCAS 计算机接收到应答信号后，计算询问与应答的延迟时间获取两机之间的距离，并根据连续的询问和跟踪计算来计算两机的距离变化率。如果入侵飞机的应答机为 S 模式，则 TCAS 计算机可通过入侵飞机 S 模式应答机间歇发射的信号获取其 24 位地址码，并按此 24 位地址码对其进行 S 模式的询问，从该机的应答中获得该机的高度信息。TCAS 通过比较本机高度与入侵飞机高度来计算两机的相对高度，并利用本机的 TCAS 方向性天线接收的应答信号确定入侵飞机的方位。同时，通过 S 模式应答信号能够了解该机是否装有 TCAS，若入侵飞机装有 TCAS，则本机 TCAS 计算机可与该机建立基于 S 模式数据链的空空协调关系，双方的 TCAS 计算机可以协调随机确定哪一方作为主机来控制回避机动，哪一方作为从机。TCAS 系统的"收听-询问-应答"过程如图 4-16 所示。

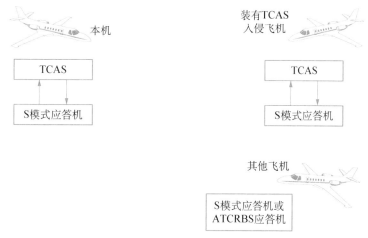

图 4-16　TCAS 系统的"收听-询问-应答"过程

TCAS 计算机在本机的周围建立了一个防护区域，防护区域的大小取决于飞机的高度、速度和入侵飞机的接近率。若对方飞机与本机的相对高度大于

1 200 ft 且小于 2 700 ft，或水平距离在 6 n mile 以上，则 TCAS 计算机判定对方属于一般飞机，以白色空心菱形的图案表示；若对方飞机与本机的相对高度等于或小于 1 200 ft，且水平距离在 6 n mile 以内，则 TCAS 计算机判定对方属于临近飞机，以白色实心菱形的图案表示；对于那些已由 TCAS 判明的与本机存在潜在危险接近的飞机，TCAS 计算机会提前 20～48 s 发出提醒，该类型飞机属于交通咨询（TA）飞机，以琥珀色实心圆形的图案表示；潜在危险接近的飞机继续入侵本机保护区域，TCAS 计算机提前 15～35 s 发出提醒，该类型飞机属于决断咨询飞机，以红色实心矩形图案表示。

TCAS 系统在飞机航路前向方位上的监视距离可达 30 n mile，左右两侧的最大监视距离约为 19.5 n mile，后方监视距离约为 7.5 n mile。TCAS 的高度跟踪范围在正常情况下为本机位置的上下 2 700 ft。

TCAS 计算机基于本机 RA 提供的真实高度或大气数据模块提供的气压高度设定灵敏度等级，从而得到发布交通咨询和决断咨询的时间限制，即在到达最接近点提前相应时间 τ 发布交通咨询和决断咨询。各种相对高度对应的告警时间限制值如表 4-1 所示。

表 4-1　各种相对高度对应的告警时间限制值

高度/ft	灵敏度等级	交通咨询 τ/s	决断咨询 τ/s
0～999（AGL[①]）	2	20	不发布
1 000～2 349（AGL）	3	25	15
2 350～4 999（MSL[②]）	4	30	20
5 000～9 999（MSL）	5	40	25
10 000～19 999（MSL）	6	45	30
≥20 000（MSL）	7	48	35

注：① AGL：RA 测得距地面高度。
　　② MSL：大气数据模块提供的标准气压高度

表 4-1 中可以看出，装有 TCAS 的飞机距离地面的真实高度在 999 ft 以下时，灵敏度等级为 2 级，此时会提前 20 s 发布 TA，但不发布决断咨询；当本

机距离地面的真实高度在 1 000～2 349 ft 范围内时，灵敏度等级为 3 级，此时会提前 25 s 发布交通咨询，提前 15 s 发布决断咨询；当本机距离标准海平面的气压高度在 2 350～4 999 ft 范围内时，灵敏度等级为 4 级，此时会提前 30 s 发布 TA，提前 20 s 发布决断咨询。以此类推，当飞机的气压高度为 20 000 ft 或以上时，灵敏度等级为 7 级，此时提前 48 s 发布 TA，提前 35 s 发布决断咨询。

4.4.3　机载空中交通警告及防撞系统架构及设备

4.4.3.1　系统架构

典型机载 TCAS 的组成包括 TCAS 计算机、两副 TCAS 方向性天线、ATC/TCAS 控制面板及显示设备等部分。TCAS 系统架构如图 4-17 所示。

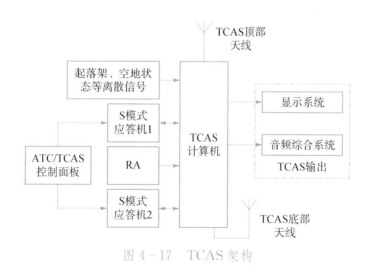

图 4-17　TCAS 架构

ATC/TCAS 控制面板用于选择 ATC/TCAS 工作方式以及 TCAS 的监视范围，对于 TCAS 工作方式以及监视范围的设置等相关信息通过 S 模式应答机传输至 TCAS 计算机。TCAS 系统的两副天线用于信号的接收和发射，包括接收入侵飞机的 1 090 MHz 的应答信号以及发射 1 030 MHz 的询问信号。TCAS 计算机是 TCAS 的核心部件，产生向入侵飞机发射的询问信号，由上下天线发射，并接收上下天线接收的应答信号，通过计算询问与应答信号之间的延迟时间获取与入侵飞机之间的距离；同时通过方向性天线获取方位信息，通过机载其他系统的高度信号决定交通咨询与决断咨询的时间门限，从而实现本机与对方飞机之间的交通避让。TCAS计算机的计算结果输出至显示系统和音频综合系统，为飞行员提供交通避撞警戒的视觉提示和语音提示。

4.4.3.2　机载设备

1) TCAS计算机

TCAS计算机的功能是监视临近空域中的飞机，获取所跟踪飞机的数据，进行威胁评估计算，产生交通咨询或决断咨询等。TCAS计算机的前面板上装有多个LED指示器和一个自检测按钮，如图4-18所示。

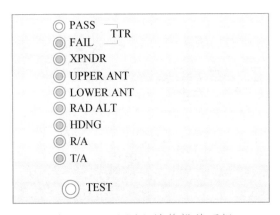

图4-18　TCAS计算机前面板

(1) "TTR-PASS"和"TTR-FAIL"：表示TCAS计算机/收发机本身的工作状况。绿色"PASS"指示器亮表示组件工作正常；红色"FAIL"指示器亮表示组件故障。

(2) "XPNDR"：TCAS计算机需与S模式应答机通过两条ARINC 429数据总线频繁地交换数据。当应答机故障或TCAS计算机无法正常获得由应答机提供的数据时，"XPNDR"指示器亮[5]。

(3) "UPPER ANT"（上天线）和"LOWER ANT"（下天线）：红色指示器亮表示TCAS收发机的上天线或下天线故障[5]。

（4）"RAD ALT"（无线电高度）：当 TCAS 计算机无法获得由 RA 所提供的无线电高度信息时，"RAD ALT"指示器亮[5]。

（5）"HDNG"（航向）：当 TCAS 计算机无法获得由惯性基准组件提供的航向数据时，"HDNG"指示器亮[5]。

（6）"R/A"：当 TCAS 计算机所输出的决断咨询信息不能正常输出到相应的显示器上显示时，"R/A"红色指示器亮[5]。

（7）"T/A"：当 TCAS 计算机所输出的交通咨询信息不能正常输出到相应的显示器上显示时，"T/A"红色指示器亮[5]。

（8）"TEST"：按下"TEST"按钮，即可启动 TCAS 计算机的全面自检测。在 TCAS 自检测过程中，所有的状态显示器先全部亮约 1 s，然后全部断开，之后才显示系统当前的工作状态。

2）TCAS 天线

TCAS 的方向性天线为外形扁平的流线型天线，如图 4-19 所示。TCAS 有两副方向性天线，一副安装在飞机背部中心线上，另一副安装在飞机腹部中心线上，其工作频段为 L 频段，每副天线均可用于发射和接收，发射和接收的频率分别为 1 030 MHz 和 1 090 MHz。

TCAS 天线内部有 4 个互成 90°，分别指向飞机前、后、左、右 4 个方向的辐射单元，如图 4-20 所示。每副天线通过标有顺序号且不同接头颜色的同轴电

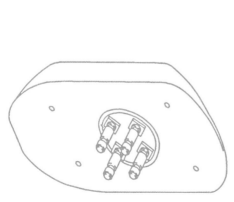

图 4-19　TCAS 的方向性天线

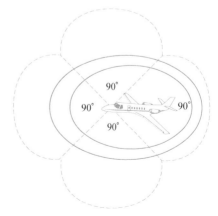

图 4-20　TCAS 天线内部的辐射单元

205

缆与 TCAS 计算机相连,TCAS 计算机控制四副天线轮流辐射或同时辐射。当起落架放下时,TCAS 计算机控制四副天线同时辐射,避免起落架遮挡探测入侵飞机的信号,导致 TCAS 计算机无法判断入侵机的方位。

3)控制面板

某典型飞机的机载 TCAS 控制面板与 ATC 控制面板集成于一个控制面板上,如图 4-21 所示。

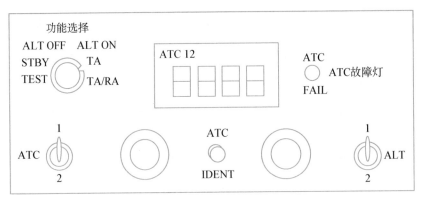

图 4-21 TCAS/ATC 控制面板

TCAS 系统的工作方式包括"TA"(仅交通咨询)和"TA/RA"(交通咨询/决断咨询)。"TA"表示能产生交通咨询,不能产生决断咨询;"TA/RA"表示此时 TCAS 处于全功能状态。

4)TCAS 信息显示

TCAS 可提供入侵飞机的相对位置的图像信息、相关的字符信息以及与交通咨询或决断咨询相关的语音提示信息等。图像与字符信息通过 PFD 和 ND 显示,语音提示信息通过音频综合系统输出。

只有 TCAS 控制面板功能选择在"TA/RA"位时,PFD 才显示 TCAS 计算机产生的决断咨询信息,该决断咨询信息为本机提供回避入侵飞机所应采取的垂直机动措施(如爬升或下降),这些决断咨询信息以红色的俯仰禁区方式显示在 PFD 姿态球上,如图 4-22 所示。

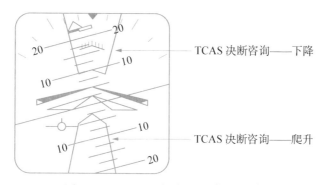

图 4 - 22　PFD 上 的 RA 警 告 信 息

　　如果 TCAS 计算机判断应使飞机爬升来回避危险接近,则决断咨询信息为姿态球下部向上延伸的红色的决断咨询俯仰指令。在采取机动爬升之前,飞机符号处于该红色的俯仰禁区之中,只有按决断咨询信息所示向上拉起飞机,才能使飞机符号脱离该红色的决断咨询俯仰指令,即脱离与入侵飞机危险接近的境况。反之,如果 TCAS 计算机判断应使飞机下降才能回避危险接近,则决断咨询信息为姿态球上部向下延伸的红色决断咨询俯仰指令,只有按决断咨询信息所示使飞机下降,才能脱离与入侵飞机危险接近的境况。

　　图 4 - 23 中的 ND 上显示的 TCAS 信息主要包括不同威胁等级的入侵飞

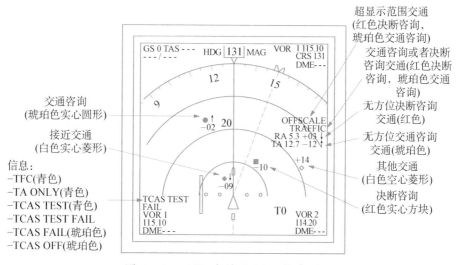

图 4 - 23　ND 上 的 TCAS 信 息 显 示

机显示、超显示范围、无方位飞机以及 TCAS 工作情况 4 类。

根据入侵飞机的威胁等级显示不同的图案,决断咨询以红色实心方块表示,同时显示红色"TRAFFIC"字符;交通咨询以琥珀色实心圆形表示,同时显示琥珀色"TRAFFIC"字符;接近交通以白色实心菱形表示;其他交通以白色空心菱形表示,该 4 类图标根据入侵飞机与本机的方位和距离显示在导航显示器对应位置上。同时,入侵飞机的相对高度以正负号和数字的形式显示在图案的上下,分别表示位于本机上方或下方相应高度;当两架飞机相对升降速度等于或大于 500 ft/min 时,入侵飞机图案右侧以上下箭头表示飞机的爬升或下降状态。

当由于某种原因 TCAS 无法获得入侵飞机的方位信息时,TCAS 以文字形式显示入侵飞机的类型、距离、相对高度以及爬升下降状态等,若入侵飞机为交通咨询则以琥珀色字符表示,若入侵飞机为决断咨询则以红色字符表示。

当 TCAS 跟踪范围内的飞机在导航显示器所选显示范围之外时,则以"OFF SCALE"字样显示,字符显示在距离标志圈外沿的对应方位处。

TCAS 的工作状态以不同颜色字符显示在 ND 上,用于表示交通咨询/决断咨询输出状态、TCAS 测试、TCAS 测试失败、TCAS 故障、TCAS 关断等状态。

4.5 空中交通管制

4.5.1 空中交通管制应答机概述

为正确地实施飞机在繁忙空域中飞行和进近着陆时的空中交通指挥,保障飞机的飞行安全,地面管制人员必须掌握飞机在特定空域中的位置、高度和运动态势等信息。

如图 4-24 所示,ATC XPDR 是 ATCRBS 的机载设备,与地面二次雷达相配合,向地面管制中心报告飞机的识别代码和飞机的气压高度等信息。机载应答机是和地面二次雷达配合工作的,所以有时候称其为 ATC XPDR 或二次

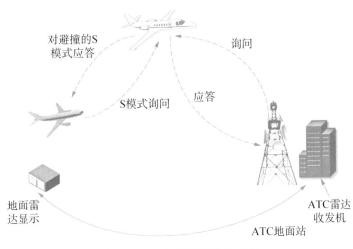

图 4 - 24　ATC XPDR 系统

雷达应答机[6]。

　　根据应答机发射的信号特点,其模式有很多,涉及民用的主要有 A 模式、C 模式和 S 模式。

　　A 模式和 C 模式目前在全球使用最广泛,A 模式用于询问飞机 4 位编码,当机载应答机接收到地面的 A 模式询问信号时,将自己的 4 位编码发回作为应答;C 模式用于询问飞机气压高度,当机载应答机接收到地面的 C 模式询问信号时,将自己的气压高度编码后发回作为应答。

　　S 模式是可以传输数据链的模式,其发射时不但具有 A/C 模式的功能,还可以传输飞机的 24 位地址码。如果硬件和软件支持,则其可以传输飞机的航班号、空速、地速、航向、高度及 GPS 等信息。S 模式在性能和数据处理方面弥补了 A/C 模式的缺点。本节主要介绍 S 模式应答机。

4.5.2　空中交通管制应答机工作原理

　　S 模式应答机是现有 ATC 系统中主要应用的应答机,S 模式应答机在保留原有 A/C 应答模式的基础上,增加了 S 应答模式,并实现与地面航管中心数据链互通功能,为地面航管中心提供更多飞机飞行数据[7]。S 模式为每一架飞机编制一个唯一的 24 位地址码,地面雷达通过数字询问信号询问所指定地址码的飞机并得到一对一的应答信号,避免了其他飞机同时应答所造成的信号串扰。航管 S 模式应答机可提供大量飞机飞行数据,它的询问、应答工作频率分别为 1 030 MHz 和 1 090 MHz。

S 模式应答机(含 ADS-B OUT 功能)主要由高频通道单元、射频处理单元、综合处理器单元、导航数据接收单元、自检测单元等组成,如 4-25 所示。

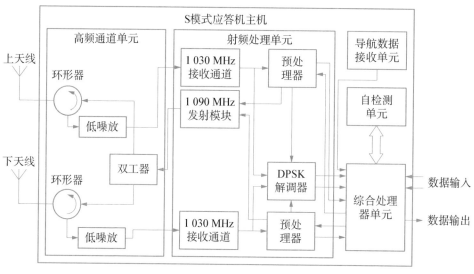

图 4-25 S 模式应答机组成

（1）高频通道单元:包含两组环形器,分别与上天线和下天线连接,环形器输入端分别通过低噪声放大器与射频处理单元的两组独立 1 030 MHz 接收通道相连,两组接收通道并行工作,环形器的输出端通过双工器与 1 090 MHz 发射模块相连。

（2）射频处理单元:1 030 MHz 接收通道接收到询问信号,经过预处理器处理后输出到二进制差分相移键控(differential phase shift keying,DPSK)解调器,经 DPSK 解调器解调后,输至综合处理器单元进行处理。综合处理器单元产生的应答信息经预处理器处理后输出到 1 090 MHz 发射模块,经由双工器通过所选择的天线发射。

（3）综合处理器单元：实现 A/C/S 模式信号解算、判决、延时、应答控制、导航数据处理、ADS-B OUT 报文打包、发射机控制和自检测信息上传等综合信息处理功能；综合处理器单元还产生天线控制信号加至双工器，以选择上、下天线中的一部来发射应答信号。

（4）导航数据接收单元：接收来自机载导航系统的导航数据。

（5）自检测单元：用于对整个 S 模式应答机进行自检测。

4.5.3 机载空中交通管制应答机系统架构及设备

4.5.3.1 机载空中交通管制应答机系统架构

机载 ATC XPDR 系统由 ATC XPDR、控制面板及天线三部分组成。民机通常装备两套相同的应答机，以保证对询问信号的可靠应答[8]。应答机安装在电子舱内，两套大气数据计算机向正在工作的应答机提供数字式的气压高度信息，用于应答飞机的高度信息。飞机上装有两副应答机天线，为 L 频段短刀型天线，属于无方向性天线，在水平面内的方向性是对称的。两套应答机共用一个控制面板，由控制面板上的系统选择电门决定哪一套应答机产生应答信号[8]。控制面板还用于控制两部应答机的工作方式，并设定飞机识别码。在现代飞机上，ATC XPDR 与 TCAS 系统共用一个控制面板，因此该控制面板还用来控制 TCAS 的工作。机载 ATC XPDR 系统架构如图 4-26 所示。

图 4-26 机载 ATC XPDR 系统架构

ATC XPDR 系统有两个 ATC XPDR,每个应答机都与上下两个天线相连,两个应答机由 ATC/TCAS 控制面板选择使用,每个应答机均通过高速 ARINC 429 数据总线与 TCAS 计算机相连,ATC XPDR 还与机载大气数据惯性基准组件(air data inertial reference unit,ADIRU)、飞行管理与导航计算机(flight management and guidance computer,FMGC)等相连,用于获取应答信号的必要信息,同时与中央故障显示接口组件(centralized fault display interface unit,CFDIU)相连,用于 ATC XPDR 故障信息上报。ATC XPDR 对地面的询问信号自动应答,包括飞机高度、识别码等相关信息,地面系统接收到应答信号后经译码获取飞机方位、距离、高度和识别码,并显示在雷达屏幕上。

4.5.3.2 应答机设备

1) ATC XPDR

目前民机机载系统一般装载两个 S 模式应答机,能够对地面 ATCRBS 的 A 模式和 C 模式的询问做出应答,也能对地面 S 模式询问以及空中其他飞机 TCAS 计算机发出的 S 模式询问信号做出应答。ATC 地面站利用脉冲码信号在 1 030 MHz 频率上向 ATC XPDR 询问,机载 ATC XPDR 则在 1 090 MHz 频率上以脉冲码信号做出应答。ATC XPDR 安装在电子舱内,通过数据总线与控制面板相连接,图 4-27 所示为典型的 ATC XPDR 前面板。

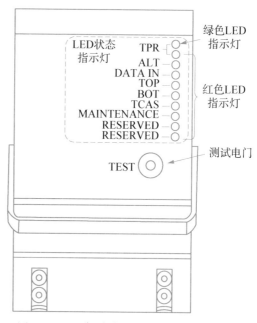

图 4-27 典型的 ATC XPDR 前面板

ATC XPDR 前面板上设置有 LED 状态指示灯和测试电门。当测试电门按下时,ATC XPDR 进行自检测,检测结果通过前面板 LED 状态指示灯显示。

前面板上的 LED 状态指示灯状态显示含义如下所示。

(1)"TPR":绿色指示灯灯亮,ATC XPDR 组件没有故障。

(2)"TPR":红色指示灯灯亮,ATC XPDR 组件出现故障。

(3)"ALT":指示灯灯亮,ADIRU 输入高度出现故障。

(4)"DATA IN":指示灯灯亮,控制面板输入故障。

(5)"TOP":指示灯灯亮,顶部天线故障。

(6)"BOT":指示灯灯亮,底部天线故障。

(7)"TCAS":指示灯灯亮,TCAS 输入数据异常。

(8)"MAINTENANCE":指示灯灯亮,维护数据不正常。

(9)"RESERVED":保留。

2) ATC XPDR 天线

ATC XPDR 系统采用 L 频段的短刀型天线,如图 4-28 所示。

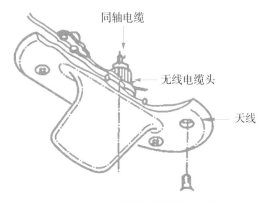

图 4-28　ATC XPDR 天线

飞机上通常装有两副天线,供两部应答机使用。每部应答机通过天线接收询问信号,也通过天线辐射应答信号。两部应答机通过控制面板选择由哪一部应答机发射信号。ATC XPDR 天线安装在机身上下表面的前段,以尽可能避免机翼在飞机倾斜时遮挡地面二次雷达天线辐射的询问信号。

3）控制面板

机载 ATC XPDR 使用一块控制面板来控制两部应答机的工作。控制面板安装在驾驶舱内的中央操纵台上,如图 4 - 29 所示。在现代飞机上,ATC XPDR 控制面板还同时用于控制 TCAS 的工作。

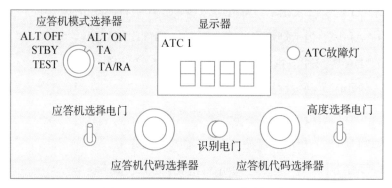

图 4 - 29　ATC XPDR 控制面板

应答机模式选择器具有“TEST”“STBY”“ALT OFF”和“ALT ON”位置用于 ATC 系统的功能选择,其功能为“TEST”位置用于应答机自检测;“STBY”位置提供一个接地的离散信号同时发送给两个应答机,此接地的离散信号阻止应答机工作,但并不阻止自检测功能;在“ALT OFF”位置,应答机对 ATC 询问机的应答中不包含高度报告;“ALT ON”位置,应答机对 ATC 询问机的应答为 C 模式和 S 模式,包含高度信息。

应答机代码选择器旋钮用于设置飞机 4 位数字代码,并在显示窗口显示。应答机选择电门是一个双位电门,用以选定 1 号应答机或 2 号应答机作为有效应答机,且有效应答机显示在显示器上。高度选择电门是双位电门,用于选用高度数据源,当将此电门设置在 1 号位置时,由 1 号 ADIRU 提供高度数据;当将电门设置在 2 号位置时,由 2 号 ADIRU 提供高度数据。识别电门用于飞机识别,当空中交通管制员申请飞机识别时,机组人员压下识别电门,则应答机对询问应答一个专用位置识别脉冲。ATC 故障灯用于提示 ATC 应答机是否存在故障。

4.6 广播式自动相关监视

4.6.1 广播式自动相关监视概述

ADS‐B 即广播式自动相关监视,其字面含义为[9]①自动(automatic),无须人工操作或者外界询问信号,能自动地周期性发送位置和速度信息;②相关(dependent),信息的发送与机载设备的正常工作相关;③监视(surveillance),监视飞机位置、高度、速度、航向、识别号和其他信息;④广播(broadcast),不针对特定用户,ADS‐B 信息向所有安装了 ADS‐B 接收机的飞机或地面站进行广播。

ADS‐B 系统结合通信与监视功能,由信息源、传输通道和信息处理与显示组成如图 4‐30 所示。ADS‐B 获取来自全球卫星导航系统、惯性导航系统、

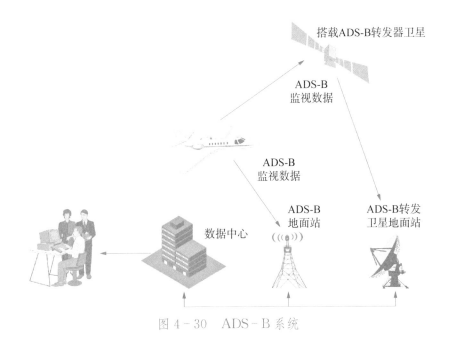

图 4‐30 ADS‐B 系统

惯性基准系统、飞行管理系统等其他机载传感器的飞机位置、航向、空速、风速、风向和飞机外界温度等信息，以 ADS-B 报文形式，通过空空、空地数据链广播式传播，用户终端将这些信息经有效算法提取后形成清晰、直观的背景地图和航迹、交通态势分布、参数及报文等信息，最后以伪雷达画面进行实时显示。

机载 ADS-B 系统广播式发出来自机载其他系统收集到的导航信息，同时接收其他飞机和地面的广播信息经过处理后送给机载综合信息显示系统。机载综合信息显示系统根据收集的其他飞机和地面 ADS-B 信息、机载雷达信息、导航信息，为飞行员提供周围的态势信息、冲突告警信息、避让策略和气象信息等[10]。

4.6.2　广播式自动相关监视工作原理

4.6.2.1　广播式自动相关监视工作原理

ADS-B 的主要功能是实施空空监视或地面对空域飞机的监视，ADS-B 包括 ADS-B OUT 和 ADS-B IN 两部分功能。机载 ADS-B 系统接收来自机载导航系统的飞机实时参数，如全球卫星导航系统传送的位置、速度等相关信息，大气数据与惯性基准系统的气压高度、升降速率等信息，通过数据链系统向地面 ADS-B 接收机和其他飞机广播飞机的精确位置和速度以及飞机识别信息、航班号、空地状态等数据[11]，即 ADS-B OUT，目前 ADS-B OUT 功能嵌入 S 模式应答机内部。同时，机载 ADS-B 系统接收其他飞机或地面设备发送的 ADS-B 信息，将信息处理并解码后送至机载显示系统进行显示，从而为飞行员提供实时的空中交通状态，即 ADS-B IN，目前 ADS-B IN 功能嵌入 TCAS 计算机内部。

1) ADS-B OUT

ADS-B OUT 是指飞机发送其位置信息和其他信息。机载发射机以一定的周期发送航空器的各种信息，包括航空器识别信息（ID）、位置、高度、速度、方向和爬升率等,ADS－B OUT 通过广播航空器自身位置的方法向空中交通管制中心或其他飞机提供监视信息[12]。目前 ADS－B OUT 监视主要用于如下三个方面[9]。

(1) 无雷达区的 ADS－B 监视(ATC surveillance in non-radar areas,ADS-B－NRA):ADS－B OUT 信息作为唯一的机载监视数据源用于地面对空中交通的监视,以减小航空器的间隔标准,优化航路设置,提高空域容量。

(2) 雷达区 ADS－B 监视(ATC surveillance in radar areas,ADS－B－RAD):地面监视同时使用雷达和 ADS－B OUT 作为监视信息源,目的是缩小雷达覆盖边缘区域内航空器的最小间隔标准,并且减少所需要的雷达数量。

(3) 机场场面 ADS－B 监视(airport surface surveillance,ADS－B－APT):只使用 ADS－B OUT 或者综合使用 ADS－B 和其他监视数据源(如场面监视雷达、多点定位),为机场的地面交通监控和防止跑道入侵等提供监视信息。

ADS－B OUT 的工作原理如 4－31 所示。

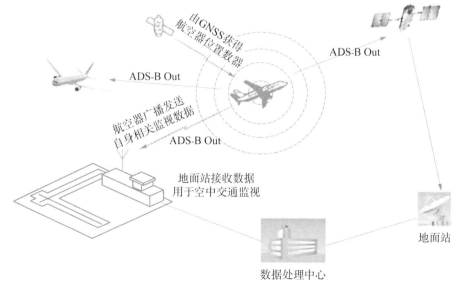

图 4－31　ADS－B OUT 的工作原理

机载 ADS‐B 设备通过机载的导航设备(目前主要依靠 GPS、北斗和其他卫星导航系统)获取本飞机的位置信息以及时间基准,通过飞行管理计算机和机载惯性导航、大气计算机等系统获得飞机的速度、高度和航姿等信息。ADS‐B 将这些信息通过一定的协议转换为数字信息,并将信息通过 S 模式应答机向机外实时广播[13]。

(1) 在 ADS‐B 发射系统有效作用距离内的其他飞机收到这个广播后,可以解析并显示出该机的当前信息,并计算与该机是否存在潜在的飞行冲突。

(2) 在 ADS‐B 发射系统有效作用距离内的地面站收到这个广播后,可以将该机的航迹信息发送给地面空管中心。

(3) 在 ADS‐B 发射系统有效作用距离内无地面站时,通过卫星上 ADS‐B 星载转发器接收广播信号,然后发射到卫星地面站,卫星地面站通过地面网络传输给空管中心。

ADS‐B OUT 是机载 ADS‐B 设备的基本功能,地面系统通过接收机载设备发送的 ADS‐B OUT 信息监视空中交通状况[14]。

2) ADS‐B IN

ADS‐B IN 是指飞机接收其他飞机发送的 ADS‐B OUT 信息或地面服务设备发送的信息,为机组提供运行支持。ADS‐B IN 可使机组人员在驾驶舱交通信息显示设备(cockpit display of traffic information,CDTI)上"看到"其他航空器的运行状况,从而提高机组的空中交通情景意识[12]。ADS‐B IN 的工作原理如图 4‐32 所示。

ADB‐B IN 的具体应用还在发展之中,目前预计有如下几方面[9]。

(1) 提高机组情景意识:ADS‐B IN 帮助机组全面了解空中或者机场场面的交通状况,为安全有效地管理飞行做出正确决策。

(2) 保持间隔:保持航空器空中间隔目前仍是 ATC 的责任,适用的最小间隔标准可能不会改变。但在具备 ADS‐B IN 功能时,机组可能履行如下职责。

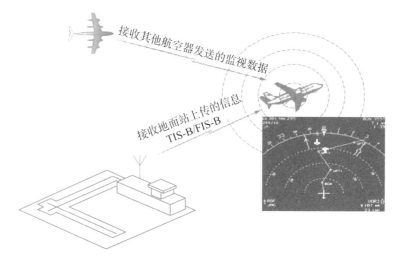

图 4-32 ADS-B IN 的工作原理

a. 指定间隔(delegated separation)：ATC 要求机组与指定的航空器保持间隔。保证空中最小间隔的责任由 ATC 转移至机组。该应用要求确定使用条件、机动飞行的限制、适用的空中最小间隔标准和应急程序等。

b. 自主间隔(self separation)：机组按照规定的最小空中间隔标准和适用的飞行规则与其他飞机保持间隔，这种运行类似于按现有的目视飞行规则运行。

(3) 获取飞行信息：通过地面站向航空器发送飞行信息，主要分为两类：广播式空中交通情报服务(traffic information service-broadcast，TIS-B)和广播式飞行信息服务(flight information service-broadcast，FIS-B)。

4.6.2.2　广播式自动相关监视系统工作模式

ADS-B 有三种系统工作模式，分别为 1090ES S 模式数据链模式、UAT 数据链模式和 VDL-4 数据链模式[14]。

1) 1090ES S 模式

1090ES S 模式是 ICAO 规定使用的国际通用的数据链模式，主要用于大型商用飞机。1090ES S 模式是基于 S 模式应答机的技术。1090ES S 模式数据包周期性地随机接入数据通信链路，数据包由 8.0 μs 前导和 112 μs 数据块构成，如图 4-33 所示。112 μs 数据块由 112 bit 数据位构成，数据块的编码方式是脉冲位置调制(pulse position modulation，PPM)编码，数据传输率高达 1 Mb/s。112bit 数据块包括控制位(1~8 位)、地址位(9~32 位)、ADS‑B 消息位(33~88 位)和校验位(89~112 位)4 个部分，其中地址位为 24 位地址编码，每架飞机对应一个唯一地址编码；ADS‑B 消息位可以包含飞机位置、高度等信息。

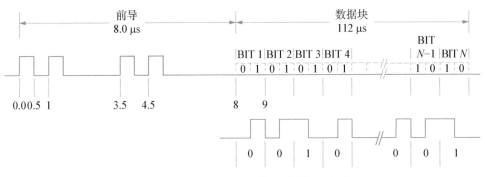

图 4‑33　1090ES S 模式数据包波形

2) UAT 模式

UAT 模式是 FAA 为满足自身发达的通用航空的发展需要，专门设计用来支持 ADS‑B 功能的数据链模式，主要用于美国的通用航空监视[15]。UAT 模式为宽带数据链模式，在 L 频段工作，目前，采用 UAT 模式的 ADS‑B 设备用于飞机和地面站之间的信息传输，采用固定频率 978 MHz，传输速率 1 Mb/s。

3) VDL‑4 模式

VDL‑4 模式起源于瑞典，是欧洲电信标准协会(European Telecommunications Standards Institute，ETSI)推荐的规范化 VHF 数据链技术[15]，目前主要在欧洲一些国家应用，使用频率段为 118~137 MHz，带宽为标准 25 kHz，数据传输率为 19.2 Kb/s。

4.6.3　机载广播式自动相关监视系统架构及设备

4.6.3.1　系统架构

典型机载 ADS‑B 系统架构如图 4‑34 所示。ADS‑B 的 ADS‑B IN 和

ADS-B OUT 功能分别由 TCAS 和 S 模式应答机完成。

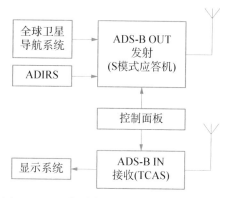

图 4-34　典型机载 ADS-B 系统架构

ADS-B 系统接收来自其他机载系统的飞机实时参数,通过数据链系统向地面 ADS-B 接收机和其他飞机广播飞机的位置和状态数据,同时,接收其他飞机或地面设备发送的 ADS-B 信息,将信息处理后送至机载显示系统进行显示,为飞行员提供实时的空中交通状态。

1) 机载相关信息接收

ADS-B 监视系统所接收到的飞机位置信息可以来源于全球卫星导航系统和大气数据惯性基准系统(air data inertial reference system,ADIRS)。

2) 数据链系统

数据链系统是 ADS-B 技术的重要组成部分,以广播方式传输飞机状态、位置、速度等重要监视信息[16]。

3) CDTI

ADS-B IN 设备需要安装与之交互的 CDTI,为飞行员提供直观的飞机运行状况信息及飞机周边空域中的交通情况显示。根据飞机设备认证要求,CDTI 可以是驾驶舱的一个固定或组合部分,也可以是便携式设备,CDTI 为飞行员提供直观的飞机运行状况信息及飞机周边空域中的交通情况,提高机组的空中交通情景意识,保障飞行安全[16]。

4.6.3.2 机载设备

如果只要求具有 ADS-B OUT 功能,则只需数据源和 S 模式应答机两部分电子设备。

1) 数据源

ADS-B OUT 的数据源主要来自卫星导航系统、ADIRS 等机载导航系统,该部分提供 ADS-B OUT 功能所需飞机相关参数。

2) S 模式 1090ES 应答机

S 模式应答机是 ATC XPDR 系统的核心组件,在其内部嵌入了 ADS-B OUT 功能,除了具备传统 S 模式应答机的功能之外,还能够通过 1 090 MHz 数据链发射 ADS-B 信息,传输飞行器状态、位置、速度等重要监视信息。

如果要求 ADS-B 系统具备 ADS-B OUT 和 ADS-B IN 功能,则除了上述两部分电子设备之外,还需要 1090ES 接收设备和驾驶舱交通信息显示设备。

1) 1090ES 接收设备

1090ES 接收设备用于接收其他飞机发送的 ADS-B OUT 报文或 ADS-B 地面站发送的 ADS-B 相关报文,根据性能要求,ADS-B IN 接收设备可以安装在飞机其他组件上,目前民航飞机大部分都集成在 TCAS 计算机内部。

2) CDTI

目前 ADS-B 机载系统的显示大部分与机载 TCAS 的显示设备共用,CDTI 除了能够显示邻近飞机的相对位置和速度信息之外,还可为飞行员提供目标识别辅助和早期交通态势报警等提醒显示。

4.7　综合监视系统

4.7.1　综合监视系统概述

ISS 采用 ARINC 768 标准,将前视风切变 WXR、TCAS、S 模式应答机以及 EGPWS 等综合在一起，对各种告警信息进行综合处理，并利用最先进的前视性探测和图像显示技术，提供视觉和听觉两种方式的输出，为飞行员提供实时高效且全面准确的态势感知信息[17]，是大型客机航空电子系统的重要组成部分。ISS 的工作过程几乎全自动，只需飞行员进行量程选择等一些简单的操作，减少了飞行员的工作量，使得他们可以更好地集中精力在飞行操纵上[17]。

ISS 主要实现气象监视功能、地形监视功能、空中交通监视功能、综合显示与告警功能。在飞机起飞、巡航、进场和着陆的全过程中，能够有效保障在不利的气象、空中交通和地形条件下的飞行安全[17]。

ISS 的功能主要包括如下几方面。

1）气象监视功能

气象监视功能通过 X 频段脉冲多普勒彩色 WXR 探测识别飞机前方航道如雷雨、冰雹、湍流、风切变等恶劣天气，为机组人员提供气象回波显示，同时 WXR 还能提供地图测绘的功能，并根据不同气象条件和地形给出警告、警戒及提示三种告警信息。飞行员通过 WXR 显示信息可查看地形、识别飞机航路前方的气象状况。

2）地形监视功能

地形监视功能遵循 ARINC 762 和 TSO‐C151b 的协议标准，载入全球机场位置数据库和地形数据库，利用飞机位置、无线电高度和飞行轨迹信息探测可能存在的潜在危险地形，避免发生 CFIT 事故。

3）空中交通监视功能

空中交通监视功能通过主动探测邻近空域内入侵飞机的运动状态，利用“收听—询问—应答”的方式监视空中交通目标。当邻近的飞机与本机距离过近而存在安全威胁时，发出警告信息来提示飞行员，并提示采取适当的回避措施[18]。

4）综合显示与告警功能

综合显示与告警功能在数据层给机组人员提供气象监视、空中交通监视、地形监视和态势感知并发出各种告警信息，利用决策数据融合方法来融合数据,依据报警判断准则输出结果,根据定制的不同告警级别以声、光、文字或图像等方式给飞行员提示,机组人员根据飞机当前的飞行状态及航路环境信息采取相应的应急处理措施,保障飞行安全[17]。

ISS 基本组成结构如图 4-35 所示。

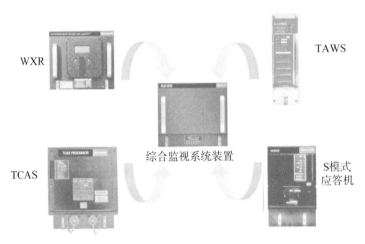

图 4-35　ISS 基本组成结构

图 4-35 所示的 ISS 将传统分离的 WXR、TAWS、TCAS、S 模式应答机模块集成在 1 个 8MCU 的机箱中,对各子系统的目标和告警信息进行综合处理,完成多源信息的数据融合,并使用统一的 I/O 接口与飞机交联和通信,提供确定优先级后的声、光、文字或图像等告警功能。ISS 将 4 个模块产生的航路信息经决策融合处理后集成输出到多功能显示器上,飞行员根据当前飞机飞行状况,通过按键或按钮选择当前显示的监视信息[18]。

4.7.2　综合监视系统工作原理

ARINC 768 标准规定的 ISS 主要由 WXR、TCAS、S 模式应答机和TAWS 等模块组成,按不同需求和应用,主要有 4 种构型,如表 4-2所示[17-18]。

表 4-2　ISS 典型构型

构型	TCAS	XPDR	WXR/PWS	TAWS/RWS
A	√	√	√	√
B	√	√		
C	√			√
D	√	√		√

ISS 的综合化体现在硬件、软件、功能及显示等多个方面,既顺应了飞机航空电子系统的发展趋势,又提高了系统安全可靠性和维修性。表 4-2 中给出了 4 种 ISS 的典型构型,可以看出,针对不同的功能需求,ISS 包含多个单独单元。基于 ARINC 768 标准的 A 构型的飞机 ISS 如图 4-36 所示[18]。

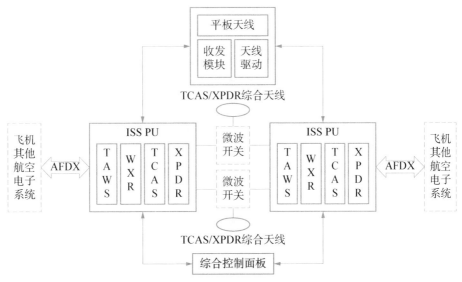

图 4-36　基于 ARINC 768 标准 A 构型的飞机 ISS

对于全构型 A 的 4 个功能,ISS 的设计和研发遵循的工业标准如图 4-37 所示[18]。

相比传统分立式监视系统,一方面 ISS 采用一体化设计,实现了系统物理级、数据级、报警决策级三个层次的综合,降低了重量、体积、功耗、零部件和线

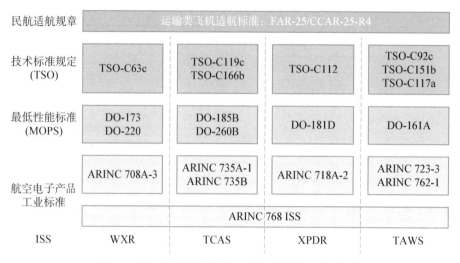

图 4-37 ISS 的设计和研发遵循的工业标准

缆数量,有效地减少了系统运行和维护成本;另一方面 ISS 通过多途径、多信息源数据综合处理,将各种显示告警信息进行数据融合,提高正确报警概率,降低虚警率,采用综合化的显示效果,情景感知更强,有效地提高了座舱操作效率,降低了飞行员工作负荷;此外,ISS 具备 ARINC 664 网络接口,适应了新航空电子系统对监视系统的需求,有利于监视系统控制、数据、状态信息链路统一规划和设计,有利于监视系统信息和座舱显示系统的统一集成,也为 ADS-B、CDTI 等技术的实现提供了可行的平台[18]。

4.7.3 综合监视系统架构及设备

4.7.3.1 综合监视系统架构

典型的 ISS 包括 ISS 处理单元(含 WXR 模块、TAWS 模块、TCAS 和 S 模式应答机模块)、WXR 收发装置、WXR 天线、TCAS 与 S 模式应答机天线等组成,如图 4-38 所示。

ISS 为机组人员提供可能对飞机构成威胁的潜在的危险数据。

(1) ISS 处理单元:一般安装两套,其中集成了 WXR 模块、TAWS 模块、

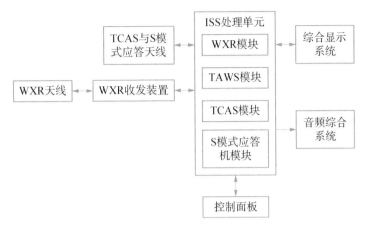

图 4 - 38 典型的综合监视系统

TCAS 模块、S 模式应答机模块。

（2）WXR 天线组件：安装于飞机前端天线罩内，由 WXR 平板天线、WXR 天线驱动和收发模块等部分组成。同时 WXR 天线接收 X 频段回波信号，由 WXR 收发装置解调后送至 WXR 处理器，产生显示图像送至综合显示系统。

（3）TCAS 和 S 模式应答机天线：配置的 2 副天线分别安装在飞机顶部和底部，靠近飞机纵轴中心线的位置[17]，用于 TCAS 和 S 模式应答机信号的发射与接收，TCAS 与 S 模式应答机模块的信息处理部分位于综合监视处理单元内，将飞机周围空域状况以及告警信息输出至综合显示系统。

（4）控制面板：主要功能是处理机组人员输入的控制指令并将其发送到 ISS 处理单元，在 ISS 处理单元将这些指令进行转换后控制系统各个功能模块的工作模式[17]。

（5）音频综合系统：根据 ISS 处理单元输出的告警音频实现声音告警。

（6）ISS：显示各个子系统经 ISS 处理单元处理后的数据，完成航路环境中的信息输出和告警。

4.7.3.2 综合监视系统机载设备

ISS 的机载设备包括 ISS 处理单元、WXR 天线组件、TCAS 与 S 模式应答机天线。

1）ISS 处理单元

ISS 处理单元是飞机 ISS 的核心设备，集成并处理 WXR、TAWS、TCAS 和 ATC 的数据，通过 AFDX 与其他飞机系统交联，如图 4-39 所示。

2）WXR 天线组件

WXR 天线组件由 WXR 平板天线、WXR 天线驱动和收发模块等 LRM 组成，如图 4-40 所示。主要实现驱动天线扫描以及电磁波信号的发射与接收等功能。有别于传统 WXR 的设计，收发模块安装在 WXR 天线单元中能够显著地缩短或者取消外接波导的使用，有效地提高系统可靠性[18]。

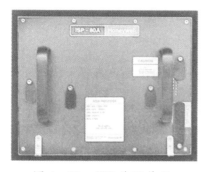

图 4-39　ISS 处理单元

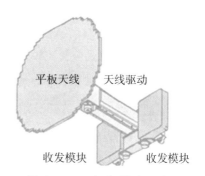

图 4-40　气象雷达天线

3）组合式 TCAS/S 模式应答机天线

该天线安装于机身顶部及底部，具备 TCAS 及 S 模式应答机信号发射与接收的双重功能，如图 4-41 所示。

图 4-41　组合式 TCAS/S 模式应答机天线

参考文献

［1］ 张三爱,王燕,昝海军.浅析新型气象雷达的优越性［J］.北京:科技创业家,2013 (6):123.

［2］ 邢文彦.机载彩色气象雷达原理及实用故障分析［J］.科技创新与应用,2012 (3):36.

［3］ 傅辰涛.地形感知和告警系统中地形数据和告警功能的研究与实现［D］.镇江:江 苏科技大学,2015.

［4］ 刘长华.自动相关监视与防撞系统［D］.成都:西南交通大学,2003.

［5］ 朱军.交通提醒与防撞系统(TCAS)介绍及其常见故障分析［C］.第九届长三角科 技论坛——航空航天科技创新与长三角经济转型发展分论坛论文集.2012.

［6］ 李超.民用航空器 VHF 通信干扰分析［D］.西安:西安电子科技大学,2014.

［7］ 杨剑.航管 S 模式应答机设计［D］.成都:电子科技大学,2013.

［8］ 马存宝.民航通信导航与雷达［M］.西安:西北工业大学出版社,2004.

［9］ 民航局飞行标准司.广播式自动相关监视(ADS－B)在飞行运行中的应用［R］.民 航局飞行标准司,2008.

［10］ 李云飞.广播式自动相关监视系统在民航空管系统中的应用［J］.物联网技术, 2011,01(8):41－43.

［11］ 文锋.CESSNA172R 飞机 ADS－B 原理及故障分析［J］.科技风,2018(11): 118－118.

［12］ 王子龙.ADS－B 监视数据质量分析［D］.德阳:中国民用航空飞行学院,2013.

［13］ 罗云飞.新航行系统的广播式自动相关监视技术研究［D］.成都:电子科技大 学,2011.

［14］ 贺星.广播式自动相关监视(ADS－B)接收系统关键技术研究［D］.西安:西安电 子科技大学,2014.

［15］ 李露.ADS－B 技术在我国通用航空中的发展与前景［C］.第九届长三角科技论

坛——航空航天科技创新与长三角经济转型发展分论坛 2012.

[16] 姚姣.ADS-B 监视功能的性能研究和仿真[D].成都：电子科技大学,2010.

[17] 谢梦涛.机载综合监视系统概论[J].科技创新导报,2011(32):86-87.

[18] 钱君,于超鹏,刘睿.民用飞机环境综合监视系统的发展及设计考虑[C].第九届长三角科技论坛——航空航天科技创新与长三角经济转型发展分论坛 2012.

5

民机通信导航监视系统设计集成验证

5.1　相关标准和规章

适航是航空器能在预期的环境中安全飞行(包括起飞和着陆)的固有品质，这种品质通过合格的维修而持续保持[1]，适航可以通俗理解为航空器是否适合飞行。政府为确保民用航空器能够在服役期间始终处于适航状态所做的工作，就是所谓的适航管理[2]。一般适航管理工作是由各国民航局承担的，具体由其内部专门的适航管理机构执行[2]。为了规范适航管理，各国民航当局提出了很多相应的适航标准和规章。目前，世界上主要的航空器适航证颁发者为 FAA、EASA 和 CAAC。

5.1.1　美国联邦航空管理局

5.1.1.1　组织概况

FAA 是美国运输部下属监督和管理民用航空事业的政府机构，主要任务是保障民用航空器的飞行安全，促进民航事业的发展。

FAA 的主要职责包括如下方面：

(1) 对民用航空产品的设计和生产进行合格审定。

(2) 对投入使用的航空器进行安全监督。

(3) 航空器注册。

(4) 对与民用航空有关的企业、学校及其他机构进行合格审定。

(5) 颁发飞行员和其他航空人员执照。

(6) 空中交通管制。

(7) 机场计划和管理。

(8) 机场安保。

(9) 研究和发展。

（10）国际合作。

5.1.1.2　适航管理制度

FAA 根据《联邦航空法》规定的"制定并及时修订对航空器、发动机和螺旋桨的设计、材料、工艺质量、结构和性能的安全所必需的最低标准"的职责，制定了联邦航空条例等一系列的规章和文件，形成了完整的适航文件体系。FAA的适航文件体系可分为两类，一类属法规性文件，具有强制性；另一类属非法规性文件，不具有强制性[3]。法规性文件包括联邦航空条例（federal aviation regulations，FAR）、特殊联邦航空条例（special federal aviation regulations，SFAR）、专用条件（special condition，SC）、适航指令（airworthness directive，AD）、技术标准规定（technical standard orders，TSO）和联邦航空条例修正案（Amendment）；非法规性文件包括咨询通告（advisory circular，AC）和指令（Order），如图 5-1 所示。

图 5-1　FAA 适航法规体系框架图

1）法规性文件

（1）联邦航空条例（FAR）。FAR 是 FAA 为保证民用航空安全而制定的，它是 FAA 的主要法规，是必须遵守的法令。FAR 属于联邦条例汇编（code of federal regulations，CFR）第 14 篇（航空航天），1～3 卷。

（2）特殊联邦航空条例（SFAR）。SFAR 是一种临时性的法规，即在新的法规要求颁布前，提出试探性的要求来验证新法规要求的可行性。

（3）联邦航空条例修正案（Amendment）。联邦航空条例修正案的正文也是法规性文件之一，是 FAR 有效版本的组成部分，其目的在于不断完善 FAR 有效版本的组成部分。修正案根据需要和可能按照规定的程序不定时地发布。在每个条款后面都会注明对该条款进行过修订的所有修正案的编号和修订时间。

（4）适航指令（AD）。经 FAA 合格审定的航空产品，如果在使用中发生了危及飞行安全的问题，则 FAA 将以颁发 AD 的方式加以处理，不执行 AD 的航空器将视为不适航，不得继续运行。

（5）技术标准规定（TSO）。TSO 是对安装在民用航空器上的机载设备规定的最低性能标准，包括仪表、通信导航设备、机械部件等[3]。若要把该零部件安装到飞机上，则须申请安装批准。

FAA 至今已颁布了 320 余项 TSO，获得 FAA 的某项 TSO 的批准书，表明允许按该标准设计和制造零部件，TSO 是机载设备必须执行的最低安全要求。

2）非法规性文件

（1）咨询通告（AC）。AC 是 FAA 向公众推荐的一种具有建议性或指导性的文件，是对相应 FAR 中的条款进行符合性验证的可接受验证方法。这种方法不是强制性的，也不是唯一的，却很具权威性。

（2）指令（Order）。指令是 FAA 对其雇员进行内部指导的文件，使其能很好地履行本职工作，并在掌握条例上保持一致性。指令虽不是法规文件，但却是 FAA 雇员必须执行的指令性文件[3]。

5.1.1.3 与 CNS 系统研制相关标准与规章

表 5-1 所示为 FAA 颁布的与 CNS 系统研制相关的主要法规性与非法规性文件。

表 5-1 FAA 颁布的与 CNS 系统研制相关的主要标准与规章

标准与规章代码	标准与规章名称
FAR-21	航空产品和零部件合格审定程序
FAR-25	运输类飞机适航标准

标准与规章代码	标准与规章名称
FAR-91	一般运行和飞行规则
FAR-121	民用航空器运行适航管理规定
AC 20-115D	机载软件开发保证使用
AC 20-138D	定位导航系统适航认证（包括变更2）
AC 20-140C	支持空中交通服务 ATS 的机载数据链通信系统设计认证准则
AC 20-150B	支持空中交通服务通信的卫星语音设备适航认证
AC 20-152	机载电子硬件的设计保证指南
AC 20-156	航空数据总线保证
AC 20-157	如何制定航空器系统与设备的可靠性评估计划
AC 20-158A	运行在高强度辐射场（HIRF）环境的飞机电子电气系统的合格审定
AC 20-160A	机载坠毁生存储器管制员飞行员数据链通信记录
AC 21-16G	航空无线电技术委员会文件 DO-160D、E、F、G
AC 21-50	TSOA 和 LODA 件的安装
AC 25-7D	运输类飞机飞行试验认证指南
AC 25-16	电气故障与防火保护
AC 25.899-1	电搭接和静电防护
AC 25.1309-1A	系统设计分析
AC 25.1360-1	损伤防护
AC 25.1362-1	紧急情况下的电力供应
AC 25.1581-1	飞机飞行手册
AC 25.1701-1	运输类飞机电气线路互连系统的认证
TSO-C34e	工作在无线电工作频率范围内（328.6～335.4 MHz）的 ILS 下滑道接收设备（参考 C40c）
TSO-C35d	机载无线电指点信标接收设备
TSO-C36e	工作在无线电工作频率范围内（108～112 MHz）的机载 ILS 航向信标接收设备（参考 C40c）
TSO-C40c	工作在 108～117.95 MHz 无线电频率范围内的其高频全向信标（VOR）接收设备

(续表)

标准与规章代码	标准与规章名称
TSO - C41d	机载自动定向仪(ADF)设备
TSO - C59b	机载选择呼叫设备
TSO - C66c	工作在无线电工作频率范围内(960～1 215 MHz)的测距仪(DME)(参考 C40c)
TSO - C87a	机载低空无线电高度表(LRRA)
TSO - C105	气象和地形雷达显示器辅助显示设备
TSO - C112d	空中交通管制雷达信标系统/S 模式应答机(ATCRBS/Mode S)机载设备
TSO - C113a	机载多用途电子显示器
TSO - C115d	机载多传感器输入区域导航设备
TSO - C118	TCAS Ⅰ型空中交通告警和防撞系统机载设备(TCAS I)
TSO - C119e	TCAS Ⅱ型空中交通告警和防撞系统机载设备(TCAS II)
TSO - C122a	防止因同时发送造成双通道无线电通信波道闭锁的装置
TSO - C123b	驾驶舱话音记录器系统
TSO - C128a	防止因无意发送造成双通道无线电通信波道闭锁的装置
TSO - C132a	地球同步轨道航空移动卫星服务飞机地球站设备
TSO - C139a	音频系统和设备
TSO - C144a	机载全球定位系统天线
TSO - C145e	星基增强系统(SBAS)增强的全球定位系统机载导航传感器
TSO - C146e	使用广域增强系统(WAAS)的全球定位系统(GPS)独立式机载导航设备
TSO - C151d	地形提示与告警系统
TSO - C154c	基于 978 MHz 通用访问收发机的广播式自动相关监视(ADS - B)设备
TSO - C157b	飞机飞行信息广播服务数据链系统和设备
TSO - C158	航空移动高频数据链(HFDL)设备
TSO - C159d	支持下一代卫星系统的航空电子设备
TSO - C160a	VDL 模式 2 通信设备

标准与规章代码	标准与规章名称
TSO‐C161a	地基增强系统定位导航设备
TSO‐C162a	地基增强系统甚高频数据广播设备
TSO‐C166b	基于 1 090 MHz 扩展电文的广播式自动相关监视（ADS‐B）和广播式空中交通情报服务（TIS‐B）设备
TSO‐C169a	工作在 117.975～137.000 MHz 频率范围内运行的甚高频（VHF）无线电通信收发设备
TSO‐C170	在 1.5～30 MHz 频率范围内运行的高频（HF）无线电通信收发设备
TSO‐C177a	数据链记录器系统
TSO‐C190	机载全球导航卫星系统（GNSS）有源天线

5.1.2　欧洲航空安全局

5.1.2.1　组织概况

欧盟成员国大多有着自己的语言和适航体系，这就需要整合相关资源，为所有在欧洲设计和生产的产品建立统一的认证标准[4]。自 1990 年开始，欧盟为了确保最高的安全水平而酝酿成立一个民用航空安全组织——联合航空局（Joint Aviation Authorities，JAA）[5]。2002 年，欧洲议会和欧盟理事会同意正式成立 EASA，取代 JAA。EASA 总部临时设在比利时布鲁塞尔，授权制定欧盟范围内统一的、具有法律地位的、强制性的民航规章[6]。2003 年 9 月 27 日，EASA 开始工作，其主要职责包括[5]：

（1）起草民用航空安全法规。

（2）为欧盟提供航空技术专家。

（3）支持相关国际协定。

（4）执行航空安全相关的运行颁证工作，如航空产品/设计的认证、设计/制造/维修组织的认证。

5.1.2.2　适航管理制度

EASA 的适航法规体系分为三个层次,如图 5－2 所示。第一层次为基本法,第二层次为实施规章,第三层次为审定规范、指导性材料和符合性方法[7]。

第一层次　　基本法

第二层次　　实施规章

第三层次　　审定规范(CS)
　　　　　　指导性材料(GM)
　　　　　　符合性方法(AMC)

图 5－2　EASA 适航法规体系

其中,基本法和实施规章是强制规定的法规性文件;审定规范、指导性材料和符合性方法是非强制规定的非法规性文件[7]。

1) 基本法

基本法是 EASA 的一个基本立法文件,概述了 EASA 任务来源的必要性,是欧盟成员国必须采用的共同的民用航空规则,因此称为“基本法”。基本法是为了保证航空安全和环境可持续发展而制定的通用规则和要求,它赋予了 EASA 强制实施法规的权力[7]。

2) 实施规章

基于基本法赋予的职能,EASA 针对各民航领域起草实施规章,由欧盟委员会发布。实施规章的正文部分用于阐述规章的法律依据、目的和内容概要,附录部分则给出具体的实施细则[7]。

3) 审定规范、指导性材料和符合性方法

审定规范是局方采纳的非强制技术性标准,指出对基本规章及其实施法规表明符合性的方法,并且能用于合格审定的目的[7]。

指导性材料是局方编写的非强制材料,辅助说明一项要求或规范的含义,用于支持对基本规章及其实施法规、审定规范和符合性方法的解释[7]。

符合性方法是局方采纳的非强制标准，用于表明对实施规章或审定规范的符合性；当遵循符合性方法时，实施规章或审定规范的相关要求也就满足了[7]。

5.1.2.3　与 CNS 系统研制相关标准与规章

表 5-2 所示为 EASA 颁布的与 CNS 系统研制相关的主要标准与规章。

表 5-2　EASA 颁布的与 CNS 系统研制相关的主要标准与规章

标准与规章代码	标准与规章名称
Part-21	飞机及相关航空产品、零部件和设备，设计和生产组织的审定
Part-ARO	航空运营要求
Part-CAT	商业航空运输
CS-25	大飞机审定规范
CS-ETSO	欧洲技术标准规定审定规范
CS-ACNS	机载通信、导航和监视
AMC-20	航空产品、零部件和设备适航符合性方法
AMC 25.1301	功能和安装
AMC 25.1309	设备、系统及安装
ETSO-C59b	机载选择呼叫设备
ETSO-C87a	机载低空无线电高度表
ETSO-C92c	近地告警-下滑道偏离告警设备
ETSO-C105	气象和地形雷达显示器辅助显示设备
ETSO-C109	机载导航数据存储系统
ETSO-C112e	二次监视雷达 Mode S 收发机
ETSO-C115d	基于多传感器输入的所需导航性能(RNP)设备
ETSO-C117a	运输类飞机机载风切变告警及逃离引导系统
ETSO-C119d	带有混合监视的机载防撞系统(ACAS II)Version7.1
ETSO-C139a	音频系统和设备
ETSO-C144a	无源机载全球卫星导航系统(GNSS)天线
ETSO-C145e	使用星基增强系统(SBAS)增强全球定位系统的机载导航传感器

(续表)

标准与规章代码	标准与规章名称
ETSO - C146e	使用星基增强系统(SBAS)增强全球定位系统的独立机载导航设备
ETSO - C147a	空中交通咨询系统(TAS)机载设备
ETSO - C151c	地形提示与警告系统
ETSO - C154c	基于 978 MHz 通用访问收发机的广播式自动相关监视(ADS-B)设备
ETSO - C157b	广播式飞行信息服务(FIS-B)设备
ETSO - C158	航空移动高频数据链(HFDL)通信设备
ETSO - C159c	下一代卫星系统(NGSS)设备
ETSO - C160a	VDL Mode2 通信设备
ETSO - C161a	地基增强系统定位导航设备
ETSO - C162a	地基增强系统 VHF 数据广播设备
ETSO - C166b	基于 1 090 MHz 扩展电文的广播式自动相关监视(ADS-B)和广播式交通情报服务(TIS-B)设备
ETSO - C170	在 1.5~30 MHz 频率范围内运行的高频(HF)无线电通信收发设备
ETSO - C177a	数据链记录器系统
ETSO - C190	有源机载全球导航卫星系统(GNSS)天线
ETSO - C195b	辅助 ADS-B 飞机监视应用(ASA)的航电设备
ETSO - C196a	机载增强的 GPS 机载辅助导航传感器
ETSO - C207	航空移动机场通信系统(AeroMACS)
ETSO - 2C34f	工作在 328.6~335.4 MHz 的 ILS 下滑信标接收设备
ETSO - 2C35d	雷达信标接收设备
ETSO - 2C36f	工作在 108~112 MHz 的机载 ILS 航向信标接收设备
ETSO - 2C40c	工作在 108~117.95 MHz 的 VOR 接收设备
ETSO - 2C41d	机载自动定向仪(ADF)
ETSO - 2C66b	工作在 960~1 215 MHz 的测距设备(DME)
ETSO - 2C128	防止因意外发射造成双通道无线电信道闭锁的装置

标准与规章代码	标准与规章名称
ETSO - 2C153	综合模块化航空电子(IMA)模块
ETSO - 2C169a	工作在 117.975～137.00 MHz 的 VHF 无线电通信收发设备
ETSP - 2C500a	多模接收机(ILS/MLS/GPS)
ETSO - 2C501	S 模式飞机数据链路处理器

5.1.3　中国民用航空局

5.1.3.1　组织概况

CAAC 是中华人民共和国国务院主管民用航空事业的由部委管理的国家局,由交通运输部管理,其前身为中国民用航空总局,在 1987 年以前曾承担中国民航的运营职能。2008 年 3 月,由国务院直属机构改制为部委管理的国家局,同时更名为中国民用航空局[8]。

CAAC 的主要职责包括[8]如下:

(1) 起草相关法律法规草案、规章草案、政策和标准,推进民航行业体制改革工作。

(2) 承担民航飞行安全和地面安全监管责任。

(3) 负责民航空中交通管理工作。

(4) 承担民航空防安全监管责任。

(5) 拟定民用航空器事故及事故征候标准,按规定调查处理民用航空器事故。

(6) 负责民航机场建设和安全运行的监督管理。

(7) 承担航空运输和通用航空市场监管责任。

(8) 拟订民航行业价格。

(9) 组织民航重大科技项目开发与应用,推进信息化建设。指导民航行业人力资源开发、科技、教育培训和节能减排工作。

(10) 负责民航国际合作与外事工作,维护国家航空权益,开展与港澳台的交流与合作。

(11) 管理民航地区行政机构、直属公安机构和空中警察队伍。

(12) 承办国务院及交通运输部交办的其他事项。

5.1.3.2　适航管理制度

在 20 世纪 80 年代，CAAC 以《国际民用航空公约》的有关附件为基础，以 FAR 为主要参考内容，吸收民航局已经发布的规章和文件的适用部分，开始适航立法的工作[9]。中华人民共和国适航法律法规和文件体系分为 4 个层次，第一层次是由全国人民代表大会和全国人大常委会审议通过的《中华人民共和国民用航空法》[10]；第二层次是由国务院发布的行政法规《中华人民共和国民用航空器适航管理条例》和《中华人民共和国民用航空器国籍登记条例》[10]；第三层次是由国务院民用航空主管部门 CAAC 发布的《中国民用航空规章》[11]；第四层次是为执行上述法律、行政法规和规章而制定的规范性文件，由 CAAC 适航部门发布的法规性文件体系[11]，包括适航管理程序和咨询通告等。适航法规体系框架如图 5-3 所示。

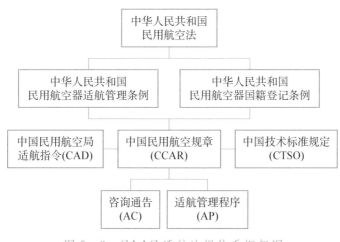

图 5-3　CAAC 适航法规体系框架图

1) 民用航空法

《中华人民共和国民用航空法》是由全国人民代表大会常务委员会通过、国家主席签署以主席令发布的法律,是从事民用航空活动的单位和个人必须遵守的根本大法。制定该法的目的是维护国家的领空主权和民用航空权利,保障民用航空活动安全和有序进行,保护民用航空事业的发展。

2)适航管理条例

《中华人民共和国民用航空器适航管理条例》和《中华人民共和国民用航空器国籍登记条例》由国务院常务会议通过、国家总理以国务院令发布的民用航空行政法规,这是国家最高行政机关发布的行政法规,对民用航空器适航管理的宗旨、性质、范围、权限、方法和处罚等做了明确的规定[11],对航空器的注册登记条件和程序、国籍标志和登记标志等给出了明确规定。

3)民航规章

(1)《中国民用航空规章》(China civil aviation regulations,CCAR)是CAAC制定、发布的涉及民用航空活动的、专业性的、具有法律效力的管理规章,凡是从事民用航空活动的任何单位和个人都必须遵守其各项规定[11]。

(2)中国技术标准规定(China technical standard order,CTSO)是为使用于民用航空器上指定的航空材料、零部件或机载设备符合适航要求,能够在规定的条件下,满足工作的需要或完成预定目的,由CAAC制定颁布的[12]。每一份CTSO是CCAR-37的一部分。

(3)中国民用航空局适航指令(CAAC airworthness directive,CAD)是CAAC依据CCAR中的《民用航空器适航指令规定》(CCAR-39),对运行中的航空器进行安全管理的一种手段。通常是针对在民用航空产品在使用过程中出现的不安全状态所采取的一种强制性检查要求、改正措施或使用限制[13]。每一份CAD是CCAR-39的一部分,是涉及飞行安全的强制性措施。

4)适航管理程序及咨询通告

(1)适航管理程序(airworthiness procedure,AP)是适航审定部门下发的有关CCAR的实施办法或具体管理程序,是民航适航审定系统工作人员从事管理工作时应遵守的规则,也是民用航空器设计、制造、使用和维修的单位或个人从事民用航空活动应当遵守的行为规则[14]。

（2）咨询通告（AC）：咨询通告是适航部门向公众公开的，对适航管理工作的政策以及对 CCAR 条文给出的具有普遍性的技术问题的解释性、说明性和推荐性文件或指导性文件[15]。对于适航管理工作中的某些具有普遍性的技术问题，也可用咨询通告的形式，向公众发布适航部门可接受的处理方法。这些方法不是强制性的，也不是唯一的，但却很具权威性。

5.1.3.3 与 CNS 系统研制相关的主要标准与规章

CAAC 颁布的与 CNS 系统研制相关的主要标准与规章如表 5 - 3 所示。

表 5 - 3 与 CNS 系统相关的主要标准与规章

标准与规章代码	标准与规章名称
—	中华人民共和国民用航空法
—	中华人民共和国民用航空器适航管理条例
CCAR - 21 - R4	民用航空产品和零部件合格审定规定
CCAR - 25 - R4	运输类飞机适航标准
CCAR - 37AA	民用航空材料、零部件和机载设备技术标准规定
CCAR - 118TM	中国民用航空无线电管理规定
AC - 21 - 02	机载系统和设备合格审定中的软件审查方法
AC - 21 - AA - 2013 - 04 - R1	生产批准持有人供应商管理指南
AC - 21 - AA - 2013 - 19	型号合格证持有人持续适航体系的要求
AC - 21 - AA - 2014 - 36	航空产品设计更改审定基础的确定方法
AC - 21 - AA - 2008 - 213	研发试飞和验证试飞特许飞行证颁发程序
AP - 21 - 01R2	进口民用航空产品和零部件认可审定程序
AP - 21 - AA - 2011 - 03 - R4	航空器型号合格审定程序
AP - 21 - AA - 2008 - 05R2	民用航空器及其相关产品适航审定程序
AP - 21 - 06R3	民用航空材料、零部件和机载设备的合格审定程序
AP - 21 - 14	补充型号合格审定程序
AP - 21 - 15	进口民用航空器重要改装设计合格审定程序
AP - 21 - AA - 2009 - 19	美国民用航空产品和 TSO 件认可审定程序

标准与规章代码	标准与规章名称
AP－21－AA－2014－36	航空产品设计更改审定基础的确定程序
AC－25.1529－1	审定维修要求
AC－91－FS－2018－006R1	使用数据链通信系统的运行批准程序
AC－91－FS－2016－32	航空通信程序指南
AC－91－FS－2015－29	卫星着陆系统(GLS)运行批准指南
AC－91－25	航空器机载设备等效符合性方法指南
AC－115－TM－2013－01	航空无线电导航设备测试要求第一部分：仪表着陆系统
AC－115－TM－2013－02	航空无线电导航设备测试要求第二部分：多普勒甚高频全向信标
AC－115－TM－2013－03	航空无线电导航设备测试要求第三部分：测距仪
AC－121－FS－2018－016R2	航空承运人地空数据通信系统的标准与指南
AC－121－FS－2018－72	航空运营人将电气线路互联系统持续适航要求纳入维修方案的指南
AC－121－FS－2018－71	修理和改装的损伤容限检查要求
CTSO－C34e	工作在 328.6～335.4 兆赫无线电频率范围内的仪表着陆系统(ILS)下滑接收设备
CTSO－C35d	工作在 75 兆赫机载无线电信标接收设备
CTSO－C36e	工作在 108～112 兆赫无线电频率范围内的机载仪表着陆系统(ILS)航向信标接收设备
CTSO－C40c	工作在 108～117.95 兆赫无线电频率范围内的甚高频全向信标(VOR)接收设备
CTSO－C41d	机载自动定向(ADF)设备
CTSO－C66c	工作在 960～1 215 兆赫无线电频率范围内的距离测量设备(DME)
CTSO－C87a	机载低空无线电高度表
CTSO－C112d	空中交通管制雷达信标系统/S 模式应答机(ATCRBS/Mode S)机载设备
CTSO－C113a	机载多功能电子显示器
CTSO－C128a	双向无线通信中用于防止意外传输导致通道拥塞的设备

（续表）

标准与规章代码	标准与规章名称
CTSO - C139a	航空器音频系统和设备
CTSO - C144a	无源机载全球卫星导航系统(GNSS)天线
CTSO - C146c	使用卫星增强型全球定位系统的独立机载导航设备
CTSO - C151b	地形提示与警告系统
CTSO - C153	综合模块化航电(IMA)硬件单元
CTSO - C154c	基于 978 兆赫通用访问收发机的广播式自动相关监视(ADS - B)设备
CTSO - C165	飞机位置信息电子地图显示设备
CTSO - C166b	基于 1 090 兆赫扩展电文的广播式自动相关监视(ADS - B)和广播式交通情报服务(TIS - B)设备
CTSO - C169a	工作范围在 117.975～137.000 MHz 的 VHF 无线电通信收发设备
CTSO - C170	在 1.5～30 兆赫范围内运行的高频无线电通信收发设备
CTSO - C177a	数据链路记录器系统
CTSO - C190	有源机载全球卫星导航系统(GNSS)天线

5.2　行业组织颁布的相关标准和规章

5.2.1　国际自动机工程师学会标准和规章

5.2.1.1　组织概况

国际自动机工程师学会(Society of Automotive Engineers，SAE)于 1905 年在美国成立，SAE 成立的初衷是使机动车工程师和机动车制造商拥有一个可以自由交换并共享技术信息的场所，是世界上最大的汽车学术组织。1916 年，美国航空国家顾问委员会、美国标准局及海军顾问局工业筹备委员会一致认为有必要组建专门的机构处理航空问题。经三方同意，将航空航天技术相关业务纳入 SAE 业务范畴，不再组建新的机构[16]。1916 年 9 月，SAE 修订了其章程,将业务范围扩展至航空航天领域,并将美国航空工程师协会合并为 SAE 的一部分[16]。SAE 的主要职责[16]如下:

(1) 制定全球协调一致的标准和规范。

(2) 与国际标准制定组织紧密合作,推进航空航天系统和零部件的互操作性和使用效率。

(3) 与航空航天器制造商、系统供应商、监管当局、国防机构以及其他的政府机构共同保持航空航天系统的安全性、可靠性,并降低成本。

目前,SAE 已经拥有 97 个国家的成员,每年新增或修订 600 余个汽车方面及航空航天工程方面的标准类文件。在 SAE 的技术标准局中设有航空航天理事会,负责制定航空航天类标准,其下设 8 个专业及其相应的技术委员会,如图 5-4 所示。

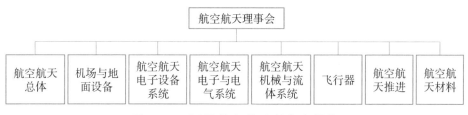

图 5-4　SAE 航空航天理事会机构

SAE 的航空航天理事会下设 150 个技术委员会、分技术委员和工作组。全球有 7 000 多名专家参与 SAE 航空航天标准制定工作。SAE 航空航天理事会主要行使监督职责,航空航天理事会主席由美国国防部国防标准化办公室主任担任,其成员包括:美国国防部、FAA、EASA、波音、空客、庞巴迪、安博威、通用、洛克希德马丁、普惠、罗罗以及中国航空综合技术研究所等。目前,SAE已经制定了 6 600 多份航空航天标准,主要分为如下 4 类标准:

(1) 航空航天标准(AS)。

(2) 航空航天推荐惯例(ARP)。

(3) 航空航天材料规范(AMS)。

（4）航空航天信息报告（AIR）。

5.2.1.2　与 CNS 系统研制相关标准与规章

SAE 颁布的与 CNS 系统研制相关的主要标准与规章如表 5-4 所示。

表 5-4　美国 SAE 颁布的与 CNS 系统研制相关的主要标准与规章

标准与规章代码	标准与规章名称
ARP 4754A	民用飞机和系统开发指南
ARP 4761	民用机载系统和设备安全性评估程序指南和方法
ARP 926C	失效/故障分析程序
ARP 1834B	数字系统和设备的失效/故障分析
ARP 4791A	数据链系统的人体工程推荐
ARP 5056	25 部飞机驾驶舱设计程序中飞行机组接口考虑
ARP 5415B	飞机电子电气系统的闪电间接效应合格审定用户手册
ARP 5583A	飞机在高强度辐射场（HIRF）的合格审定指南
ARP 4105C	飞机驾驶舱用术语和缩略语
AS 50881G	航空航天器线路

5.2.2　航空无线电技术委员会标准和规章

5.2.2.1　组织概况

航空无线电技术委员会（Radio Technical Commission for Aeronautics，RTCA）是由美国民间非营利性股份公司（RTCA Inc.）运作的国际著名组织。RTCA 主要履行联邦咨询委员会的职责，由 RTCA 提出的建议会被 FAA 用作制定政策、项目和管理决定的依据，也被一些私人公司用作制定发展、投资和其他商业决定的依据。RTCA 自 1935 年成立以来，陆续有 270 多个来自美国和世界的政府机构、企业和学术组织申请而成为 RTCA 组织的会员，这些会员几乎涵盖了整个航空领域。

RTCA 出色地与政府和企业进行合作，针对航空用户的实际需求，对航空系统和技术的运行使用提出指导。实际上,所有RTCA的成果都是由相应专业志愿人员组成的特别委员会研究出来的。RTCA以特别委员会会议方式,向公众发布将要研究的问题,同时接受任何有兴趣的专业志愿人员参与该问题的特别委员会的具体工作。在RTCA研究问题的过程中,一贯坚持以取得一致性意见为宗旨,由RTCA政策研究会授权给特别工作组,对广泛的标准政策问题制定出一致性的建议;由RTCA的项目管理委员会组织专业委员会,为航空电子系统制定最低运行性能标准(minimum operation performance standards,MOPS)或相应的技术指导文件。

目前,RTCA制定的文件数量不多,现行有效的标准160多项,以民用航空使用为主。其中的DO-160G、DO-178C、DO-254等标准广泛应用于航空、电子以及软件方面,具有较大的影响力。

5.2.2.2　与CNS系统研制相关标准与规章

RTCA颁布的与CNS系统研制相关的主要标准与规章如表5-5所示。

表5-5　RTCA颁布的与CNS系统研制相关的主要标准与规章

标准及规章代码	标准及规章名称
DO-136	通用空地数字通信系统标准
DO-143	工作频率在75 MHz机载无线电信标接收装置的最低性能标准
DO-144A	机载空中交通管制应答机系统最低运行特性
DO-155	机载低空无线电高度表的最低性能标准
DO-160G	机载设备环境条件和测试程序(G版)
DO-161A	机载近地告警设备最低性能标准
DO-163	使用频率范围在1.5～30 MHz的机载HF无线电收发设备的最低性能标准
DO-169	VHF空地通信技术和频谱应用
DO-174	天气和地面地图雷达显示器的非雷达衍生数据可选设备的最低运行性能标准
DO-178C	机载系统和设备审定中的软件考虑(C版)

（续表）

标准及规章代码	标准及规章名称
DO-179	自动定向仪（ADF）最低运行性能标准
DO-181E	ATCRBS/S 模式机载设备最低运行性能标准
DO-185B	空中交通告警与防撞系统 II（TCAS II）最低运行性能标准
DO-186B	机载无线电通信设备的最低运行性能标准
DO-187	多传感器输入机载区域导航设备最低运行性能标准（MOPS）
DO-189	工作在 960～1 215 MHz 频率范围的机载测距仪（DME）最低运行性能标准（MOPS）
DO-192	工作在 328.6～335.4 MHz 频率范围的机载 ILS GS 接收设备最低运行性能标准（MOPS）
DO-195	工作在 108～112 MHz 频率范围的机载 ILS LOC 接收设备最低运行性能标准（MOPS）
DO-196	工作在 108～117.95 MHz 频率范围的机载 VOR 接收设备最低运行性能标准（MOPS）
DO-197A	激活交通警告和防撞系统 I（激活 TCAS I）最低运行性能标准
DO-207	用于防止在双向无线电通信时无意识发射引起的通道阻塞装置最低运行性能标准
DO-208	使用全球定位系统（GPS）的机载辅助导航设备最低运行性能标准（MOPS）
DO-209	用于防止在双向无线电通信时同时发射引起的通道阻塞装置最低运行性能标准
DO-214A	飞机音频系统和设备的音频系统特性和最低运行性能标准
DO-219	ATC 双向数据链通信的最低运行性能标准
DO-220A	机载气象雷达最低运行性能标准（MOPS）
DO-224D	包括数字语音技术兼容性的先进甚高频数字通信的空间信号最低航空系统性能标准
DO-225	VHF 空地通信系统改进可替代研究和未来行动建议选择
DO-228	全球导航卫星系统（GNSS）机载天线设备最低运行性能标准（MOPS）
DO-229F	全球定位系统/广域增强系统（WAAS）机载设备最低运行性能标准（MOPS）

标准及规章代码	标准及规章名称
DO - 231	在数据链环境下执行和使用航空移动卫星服务的设计指南和推荐标准
DO - 236C	区域导航所需导航性能的最低航空系统性能标准
DO - 238	数据链系统的人体工程学指南
DO - 240	航空电信网（ATN）最低运行性能标准
DO - 245A	局域增强系统（LAAS）的最低航空系统性能标准
DO - 250	应用 ATN(I 和 IA)的数据通信所提供的空中交通服务的指导准则
DO - 253D	GPS 局域增强系统（LAAS）机载设备最低运行性能标准（MOPS）
DO - 254	机载电子硬件设计保证指南
DO - 256	应用 ATN(I 和 IA)的空中交通服务的最低人为因素标准
DO - 258A	使用 ARINC 622 数据通信的 ATS 应用程序的互操作需求
DO - 260B	1 090 MHz 扩展电文广播式自动相关监视（ADS - B）和广播式空中交通情报服务（TIS - B）的最低运行性能标准
DO - 262E	支持下一代卫星系统（NGSS）的航电最低运行性能标准
DO - 264	数据通信支持的空中交通服务规定和使用批准指南
DO - 265	航空移动高频数据链最低运行性能标准
DO - 269	综合飞行运行和使用寻址数据链的空中交通管理的服务概念
DO - 270	使用航空数据链的航空移动卫星服务的最低航空系统性能标准（MASPS）
DO - 273	对 RTCA 下一代空/地通信系统主席委员会报告的响应
DO - 274	下一代空/地通信系统使用准则
DO - 277	航空移动业务服务的高频数据链（HFDL）运行最低航空系统性能标准（MASPS）
DO - 278A	通信、导航、监视和空中交通管理（CNS/ATM）系统软件完整性保证指南
DO - 280B	ATN 基线 1 的互操作需求标准
DO - 281C	航空器 VDL 模式 2 的物理层、链路层和网络层的最低操作性能标准
DO - 282B	通用访问收发机（UAT）广播式自动相关监视（ADS - B）最低运行性能标准
DO - 284	下一代空/地通信系统安全和性能要求（SPR）

标准及规章代码	标准及规章名称
DO-287	采用航空数据链系统版本 1 的计划和准则
DO-288	下一代空/地通信系统应用考虑
DO-290	在陆地空域空中交通数据链服务的安全和性能要求标准（大陆的 SPR 标准）
DO-296	航空运行控制（AOC）数据链信息的安全性要求
DO-297	综合模块化航电（IMA）开发指南和合格审定考虑
DO-300A	最低运行性能标准（MOPS）对于空中交通告警及防撞系统 Ⅱ（TCAS Ⅱ）混合监控
DO-301	L1 频段全球导航卫星系统（GNSS）机载有源天线设备
DO-305A	未来空中航行系统 1/A（FANS 1/A）航空电信网（ATN）互操作标准
DO-306	海洋和远空域空中交通数据链服务的安全和性能标准（海洋 SPR 标准）

5.2.3　欧洲民用航空设备组织（EUROCAE）

5.2.3.1　组织概况

欧洲民用航空设备组织（EUROCAE）是一家成立于 1963 年，由欧洲及其他地区航空利益相关方共同组成，致力于制定民用航空设备性能标准和指导性材料的非营利机构。EUROCAE 成员主要包括制造商（飞机、机载设备、空管系统和地面设备）、服务提供商、部分国家和国际航空当局及用户。EUROCAE 与 RTCA 是目前国际民用航空电子行业最主要的标准制定机构，早在 1963 年 EUROCAE 就已经与 RTCA 建立合作关系，双方在标准制定方面有着广泛的合作和协调，例如 DO-160/ED-14 和 DO-178/ED-12 均是由 RTCA 和 EUROCAE 联合合作和发布的。除此之外，EUROCAE 与 SAE、ICAO、ARINC、EASA、EUROCONTROL 等行业重要组织和机构有着密切的合作。

EUROCAE 标准是欧洲及国际上认可的标准。EUROCAE 是欧盟委员会认可的技术标准制定机构，是"欧洲单一天空计划"和欧洲 ATM 标准化协调组织（EASCG）的重要成员。EUROCAE 标准是 EASA ETSO 直接参考的最低性能标准,同时也是 ICAO SARPs 直接参考的标准。

5.2.3.2　与 CNS 系统研制相关标准与规章

EUROCAE 颁布的与 CNS 系统研制相关的标准与规章如表 5-6 所示。

表 5-6　EUROCAE 颁布的与 CNS 系统研制相关的主要标准与规章

标准与规章代码	标准与规章名称
ED-12C	机载系统及设备审定中的软件考虑
ED-14G	机载设备的环境条件和测试程序
ED-18	音频系统特性及包括麦克风、头戴耳机和手持话筒的最低性能标准
ED-22B	机载 VOR 接收设备的最低性能标准(minimum performance standards, MPS)
ED-23C	使用工作在 117.975～136.975 MHz 频率范围的机载 VHF 收发机最低运行性能标准
ED-26	机载高度测量和编码系统最低性能规范
ED-27	基于 VOR 和 DME 作传感器的机载区域导航系统最低运行性能规范
ED-28	使用 VOR 和 DME 作传感器的区域导航系统机载计算设备最低性能规范
ED-30	机载低空无线电高度表最低性能规范
ED-39	基于双 DME 作传感器的机载区域导航系统最低运行性能规范
ED-40	用双 DME 作传感器的区域导航系统机载计算设备最低性能规范
ED-43	二次雷达收发机、高度测量和编码系统的最低运行性能要求
ED-46B	机载 ILS LOC 接收设备最低性能标准
ED-47B	机载 ILS GS 接收设备的最低性能标准
ED-51	机载自动定向设备最低性能规范
ED-54	工作在 960～1 215 MHz 频率范围的测距仪最低运行性能要求
ED-58	使用多传感器输入区域导航设备最低性能规范
ED-73E	二次监视雷达 S 模式收发机最低运行性能规范
ED-75D	区域导航所需导航性能
ED-76A	航空数据处理标准
ED-77A	导航数据用户要求

（续表）

标准与规章代码	标准与规章名称
ED-78A	数据通信支持的空中交通服务规定和使用批准指南
ED-79A	航空器系统的开发指南
ED-80	机载电子硬件设计保证指南
ED-82A	S 模式机载数据链处理器的最低运行性能标准
ED-85A	"起飞放行"数据链服务的数据链应用系统文档
ED-88	多模式接收机最低运行性能规范,包括用于辅助导航的 ILS、MLS 和 GPS
ED-89A	"ATIS"数据链服务的数据链应用系统文档
ED-92C	工作在 118～136.975 MHz 频率范围的机载 VDL 模式 2 收发机的最低运行性能标准
ED-93	CNS/ATM 信息记录系统最低运行性能标准
ED-100A	使用 ARINC 622 数据通信的 ATS 应用软件的互操作需求
ED-102A	1 090 MHz 扩展电文广播式自动相关监视(ADS-B)和广播式交通情报服务(TIS-B)的最低运行性能标准
ED-106A	"越洋放行许可"数据链服务的数据链应用系统文档
ED-107A	飞机在高强度辐射场(HIRF)的合格审定指南
ED-109A	CNS/ATM 系统软件完整性保证指南
ED-110B	ATN B1 互操作需求标准
ED-111	CNS/ATM 地面记录功能规范
ED-120	大陆空域空中交通数据链路服务安全和性能要求标准
ED-122	在海洋和偏远空域的空中交通数据链服务的安全和性能标准
ED-124	综合集成模块化航空电子(IMA)开发指南和认证考虑
ED 126	ADS-B-NRA 应用的安全、性能和互操作需求
ED-136	基于网络语音协议(VOIP)空中交通管理(ATM)系统的运行和技术要求
ED-137B	VOIP ATM 组件的互操作标准
ED-138	基于网络语音协议(VOIP)空中交通管理(ATM)系统的网络要求和性能

标准与规章代码	标准与规章名称
ED-143	TCAS Ⅱ 最低运行性能标准
ED-154A	FANS 1/A-ATN 互操作标准
ED-156A	VDL 模式 4 的 ADS-B 应用互操作需求
ED-161	ADS-B-RAD 应用的安全、性能和互操作需求
ED-160	增强目视进近分离的安全、性能和互操作需求
ED-163	ADS-B-APT 安全、性能和互操作需求
ED-175	航空情报服务和气象数据链路服务的安全和性能要求
ED-194A	飞机监视应用（ASA）系统最低运行性能标准（MOPS）
ED-221A	空中交通告警与防撞系统Ⅱ（TCAS Ⅱ）最低运行性能标准
ED-228A	ATS 基线 2 数据通信的安全和性能要求标准
ED-229A	ATS 基线 2 数据通信互操作需求标准
ED-230A	ATS 基线 2 数据通信互操作需求标准（FANS 1/A-基线 2 互操作标准）
ED-231A	ATS 数据通信基线 2 互操作需求标准（ATN 基线 1-基线 2 互操作标准）
ED-242B	支持所需通信性能和所需监视性能（RSP）的航路上的航空移动卫星业务（AMS(R)S）数据和语音通信最低航空系统性能标准
ED-259	伽利略/全球定位系统/星基增强系统机载设备最低运行性能标准

5.2.4　航空无线电公司标准和规章

5.2.4.1　组织概况

ARINC 早期制定了一系列以 ARINC 开头的航空无线电设备标准，并得到世界航空领域的广泛认可，随后其组织成立 AEEC。AEEC 与航空公司、飞机制造商、航空电子供应商、元器件供应商密切合作，逐渐将 ARINC 标准的范围扩展到航空电子全领域，使 ARINC 标准成为国际航空电子领域的事实标准，促成了当代航空电子系统和设备的标准化。

ARINC 公司于 2013 年 12 月被美国航电系统供应商柯林斯公司收购。为避免柯林斯公司影响 ARINC 标准制定的公正性，ARINC 公司的航空电子标准制定业务于 2014 年 1 月被 SAE 收购，SAE 继续组织 AEEC 使用 ARINC 命名后续的航空电子标准。

ARINC 标准分为如下三种类别：

（1）ARINC 特性（ARINC characteristics）：定义了航空电子系统和设备的形式、安装、功能和接口。ARINC 特性向航空电子系统和设备的潜在供应商表明航空界对新设备在物理和电气等方面特性的标准化要求，以此保证各供应商设备间的可互换性。

（2）ARINC 规范（ARINC specifications）：主要被用于定义航空电子系统和设备的物理封装和安装、通信、网络和数据安全、高级计算机语言等。

（3）ARINC 报告（ARINC reports）：提供了航空行业首选的指南和通用信息，经常与航空电子设备维修和飞行模拟器工程和维修相关。

按照不同代的飞机，ARINC 标准划分如表 5-7 所示。

表 5-7　ARINC 标准划分

类别	网络式飞机	数字式飞机或飞行模拟器	模拟式飞机或飞行模拟器
ARINC 特性	ARINC 900 系列	ARINC 700 系列	ARINC 500 系列
ARINC 规范	ARINC 800 系列	ARINC 600 系列 ARINC 400 系列	ARINC 400 系列
ARINC 报告	ARINC 800 系列	ARINC 600 系列 ARINC 400 系列	ARINC 400 系列

各条列对应的系统或设备如下所示：

（1）ARINC 900 系列特性：定义了综合模块化和网络化架构下的航空电子系统，包括详细的功能和接口定义。

（2）ARINC 800 系列规范和报告：定义了网络化飞机环境的支持技术，覆盖高速数据总线中所使用的光纤系列标准。

（3）ARINC 700 系列特性：定义了安装在现役飞机上的数字式航空电子系统和设备，包括结构、尺寸、功能和接口等的详细定义。

（4）ARINC 600 系列规范和报告：定义了实现 ARINC 700 系列规范规定的数字式航空电子系统的设计基础，主要覆盖数据链协议、数据传输协议及安装等要求。

（5）ARINC 500 系列特性：定义了安装在老式飞机上的模拟式航空电子设备标准，包括波音 727、DC9、DC10 以及初代波音 737、波音 747、A300 飞机。ARINC 500 系列特性目前仅作为参考，不推荐用于新的飞机型号。

（6）ARINC 400 系列规范和报告：提供了 ARINC 700 和 ARINC 500 系列标准规定的设备的设计基础，包括安装、布线、数据总线、数据库和通用指南。

5.2.4.2　与 CNS 系统研制相关标准与规章

ARINC 颁布的与 CNS 系统研制相关的主要标准与规章如表 5-8 所示。

表 5-8　ARINC 颁布的与 CNS 系统研制相关的主要标准与规章

标准与规章代码	标准与规章名称
ARINC 420	备用姿态指示器
ARINC 429P1	Mark 33 数字信息传送系统（DITS）第 1 部分：功能描述、电气接口、标签分配和字格式
ARINC 429P2	Mark 33 数字信息传输系统（DITS），第 2 部分：离散数据标准
ARINC 429P3	Mark 33 数字信息传送系统（DITS）第 3 部分：文件数据传送技术
ARINC 535A	轻巧头戴耳机和吊杆式麦克风
ARINC 566A	Mark3 甚高频通信收发机
ARINC 577	音响警告系统
ARINC 578	机载仪表着陆系统（ILS）接收机
ARINC 579	机载甚高频全向信标（VOR）接收机
ARINC 583	区域导航系统
ARINC 596	Mark 2 机载选择呼叫（SELCAL）系统
ARINC 600	航空电子设备接口
ARINC 604	设计和使用机内自检测设备（BITE）指南
ARINC 607	航电设备设计指南
ARINC 618	空地面向字符协议规范

（续表）

标准与规章代码	标准与规章名称
ARINC 619	航电终端系统的 ACARS 协议
ARINC 620	数据链地面系统和接口规范
ARINC 623	在 ACARS 空地网络上 ATS 数据的应用
ARINC 624	机载维护系统设计指南
ARINC 631	甚高频数据链模式 2 执行措施
ARINC 633	AOC 空地数据和信息交换
ARINC 634	高频数据链系统设计指南材料
ARINC 635	高频数据链协议
ARINC 650	综合模块化航电封装和接口
ARINC 651	综合模块化航电设计指南
ARINC 652	航电软件管理指南
ARINC 654	综合模块化航电环境设计指南
ARINC 655	远程数据集中器(RDC)通用说明
ARINC 656	飞行管理和通信管理功能航电接口定义
ARINC 659	背板数据总线
ARINC 660A	CNS/ATM 航电、功能分配和推荐架构
ARINC 664P1 - 1	飞机数据网络,第 1 部分：系统概念和综述
ARINC 664P2 - 2	飞机数据网络,第 2 部分：以太网物理和数据链路层规范
ARINC 664P3 - 2	飞机数据网络,第 3 部分：基于因特网的协议和服务
ARINC 664p5	飞机数据网络,第 5 部分：网络域特性和互连
ARINC 664p7	飞机数据网络,第 6 部分：航电全双工以太网(AFDX)
ARINC 664p8	飞机数据网络,第 8 部分：非 IP 协议和服务的互用性
ARINC 707	无线电高度表(RA)
ARINC 709	机载测距机(DME)
ARINC 709A	精密机载测距机(DME/P)
ARINC 710	Mark2 机载仪表着陆系统(ILS)接收机
ARINC 711	Mark2 机载甚高频全向信标(VOR)仪表着陆系统(ILS)接收机

标准与规章代码	标准与规章名称
ARINC 712	机载 ADF 系统
ARINC 714	Mark 3 机载选择呼叫（SELCAL）系统
ARINC 715	机载旅客广播放大器（PA AMP）
ARINC 716	机载 VHF 通信收发机
ARINC 719	机载 HF/SSB 系统
ARINC 720	机载电子设备的数字式频率/功能选择
ARINC 724	Mark 2 飞机通信寻址和报告系统（ACARS）
ARINC 724B	飞机通信寻址和报告系统（ACARS）
ARINC 739A	多用途控制与显示单元（MCDU）
ARINC 741P1	航空卫星通信系统,第 1 部分:飞机安装措施
ARINC 741P2	航空卫星通信系统,第 2 部分:系统设计和设备功能说明
ARINC 743A	GNSS 传感器
ARINC 745	自动相关监视（ADS）
ARINC 750	VHF 数据无线电
ARINC 753	HF 数据链系统
ARINC 755	多模接收机（MMR）——数字式
ARINC 756	GNSS 导航和着陆单元（GNLU）
ARINC 757	驾驶舱语音记录器（CVR）
ARINC 758	通信管理单元（CMU）Mark 2
ARINC 761	第二代航空卫星通信系统,飞机安装措施
ARINC 768	综合监视系统（ISS）
ARINC 781	Mark 3 航空卫星通信系统
ARINC 822	飞机/地面 IP 通信
ARINC 823P1	数据链安全,第一部分:ACARS 信息安全
ARINC 823P2	数据链安全,第二部分:键管理

5.3　通信导航监视系统适航研制流程

5.3.1　适航定义及适航管理体系要求

5.3.1.1　适航定义

民用航空器适航性是指民用航空器包括其部件以及子系统整体性能和操作特性在预期运行环境和使用限制下的安全性和物理完整性的一种品质[17]。这种品质要求航空器应始终保持符合其型号设计和始终处于安全可用状态。

民用航空器适航性这个词从一开始就与政府机构对民用航空器安全性的控制和管理联系在一起。航空器最早应用于民用航空活动是邮递航空,当时受生产力水平的制约,航空器的技术水平较为落后,随着民用航空运输活动的增加,事故也同步增加。政府出于维护公众利益的目的,首先,需要明确民用航空器应该具有什么品质才能够安全飞行(即民用航空器的适航性)以及满足这些品质应该符合的标准(这就是适航标准的雏形);然后,检查航空器是否满足这些要求(即进行适航检查),并给符合要求的航空器颁发证件(这证件就是航空器适航证)。获得政府颁发的有效证件,航空器才可以合法运行。这种政府管理形式就是适航管理的雏形,是民用航空管理的最早形式。因此,制定民用航空器的适航性标准不是出于理论或学术研究的需要,也不是出于设计、制造航空器的需要,而是出于为维护公众利益的民用航空立法的需要。

5.3.1.2　适航管理要求

1)民用航空器适航管理

民用航空器适航管理是以保障民用航空器安全性为目标的技术管理,是政府适航管理部门在制定各种最低安全标准的基础上,对民用航空器的设计、制造、使用和维修等环节进行科学统一的审查、鉴定、监督和管理[18]。适航管理的宗旨是保障民用航空安全、维护公众利益、促进民用航空事业的发展[19]。适航管理贯穿于民用航空器从孕育诞生到生命终止的全过程。从适航管理的阶段来分，分为初始适航管理和持续适航管理。

（1）初始适航管理：在民用航空器交付使用之前，适航主管部门依据适航规章和程序，对民用航空器的设计和制造进行型号合格审定和生产许可审定，以确保民用航空器和民用航空器部件的设计、制造是按照适航主管部门的规定进行的，初始适航管理是对设计、制造过程的控制[20]。

（2）持续适航管理：是在民用航空器满足初始适航标准和规范、取得适航证并投入运行后，为保持它在设计制造时的基本安全标准或适航水平，为保证民用航空器始终处于安全运行状态而进行的管理，持续适航管理是对使用、维修过程的控制[20]。

从概念上和实质上来看，初始适航和持续适航是适航管理的两个相辅相成、密不可分的部分，两者没有明显的界线，也无法截然分开，而两者的交联和融合，则构成了适航管理的整体和全部内容[20]。

2）安全

民用航空中所指的"安全"与传统意义上的"安全"不完全相同。传统安全管理思想认为安全就是没有风险、没有事故。然而，没有任何人类活动或人们制造的系统可以保证绝对安全。随着对安全问题研究的逐步深入，人们对安全的概念有了更深入的认识，并从系统安全的角度对安全进行定义。安全指的是系统处于一种状态，在该状态下通过系统、持续地识别危险源和风险管理，使人员受到伤害或财产受损的风险降低到并保持在公众可接受的水平。

3）安全保障

适航主管部门通过颁证前的合格审定以及颁证后的监督检查等手段，促使从事民用航空产品设计、制造、使用和维修的单位或个人始终自觉地满足适航法规的要求；促进企业建立和保持经适航主管部门批准的质量保证体系以达到自我监督、自我完善的目标。适航主管部门对企业的质量监督管理主要是对企业质量保证系统的评审，并对企业的质量保证系统进行持续的监督和检查，使企业能保持一个良好有效的质量保证系统。其深层次的意义在于通过适航主管部门的审查监督,激发企业的自我管理和自我完善能力,促进企业建立自我审核机制,即能够自我发现问题、自我纠正问题,达到自我完善的目标。

4）适航管理依据

我国政府明确规定民用航空器的适航管理由 CAAC 负责[21]。CAAC 适航部门代表国家行使管理权力。适航管理所依据的适航规章既是现代民航科技成就和管理理论的综合体现,又具有国家法律效力,任何从事民用航空活动的人都必须严格遵守。

适航主管部门代表国家行使管理权力,具有高度的权威性。适航管理的监督和被监督是政府对企业的一种强制性行政法规管理,是政府维护公众利益而进行的监督和检查。民用航空器的设计、制造、使用和维修等单位或者个人都必须服从国家适航主管部门公正合理的管理,否则,其产品或营运活动是非法的。

为了保证适航主管部门立法和执法工作的公正性和合理性,适航主管部门在经济上和管理体制上独立于民用航空器设计、制造、使用和维修等环节之外的政府审查监督机构。适航相关主体与适航管理的关系如图 5-5 所示。

图 5-5　适航相关主体与适航管理的关系

法律文件使监察员工作有法可依,规范性文件能够规范和统一监察员的行为,为监察员工作提供指导。为此,民航局适航部门的主要工作之一是立法、制定标准和编写规范性文件。政府责成适航主管部门根据国家的《民用航空法》,

统一制定、颁布各种与安全有关的技术和管理的适航法规文件。适航主管部门针对各类民用航空器制定相应的技术性适航标准,把国家的航空安全政策具体细化和法律化,使适航管理有严格的技术性法律依据;制定相应的管理性审定监督规则,明确而详细地规定适航管理的实施程序和方法等。

5.3.2 适航研制流程

CNS 系统按照 SAE ARP 4754A《民用飞机和系统开发指南》的要求进行研制。SAE ARP 4754A 主要用于民用飞机和系统的开发,该标准没有覆盖电子硬件和软件的研发、安全评估和飞机结构研发等内容[22]。CNS 系统应按照 SAE ARP 4761 进行安全评估[23],电子硬件按照 RTCA/DO-254 进行研制,软件按照 RTCA/DO-178C 进行研制。SAE ARP 4754A 与 SAE ARP 4761、RTCA/DO-254 和 RTCA/DO-178C 等标准的关系如图 5-6 所示。

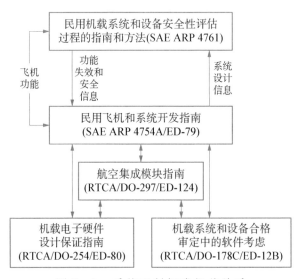

图 5-6 系统研制标准规范关系

如图 5-6 所示,系统、复杂电子硬件和软件研制标准关系如下所示。

(1) 根据飞机功能分配,按照 SAE ARP 4761 标准进行安全评估。

（2）根据飞机功能和安全评估进行系统开发。

（3）在完成系统需求后，完成系统功能危害性评估（functional hazard assessment，FHA）、初步系统安全性评估（preliminary system safety assessment，PSSA）、共因分析（common cause analysis，CCA），并确认系统需求是否满足飞机级需求和安全性要求。

（4）将系统需求分配到项目（包括航空电子集成模块、软件和硬件），完成系统故障树分析（fault tree analysis，FTA）、共模分析（common mode analysis，CMA），验证项目的需求满足系统需求和安全性要求。

（5）进行项目的研发，按照 RTCA/DO-297 的要求研制 IMA 系统模块，按照 RTCA/DO-254 的要求研制电子硬件，按照 RTCA/DO-178C 的要求研制软件，应满足项目需求和系统安全性要求。

（6）进行项目集成验证，根据验证结果完成系统 FTA、CMA、失效模式与影响分析（failure modes and effects analysis，FMEA）。

（7）按照 SAE ARP 4754A 进行系统集成测试，根据验证结果，按照 SAE ARP 4761 完成系统安全性评估（system safety assessment，SSA）、CCA 及 FMEA。

（8）按照 SAE ARP 4754A 进行飞机级验证测试，应满足飞机级的需求和安全性要求。

5.3.2.1　系统研制流程

CNS 系统研制的主要过程分为系统计划阶段、系统需求分析阶段、系统设计阶段、系统集成及测试验证阶段和系统符合性审查阶段。

1）系统计划阶段

该阶段是 CNS 系统开发的起始阶段，定义系统开发过程和综合过程，定义系统生命周期，选择生命周期环境，拟定和编制相关计划，并对开发计划进行评审。

2）系统需求分析阶段

CNS 系统需求分析的主要活动是将飞机级需求分解到 CNS 系统，将适航规章的要求、客户的要求或者对安装平台的一些假设转化成需求,形成需求文档。此外,需要对需求的正确性和完整性进行确认,建立从 CNS 系统需求到飞机级需求的追溯矩阵。对功能进行 FHA,确定每个功能的失效状态。

3)系统设计阶段

CNS 系统设计阶段分为系统初步设计阶段和详细设计阶段。

(1)系统初步设计阶段:根据系统需求定义系统架构、产品结构树、构型项,定义系统安装接口和内外电气接口,将系统需求初步分解到设备和软件,便于硬件团队和软件团队制订开发计划。该阶段还要完成系统需求的确认工作,同时根据系统架构进行 PSSA,从而将系统安全性目标分解为各单元的安全性需求。

(2)系统详细设计阶段:在已确定的系统需求和系统架构基础上,将系统需求进行全面分解并分配到各个单元(设备与软件),形成设备需求和软件需求,同时对系统内外接口进行详细定义,以支撑设备和软件的设计。一般而言,在系统详细设计阶段应完成样机制造,并应完成制造符合性的自查,确保产品的制造图纸、文件和制造过程满足产品设计的要求。此外,该阶段还必须完成的主要任务包括再一次对系统需求进行确认;根据最新技术状态,再一次进行PSSA,以明确各单元的安全性需求,并验证系统架构的合理性;开展集成验证环境的构建;编制集成和验证测试规程,为系统的集成和验证做准备。

4)系统集成及测试验证阶段

该阶段的主要任务是对完成设计和验证的单元进行集成和测试,验证系统是否满足系统需求。其主要包含三个步骤:将分别完成验证的硬件和软件集成为设备;将分别完成测试验证的设备和单元集成为系统;对系统进行测试,确保对系统需求的符合性。此外,在该阶段还需完成的重要任务包括完成这一阶段的系统需求确认;针对所设计和构建的系统进行 SSA,验证所设计和实现的系统是否达到安全性目标;向局方和原始设备制造商(original equipment manufacturer, OEM)提交制造符合性声明和相应材料,并配合局方和 OEM

对制造符合性的审查；根据需要，完成系统交付并参加外场实验。

5）系统符合性审查阶段

该阶段的主要目标是通过符合性鉴定或适航审定，取得产品设计批准或适航批准，主要任务是配合局方和 OEM、其他顾客取得对产品鉴定测试规程（qualification test procedure，QTP）的批准，并以此为依据完成产品的鉴定测试和试验。与此同时，在该阶段需参与机上地面联试和试飞，为飞机的适航取证提供必要的支持。

5.3.2.2　设备研制流程

CNS 系统中机载设备的研制主要阶段分为设备计划阶段、设备需求分析阶段、设备设计阶段、设备集成及测试验证阶段、设备符合性审查阶段。

1）设备计划阶段

设备计划阶段定义设备开发过程和综合过程，定义设备生命周期，选择生命周期环境，拟定和编制相关计划。

2）设备需求分析阶段

将 CNS 系统需求分解到各组成设备，将适航规章、TSO 的要求、客户的要求和对安装平台的考虑等转化成需求，形成设备的需求文档。同时，对设备需求的正确性和完整性进行确认，建立设备需求到系统需求的追溯矩阵。

3）设备设计阶段

设备设计阶段分为初步设计阶段和详细设计阶段。

（1）初步设计阶段：根据设备要实现的功能及每个功能的失效状态，确定各设备的架构。确定设备设计方案，同时进行 FMEA。

（2）详细设计阶段：在已确定的需求和架构基础上，将需求进行全面分解并分配到各个单元（硬件与软件），形成硬件需求和软件需求，同时对接口进行详细定义，以支撑硬件和软件的设计。设计的输出一般以设计文档、图表、清单等形式反映，这些输出物应足够支撑后续设计开发过程，为后续硬件、软件的开发提供明确的需求，为设备的外协、外包提供明确和充分的技术要求，为货架产品的采购提供清晰的清单和技术规范，为后续的设计验证提供明确的验证方法、条件需求、操作步骤和合格判据。

4）设备集成及测试验证阶段

设备集成及测试验证阶段的主要目标是完成设备的设计实现和验证，达到工程验收和交付状态。设备集成及测试验证阶段的主要活动包括系统安全性评估、集成、测试与试验。

5）设备符合性审查阶段

该阶段的主要目标是通过设计鉴定和适航审定，主要活动包括符合性试验、符合性评审准备、配合符合性评审或适航审定，必要时对顾客的适航审定提供支持。在该阶段，需对系统技术状态与 SSA 的一致性进行确认，如果必要则需对 SSA 进行更新。

5.3.2.3　复杂电子硬件研制流程

CNS 系统设备中的复杂电子硬件的主要研制阶段为硬件计划阶段、硬件需求阶段、硬件设计阶段、硬件实现阶段及硬件生产转换阶段。

1）硬件计划阶段

硬件计划阶段的目标是定义方法和手段，将功能性和适航性的要求转换为可接受活动，生成计划用于指导硬件需求、硬件设计、硬件实现和硬件生产转换的计划和标准。

2）硬件需求阶段

硬件需求阶段会产生设计项目的要求。这些要求包括项目输入产生的输出要求，如技术状态的选择、基本和可选的功能、环境和性能要求以及由系统进行安全性评估产生的强制性要求。

3）硬件设计阶段

硬件设计阶段分为初步设计阶段和详细设计阶段。

（1）初步设计阶段：概要设计过程需要产生能够与安全相关的结构约束，确定并识别关键元器件，输出高层设计原理，包含功能框图、设计和结构描述及电路板装配图等内容。

（2）详细设计阶段：以需求分析过程产生的设计数据（资料）作为详细设计过程的基础和依据，确定产品各组件功能模块间的关系、对外接口关系和硬件器件的选型等，形成详细设计数据。

4）硬件实现阶段

根据设计阶段产生的设计数据产生硬件项目，即硬件代码的布局布线过程。布局布线工具将综合工具生成的基本构件代入并确定其在目标器件中的物理位置以及在现有布线资源条件下如何布置线路。

5）硬件生产转换阶段

硬件生产转换阶段包括建立基准的和正式发布的，能持续、重复地制造产品所需的设计和生产数据。

5.3.2.4 软件研制流程

CNS 系统软件及设备中软件的研制遵循软件研制流程，软件的主要研制阶段为软件计划阶段、软件需求阶段、软件设计阶段、软件验证阶段及软件符合性审查阶段。

1）软件计划阶段

软件计划阶段定义开发过程活动，定义软件生命周期和生命周期环境，产生指导软件需求阶段、软件设计阶段、软件验证阶段等阶段的软件计划和软件标准。

2）软件需求阶段

软件需求阶段通过对系统初步设计阶段已经完成确认后的系统和设备需求、行业规范等文件进行消化、分解和重组，进行软件高层需求的开发。

3）软件设计阶段

软件设计阶段以软件高层需求为输入开发软件架构和软件低层需求，用于实现软件源代码。软件编码与集成过程以软件架构和软件低层需求为输入，软件工程师将其实现为软件源代码，并对源代码进行编译、连接，最终实现可下载到目标计算机运行。

4）软件验证阶段

软件验证阶段是对软件计划阶段、软件需求阶段、软件设计阶段以及软件验证阶段本身的输出进行评估的过程。软件验证的方法包括测试、分析和评审。

5）软件符合性审查阶段

软件符合性审查阶段是局方依据软件生命周期过程提供的符合性证据，最终确认软件研制是否满足预定软件等级要求的过程。

5.4 通信导航监视系统设计

5.4.1 系统需求分析

系统需求是 CNS 系统设计过程中用于描述系统功能、性能以及相关特性的重要技术手段，需求的捕获、确认、验证等活动贯穿整个系统研发过程，需求在研发过程中至关重要。系统的研发过程大致可以看作是从捕获需求到需求被验证的过程，包括捕获飞机的需求、捕获系统/分系统的需求、捕获设备的需求及捕获软件/硬件的需求、验证软件/硬件的设计和实现、软件/硬件的需求被验证、设备的需求被验证、系统/分系统的需求被验证及飞机的需求被验证。有多种需求描述方式，如文字形式、图像形式等，不论采用哪种方式，其目的均是以一种逻辑清晰、表述明确、无歧义且易于确认验证的方式将系统需求描述清楚。

SAE ARP 4754A 阐述了民用飞机和系统的开发流程，其指出需求以及相关的安全性要求是整个研发过程的基础[22]。Rockwell Collins、THALES 等公司都根据各自企业的传统和特色形成了各自的一套关于需求捕获、确认、验证的实施方法。所有航空工业界中飞机和系统的研发者不管采用哪套体系，都应符合 ARP 4754A 标准中关于需求的相关要求。在民机和系统研发过程中，与 CNS 系统相关的需求可大致分为 6 个层级，如表 5-9 所示。

表 5-9 需求层级分类

需求层级	层级描述
层级 0	飞机级需求
层级 1	航空电子系统级需求
层级 2	通信导航监视系统级需求
层级 3	通信、导航、监视子系统级需求
层级 4	设备级需求
层级 5	硬件需求和软件高级需求

层级 0 飞机级需求是民机研制工作中需求工作的起点，通常由 OEM 负责捕获，如波音、空客、中国商飞等。一般而言，层级 0 以下的各层级需求由其上一层级需求分解而来，所有的需求都应具有可追溯性。需求的可追溯性一方面保证每条需求具有合法的来源，另一方面可确认上层需求分解到下层需求的合理性和完备性。SAE ARP 4754A 标准中定义的需求主要包括如下内容。

(1) 安全性需求：包含对功能可用性和完整性的最低性能限制，主要由安全性评估工作来确定，如 FHA、PSSA 及 SSA 等。在安全性需求捕获过程中，需对功能失效状态进行识别并分级，所有的功能都有相关联的失效模式和对飞机直接或间接的影响。安全性需求在所有层级研发过程中都要特别进行识别和追溯，确保安全性需求能始终贯彻到软件/硬件设计层级中。

(2) 功能需求：用于描述系统在特定条件下实现的功能，功能需求的捕获主要依据用户要求、运行限制、规章约束以及实现的可行性等方面。功能需求主要包括如下几类。

a. 用户需求：用户需求会因飞机类型、特定的功能或者系统类型的不同而变化。这些需求往往与运营者预期的载荷、运营航线、使用经验、维护理念以及其他用户期望的特性有关。

b. 操作需求：定义飞行机组人员与每个功能系统之间的接口，维护机组人员与各飞机系统的接口以及其他各种支持人员与相关功能和设备之间的接口。动作、决定、所需信息和时间等共同组成了操作需求的主体。在捕获操作需求时，要同时考虑正常和非正常的操作环境。

c. 性能需求：定义与飞机及其运行相关的系统属性，除了定义期望的性能类型之外，性能需求还应包含准确度、精度、范围、分辨率、速度和响应时间等。

d. 物理和安装需求：定义对于飞机环境而言的系统物理特性，如外形尺寸、安装条件、电源、冷却及环境限制等方面。捕获物理和安装需求时还要考虑生产制造方面的要求。

e. 维护性需求：包括定期的和不定期的维护需求，要充分考虑故障检测率和故障隔离率参数，还需定义外接测试设备的连接方式和信号特性。

f. 接口需求：既包括系统和单元的物理连接，也包括相关的信息交互方面的特性。在定义接口时，输入接口应明确其源，输出接口应明确其宿。接口需求还应完整地描述信号的行为方式。

（3）附加的认证需求：主要来源是适航规章对附加功能、功能属性或实施方面的要求以及为表明对适航规章的符合性而产生的需求，此类需求应获得适航当局的认可。

（4）派生需求：在开发活动的每个阶段，都会对怎样去满足某一个或某一组需求做出决策，这些设计决策就成了下一开发阶段的需求。因为这些需求来源于设计过程本身，而非直接从上层需求分解而来，这类需求称为派生需求。

5.4.2 系统运行环境分析

民机 CNS 系统在设计开发时，为保证系统满足装机试飞要求，需进行系统运行环境分析以确定系统设计边界和约束。系统运行环境分析需考虑系统运行的物理环境、人机交互环境、与其他航空电子系统交联环境以及与天基、地基设施的交联环境等。

1）运行的物理环境分析

物理环境指系统运行时所处的外界环境,需根据系统设备的安装位置、功能性能等特性分析外界温度、温度变化、振动冲击、电磁环境等物理条件对系统运行的影响。对 CNS 系统设备运行的物理环境分析主要有如下几个方面。

（1）驾驶舱物理环境：安装于驾驶舱的主要设备包括调谐与音频控制设备,在系统设备设计研发时,需针对环境分析研究,提出相应的技术要求。

（2）电子设备舱物理环境：安装在电子设备舱的 CNS 设备,需能支持在耐受低温、耐受高温及快速温度变化环境下正常工作;需能承受高功率射频辐射能量影响;同时为保证不影响临近设备正常工作,需最大限度地减小对外的电磁辐射;需能承受飞机在滑行、着陆期间或飞机在飞行中突然遇到阵风时的振动冲击;需能承受雷击间接效应的影响。

（3）机体外部环境：机体外部天线设计需能支持在耐受低温、耐受高温及快速温度变化环境下正常工作;需具备耐受雷击直接效应的能力,保证天线在极端恶劣环境条件下的正常工作。天线使用材料需能耐受流体污染的有害影响。

（4）对关键功能产生影响的物理环境：除根据系统安装位置进行物理环境分析外,针对系统关键功能需进行专项物理环境影响分析,如话音通信需研究空地话音信号相关物理环境对话音通信的影响。

2）人机交互环境分析

人机交互环境分析重点分析与 CNS 系统直接相关的人员及操作环境,主要包括飞行员人机环境与维护人员人机环境。

（1）飞行员人机环境：主要与安装在驾驶舱的 CNS 系统设备相关,如调谐控制设备、音频控制设备、数据链人机交互环境、耳机及话筒等。主要分析内容包括 CNS 系统设备对飞行员产生的环境影响；飞行员行为对 CNS 系统设备产生的环境影响。

(2) 维护人员人机环境：主要与 CNS 系统设备的维修性设计相关。系统设计应充分考虑系统设备易于维护的设计要求，如对航行时维护数据的采集存储设计和着陆后维护数据导出接口设计等，保证故障能被快速检测、隔离，并能实现设备快速拆换。

3）与其他航空电子系统交联环境分析

CNS 系统是航空电子系统重要组成部分，除 CNS 系统外，航空电子系统还包括综合模块化处理平台、显控系统、飞行管理系统、综合监视系统、信息系统、机载维护系统及客舱系统等。CNS 系统设计开发时需分析与其他航空电子子系统及其他飞机系统的交联环境。

4）与天基、地基设施的交联环境分析

CNS 系统提供空地高安全级别话音/数据通信、无线电导航和综合监视等服务，需要与天基、地基 CNS 设施互联互通。CNS 系统与天基、地基设施的互联互通环境包括如下几种。

(1) 与天基设施互联互通环境：与 CNS 系统互联互通的天基设施主要包括海事卫星系统、铱星系统、宽带 SATCOM 系统、GPS 卫星系统、北斗卫星导航系统等。

(2) 与地基设施互联互通环境：与 CNS 系统互联互通的地基设施主要分为地基通信设施、地基导航设施、地基监视设施。

a. 地基通信设施：主要包括 HF 地面站、VHF 地面站、前舱 SATCOM 地面关口站、宽带 SATCOM 地面关口站、北斗地基通信设施等。

b. 地基导航设施：主要包括 LOC 地面站、GS 地面站、NDB 地面站、VOR/DME 地面站和 MB 地面站等。

c. 地基监视设施：主要包括地面一次雷达、二次雷达和 ADS－B 地面接收站等。

5.4.3 系统功能危害性评估

针对民用运输类飞机,FAA 发布的咨询通告 AC 25.1309 中规定了运输类飞机的系统功能危害性等级分为 5 类,即Ⅰ类为灾难性的、Ⅱ类为较严重的、Ⅲ类为较大的、Ⅳ类为较小的和Ⅴ类为无安全影响,系统功能危害性等级定义与安全性目标如表 5 - 10 所示[24]。

表 5 - 10　运输类飞机系统功能危害性等级与安全性目标

分析项	功能危害性				
失效状态类别	无安全影响Ⅴ类	较小的Ⅳ类	较大的Ⅲ类	较严重的Ⅱ类	灾难性的Ⅰ类
对飞机的影响	对飞机运行能力和安全性没有影响	轻微地降低飞机运行能力或安全裕度	较大地降低飞机运行能力或安全裕度	极大地降低飞机运行能力或安全裕度	妨碍飞机持续安全飞行或着陆
对乘员(除飞行机组)的影响	不方便	身体不舒适	身体极度不适,可能受伤	少部分乘客或客舱机组人员严重受伤或死亡	较多乘客或客舱机组人员死亡
对飞行机组的影响	没有影响	轻微地增加工作负担	身体不舒适且增加较多的工作负担	身体极度不适、工作负担极大地增加,完成任务的能力极大地降低	致命的或丧失能力
定性概率要求	无概率要求	可能的	微小的	极小的	极不可能
定量概率要求(/飞行 h)	无	$<10^{-3}$	$<10^{-5}$	$<10^{-7}$	$<10^{-9}$

针对表 5 - 10 中系统的功能危害性等级规定,CNS 系统在设计时,需首先通过 SAE ARP 4761、SAE ARP 4754A 定义的系统功能危害性评估(system function hazard assessment,SFHA)工作将系统安全性设计目标分解到每项系统级功能。

SFHA 是对系统功能进行检查,识别系统功能可能存在的失效状态及其对飞机、飞行机组人员、乘务员、乘客的影响,并根据该影响对失效状态进行分类的过程,目的是确定系统可用性与完整性概率需求、单点故障需求及功能研制保证等级(function development assurance level,FDAL)等安全性需求。SFHA 按照 SAE ARP 4761 的要求进行[23],SFHA 主要工作过程如下:

(1) 梳理系统功能,形成用于安全性评估的功能清单。

(2) 明确飞行阶段划分和定义。

(3) 识别每项功能的所有失效状态,包括必要的组合失效状态。

(4) 分别确定各失效状态对飞机、机组人员及乘客的影响,考虑恶化环境与应急构型。

(5) 根据失效状态对飞机、机组人员及乘客的影响确定失效状态分类。

(6) 给出用于证明影响等级的支撑材料,形成支撑材料索引。

(7) 提出用于验证失效状态相关安全性需求的符合性方法,形成 FHA 表。

(8) 明确系统功能及其失效状态与高一级系统或飞机的功能及其失效状态的追溯关系,形成追溯矩阵。

5.4.4 系统架构及接口设计

1) 系统架构设计[25]

CNS 系统作为航电系统的重要分系统之一,通过航电总线接入航电系统。随着航电系统技术发展,航电系统架构由联合式向综合模块化航空电子架构(IMA)方向发展,同时,AFDX 在航电系统中得到广泛应用,航电系统采用 AFDX 网络实现系统间大容量的高速数据交换。CNS 系统的架构与航电系统的架构密切相关,优化的 CNS 系统架构设计对无线电传感数据的采集、传输和高效利用至关重要。为适应 IMA 架构和 AFDX 技术发展,CNS 系统在进行架构设计时,应考虑基于 IMA 架构和 AFDX 技术的 CNS 系统功能实现。

CNS 系统设备具有许多相似特征,如均需要进行调谐控制、均有天线、均需要进行音频数据处理等;同时,CNS 系统之间存在较为复杂的控制、数据以及状态信息等多方面的交联关系。一体化的架构设计能更有效地实现对通信、导航、监视系统设备的管理控制,实现 CNS 系统各种数据流的统一规划,实现 CNS 系统音频数据统一处理和传输,有利于大量无线电设备进行统一天线布局、电磁兼容等设计,提高 CNS 系统设计及实现效率,降低航电系统集成复杂度,提高飞机飞行安全性。

CNS 系统的架构设计需在航电系统的统一架构下,根据飞机及航电系统架构设计、功能危害性分析(FHA),根据用户需求和适航需求,对 CNS 系统的架构、控制管理逻辑、数据流、控制流、状态信息流、失效模式、备份机制、人机界面、数据加载等进行研究和设计;同时,对 CNS 系统及设备的国际相关标准规范进行研究,结合所选设备性能特点,细化系统连接关系、接口控制文件(ICD)、操作控制流程等,对系统安全性进行评估。通过顶层一体化的设计,使 CNS 系统及设备能有机结合,实现 CNS 系统的综合集成及控制管理,将 CNS 作为一个整体纳入航电系统的集成中,提高 CNS 系统及航电系统集成的效率,降低航电系统集成复杂度。

2) 系统接口设计

通信导航系统接口设计包括系统内部接口设计和系统外部接口设计。系统内部接口指系统内各组成设备之间、设备与天线之间互连互通的接口;系统外部接口指通信导航系统与其他航电系统或飞机系统之间互连的接口。

(1) 系统内部接口主要使用 ARINC 429 接口、模拟音频接口、离散接口、射频接口等。

a. ARINC 429 接口:用于传输调谐控制数据、音频控制数据、音频数据、数据链数据、无线电导航数据、设备状态数据等,需满足 ARINC 429 规范要求。

b. 模拟音频接口:用于传输音频信号,需满足 DO-214A 标准要求。

c. 离散接口:用于传输控制命令及发射抑制信号等,如电台端口选择命令、信号发射设备之间的抑制信号,需满足 ARINC 720 规范中对离散接口的相关要求。

d. 射频接口:用于传输无线电通信导航射频信号,需满足相应射频信号特性要求。

（2）系统外部接口：通信导航系统与其他机载系统具有交联关系，主要使用 ARINC 429 接口、离散接口、电源接口等。

a. ARINC 429 接口：用于与其他航电系统交互数据，如接收来自飞行管理系统的无线电导航调谐命令，与 IMA 平台交互数据链数据，与信息系统和客舱系统交互空地宽带通信数据，向机载维护系统发送通信导航系统、设备及软件的维护数据等。

b. 离散接口：主要用于接收其他机载系统的控制信号，如来自起落架系统的飞机处于空中还是地面的指示信号等。

c. 电源接口：与飞机电源系统的接口，需满足飞机平台的电源接口要求。

5.4.5　系统五性设计

1）系统可靠性设计

系统可靠性是产品在规定的条件下和规定的时间内，实现规定功能的能力。机载产品可靠性通常通过平均故障间隔时间（工作小时或飞行小时）、平均非计划拆卸间隔时间（工作小时或飞行小时）、出勤可靠度等参数衡量。机载产品的可靠性水平直接影响飞机效能和生命周期费用。CNS 系统可靠性设计主要遵循如下设计准则。

（1）优化设计：在满足系统功能、性能和安全性要求的前提下，尽可能简化设计、减少产品层次和组成单元的数量，尽可能用软件替代硬件功能以简化硬件，尽可能选用成熟货架产品和采用成熟的技术，采用新技术须经过充分论证、试验和鉴定。

（2）电路设计：产品应采取保护措施，防止电路中瞬变现象及静电放电而造成组件或设备的损坏；电路的设计应尽量采用标准的、经过验证的、可靠的电路、印制板或模块；电路设计应考虑到各部件的击穿电压、功耗极限、电流密度极限、电压增益的限制及电流增益的限制等有关因素，确保电路工作的稳定性，减少电路故障,避免电路的工作点处于临界状态。

(3) 元器件选用:优先选用在其他类型民用航空器上使用过的、符合航空器使用环境条件的电子元器件;禁止选用已被淘汰的、落后的、无法确保连续供货的、存在缺陷或质量问题而没有解决的、没有获得鉴定认可的元器件或组件。

2) 系统测试性设计

系统测试性是产品能准确及时地确定其状态(可工作、不可工作或性能下降),并隔离其内部故障的设计特性[26]。测试性水平直接影响综合效能和生命周期费用,是产品技术先进程度的重要标志。好的测试性设计可以使产品具备良好的性能监测、故障诊断(检测与隔离)能力,能及时、快速和准确地发现故障,大大缩短维修时间,降低对维修人员的技能要求,提高飞机的使用效能,减少生命周期费用。

系统测试性设计的关键是提高系统或设备内部提供的检测和隔离故障的自动测试能力。机载产品测试性通常通过故障检测率(fault detection rate,FDR)、故障隔离率(fault isolation rate,FIR)等参数衡量。在系统测试性设计中,可采用分布-集中式设计布局,由设备负责本机的机内测试,并向系统维护软件上报设备机内测试信息;系统维护软件负责综合处理设备维护信息,生成系统级维护数据并上报机上维护系统;机上维护系统接收来自系统维护软件的系统运行状态和故障信息,并为维护人员提供手动维护的接口。CNS 系统测试性设计时主要遵循的设计准则如下所示:

(1) 系统应保证更换 LRU 后不需调整或校准。

(2) 内场测试[隔离车间可更换单元(shop replaceable unit,SRU)/元器件]容差范围应最小,航线测试[隔离 LRU/外场可更换模块(line replaceable module,LRM)]容差应最宽。

(3) 机内自检测(built-in test,BIT)结果应包括错误响应、无响应、不一致响应及意外情况 4 种场景响应。

(4) 用于性能监控的 BIT 应具有足够大的容差,使得只有当致命故障(开路或短路)发生时才给出告警指示。

(5) 在确定每个参数的 BIT 门限值时,应考虑每个参数的统计分布特性、BIT 测量误差、最佳的故障检测和虚警特性。

(6) 每项 BIT 的设计都应使其覆盖的电路规模尽可能小,以便于故障隔离。

(7) I/O 应尽量采用环回方式进行测试。

(8) 在进行 BIT 时,传感器不应干扰被测设备正常工作,必要时采用滤波器或屏蔽措施。

(9) BIT 应尽可能利用微处理器进行测试和监控,避免采用逻辑电路等其他方式。

(10) 在上电和启动 BIT 过程中,对敏感参数的测试应进行几个循环,以便确定间歇性故障。

(11) BIT 结果不应是一次检测出的,应是一段时间间隔内连续检测结果的综合。单次检测的故障数据应尽量保留,以备车间维修参考。

(12) 对于故障率高的元器件或组件以及关键或重要的功能应尽量设计 BIT。

(13) BIT 在引导系统测试前应先进行电路完整性自检测。

3) 系统维修性设计

系统维修性是产品在规定的条件下和规定的时间内,按规定的程序和方法进行维修时,保持和恢复到规定状态的能力[27]。机载产品维修性通常通过平均修复时间(mean time to repair, MTTR)、每飞行小时维修成本等参数衡量。机载产品的维修性水平直接影响飞机效能和生命周期费用。CNS 系统维修性设计主要遵循如下设计准则。

(1) CNS 系统及设备中可能导致人员受伤或设备损坏的错装、漏装、错按等误操作,需采用物理防差错设计措施。

(2) 外形相似、容易装错的零部件、组件、插座等,应从机械和电气接口上加以区别和限制,并设置明显的区别标记,防止装错。

(3) 需要维修人员引起注意的地方(如存在潜在危险)或者容易发生维修差错的设备或部位,都应在便于观察的部位设有维修标记、符号或说明标牌[28]。

(4) 连接器应优先选择手动紧固式。

(5) 同型号、同功能的部件、组件应具有互换性。

(6) 应尽可能减少机上原位调整和校准的工作量。

(7) 设备的调整和校准应尽可能在内场维修时进行。

(8) 检测点应布置于设备的外侧,以便于打开口盖即可进行检测,常用检查点应设置专用口盖。

(9) 结构外形设计应为维修人员提供必要的操作空间,以便于使用拆卸工具和测试设备。

(10) 应尽量采用无需工具的快拆式设计,减少拆装时间。

(11) 应尽可能采用快卸类型的紧固件,设备紧固件规格应尽量统一。

(12) 所有的螺栓和螺帽都应具有良好的自锁装置。

(13) 结构件的接口配合应设计合理统一的公差,以满足结构互换性要求。

(14) 对于输入、输出电参数有严格要求的电路模块,应进行容差设计和容差分析,以满足电气性能的互换性要求。

(15) 设备要有防错误安装的措施,从结构上限制(如不同的定位销),并设计明显的标志,使之不会错装。

(16) 对于位置接近的电缆连接器要有防错插错连的措施,对于不能有效通过外形结构防止错插错连的连接器(如射频连接器),应有清晰明显的编号标识进行区分。

(17) 设备铭牌的布置应朝向维修人员易观察的方向,标志在设备使用、存放及运输条件下应保持清晰牢固。

(18) 对于重量在 4.5~18 kg 之间的设备或单元应设计单人把手或持物

面。对于重量在 18～34 kg 之间的设备或单元应设计双人提起或搬动的把手或持物面。

(19) 通过设计来消除和控制维修过程中可能产生的各种危险,避免发生损害维修人员健康、导致人员伤亡和设备损坏的各种意外事故。

(20) 凡是可能发生危险的部位都应在便于观察的位置设有醒目的标志和文字警告,防止危及人员及设备安全的事故发生。

(21) 设备中所有的机壳暴露部分以及底座等与人体有接触的部位均要与飞机机身保持同电位,以防止产品内部绝缘变坏而对人造成伤害。

4) 系统支援性设计

支援性是民机的设计特性和规划的支援资源满足持续适航目标的能力。支援性设计工作是民机产品支援活动的一部分,目的是明确产品的支援要求、确定支援资源、实现产品支援性目标。CNS 系统支援性设计主要遵循如下设计准则。

(1) CNS 系统中 LRU 及其托架的安装与拆卸须使用标准化工具和市场上出售的通用工具,不需要专用的工具。

(2) 应只在出于安全或经济原因时,才进行计划维修和预防性维修工作。

(3) 应尽量简化地面支援设备及工具的品种与数量。

(4) 地面支援设备及工具应有持续稳定的供货来源和渠道。

(5) 应尽可能减少消耗品与消耗件的品种与数量。

(6) 在需要维修的地方,应避免使用密封胶。

(7) 技术出版物的编制符合 ATA - 100 与飞机总体的相关要求。

(8) 产品的包装、装卸、存储和运输应符合相关国标要求。

5) 系统电磁兼容性设计

飞机的电磁环境是指飞机整机、机上设备或系统在整体或单一运输、存储和使用过程中所要面临的电、磁及电磁波的环境。电磁兼容性描述系统设备之间在电磁方面的共存关系,指一个系统或设备的电磁发射,不影响周边系统或所在系统的正常工作；同时周边系统或设备的电磁发射也不影响该系统或设备的正常工作[29]。

(1) 机载天线电磁兼容性设计。CNS 系统天线主要包括 HF 天线、VHF 天线、前舱 SATCOM 天线、LOC/甚高频数据广播(VHF data broadcast，VDB)天线、GS 天线、GNSS 天线、RA 发射天线与 RA 接收天线、DME 天线、VOR 天线、ADF 天线、MB 天线、WXR 天线、TCAS 天线、XPDR 天线等。CNS 系统天线电磁兼容性设计在天线布局设计的过程中计算飞机机体对于天线方向性图和增益的影响，通过位置和天线形式的优化，保证天线的覆盖空域以及极化，同时要考虑电磁环境效应的影响，设计最优化的飞机天线布局，保证机载天线的电磁兼容性。

(2) 防电磁干扰结构设计。电磁干扰是指机载系统设备和电磁环境之间相互影响的关系，通过干扰响应或现象来表示。电磁干扰产生的条件包括干扰的源端、传递途径以及干扰的终端。电磁干扰源端产生电磁干扰信号，之后经过传递途径传送给终端，超出终端的敏感电平而在终端形成响应，由此形成电磁干扰，电磁干扰是电磁兼容的对立性状态。为有效防止电磁干扰，在机载 CNS 系统设备结构设计时需考虑盖板接缝电磁屏蔽、连接器接缝电磁屏蔽、外部电缆电磁屏蔽及内部电路电磁屏蔽等相关屏蔽措施。

(3) 抗干扰和敏感性设计。电磁干扰敏感性是描述机载系统设备受电磁环境干扰进而影响其正常工作的难易程度。机载 CNS 系统中高灵敏度的接收机最易受电磁环境干扰，需要进行专门的抗干扰和敏感性设计，包括限制系统或设备的发射功率、带宽和幅度；脉冲形状应尽可能采用慢的上升沿和最小幅度；系统或设备的带外信号要尽量抑制，对镜像干扰、中频干扰和寄生干扰等进行抑制；接收设备的动态范围要确保信号在非线性区域内工作。

(4) 雷电防护设计。为防止雷电直接效应和间接效应造成不良的电磁兼容性影响，机载 CNS 系统设备在雷电防护方面设计需采取相关措施，包括雷电直接效应的防护主要通过加强外露部件的结构强度来实现，并在内部通过直流接地、防雷器件、泄放电路等方式保护；雷电间接效应防护电路与机箱对外接口（连接器）一体化安装，避免雷电间接效应产生的干扰电平对设备内部布线、元器件的损伤；金属机箱通常作为雷电间接效应产生的干扰电平放电回路，可以通过金属机箱与飞机的良好电搭接保证干扰电流释放，避免干扰电流串入机箱内部模块。

（5）静电和电搭接防护设计。在设计机载系统电磁兼容性时，必须防止静电对机载系统设备造成不良影响，同时保证人体免受电磁、静电和电击的危害。电搭接是一个金属体或导电体与其他金属体或导电体之间形成低电阻连接的一种技术措施，可有效防止静电造成的电磁兼容性影响。在研制机载 CNS 系统设备时，静电和电搭接防护设计主要遵循如下原则。

a. 一个系统的金属零件须连接起来，以免在该系统中的任何两个金属物体之间出现静电感应电位差。

b. 所有金属系统接地，防止静电电荷聚积。

c. 若安装面是非金属的，则要在安装位置与最近的金属表面之间装上金属搭接条。

d. 当飞机外露的非金属构件上静电的作用影响分系统或设备功能时，应涂敷防静电用导电涂层。

e. 天线应该进行电搭接，其电搭接应使射频电流从飞机外表面到天线合适的金属部分有最短的低阻抗通路。

f. 天线同轴传输线的外导体应搭接到天线接地平面，构成周边连续的低阻抗通路。

g. 低频信号采取单端接地方式。

h. 信号频率介于 30～300 kHz 之间，采取混合接地方式。

（6）电子、电气布线设计。布线是指导线和电缆的布置，布线直接影响电缆之间的干扰耦合及电缆对于外部的干扰耦合，也影响电缆对外的电磁发射。优秀的电子、电气布线设计能有效提高机载 CNS 系统设备的电磁兼容性。电子、电气布线设计主要包括电缆和连接器设计、导线分类和成束设计及接地设计。

a. 电缆和连接器设计：电缆和连接器是电子系统的主要电磁干扰源。通常电缆具有最大物理尺寸，对于辐射能量相当于天线；对于传导能量又相当于导线管[30]。电缆和连接器设计是电磁兼容性设计的关键一环，包括电缆屏蔽层周围都与连接器外壳地搭接、连接器连续密封、低频电容性及电感性屏蔽、电源设计、线缆长度和离地高度、高频屏蔽等方面设计。

b. 导线分类及成束：根据传输信号属性对导线进行分类，并根据导线类型进行分类捆扎成束，最大限度减小不同信号间的电磁干扰。

c. 接地设计：是设计与参考地之间的导电通路，其根本目的是防止连接部位出现不良射频效应，引起电磁干扰。理想的接地设计是实现任意公共参考点之间电位差为零，在设计时要尽可能减小任意公共电位参考点之间的电流流动。

5.4.6　系统数据加载设计

CNS 系统数据加载主要功能分为两个方面：一方面将机载软件上载至其目标驻留硬件平台，另一方面用于从机载设备下载相关数据以供分析维护。数据加载时，系统应用软件的可执行程序及配置文件采用以设备为单位的方式分别加载，主要设计两种数据加载模式，一种是基于《ARINC 615-4 机载计算机高速数据加载器》标准的数据加载方式，使用 ARINC 429 总线上载或下载数据；另一种是基于《ARINC 615A-3 使用以太网接口的软件数据加载器》标准的数据加载方式，使用以太网上载或下载数据。

1) 基于 ARINC 615-4 标准的数据加载方式

《ARINC 615-4 机载计算机高速数据加载器》标准提供了一种基于 ARINC 429 总线的通用的、适用于航空机载设备的数据加载软件的设计指导。在 ARINC 615-4 标准中，将要上载或下载的文件分为多个数据块，默认每个数据块为 1 024 个字节并可实现自主配置。在每次数据加载过程中,将块又细分为多个记录,每次数据交互以一个记录为单位进行。对于上载操作,每个记录为 0~252 字节;对于下载操作,每个记录为 0~254 字节[31]。协议功能基于基本交互命令实现,主要工作流程如下所示[31]:

(1) 通信初始化:加载器读取配置文件的内容,根据配置文件的信息选择上载或下载操作,然后发送初始化命令,收到目标机响应后,进入上载或下载操作。

(2) 上载操作:上载操作分为三种类型。

a. 通信初始化后直接上载(自动上载):若总线配置文件的上载文件是目标机端所需文件,则在通信初始化完成后,直接向目标机上载文件。

b. 控制模式下自动上载:若配置文件的上载文件不是目标机端所需文件(或者未定义上载文件),则目标机端发起控制模式命令,加载器进入控制模式后选择待上载的文件,并切换回自动模式继续进行上载,然后加载器自动向目标机上载该文件。

c. 控制模式下手动上载:若配置文件的上载文件不是目标机端所需文件(或者未定义上载文件),则目标机端发起控制模式命令,加载器进入控制模式。在控制模式下,目标机控制整个数据传输过程,目标机指定需要的文件,然后目标机从加载器读取数据。

(3) 下载操作:下载操作分为三种类型。

a. 通信初始化后直接下载(自动下载):若总线配置文件的下载文件是目标机端所需文件,则在通信初始化完成后,加载器等待目标机传输文件,当目标机准备好后,向加载器发送数据文件。

b. 控制模式下自动下载:若配置初始化为自动上载或自动下载,则目标机发送控制模式命令,进入控制模式后,目标机打开文件进行写操作后,切换回自动下载模式,然后目标机自动向加载器发送数据文件。

c. 控制模式下手动下载:若配置初始化为自动上传或自动下载,则目标机发送控制模式命令,进入控制模式。在控制模式下,目标机控制整个数据传输手动下载过程,打开文件后目标机向加载器写入文件数据。

2) 基于 ARINC 615A‑3 标准的数据加载方式

《ARINC 615A‑3 使用以太网接口的软件数据加载器》标准是基于以太网的数据加载软件设计指导标准,定义了基于以太网的数据上载和数据下载工作流程[32]。

(1) 数据上载:包括初始化阶段、列表传输阶段和文件传输阶段。

a. 初始化阶段:加载器向目标机请求上载初始化文件,目标机收到并发送初始化文件接收或者拒绝上载请求。

b. 列表传输阶段:加载器向目标机发送待上载数据包的基本信息列表文件。

c. 文件传输阶段:完成列表传输后,目标机自动读取加载机中的待上载文件,并通过状态文件周期性反馈接收进度,文件传输完成后通过状态文件反馈传输完成到加载器。

(2) 数据下载:分为自动下载模式和手动下载模式。

a. 自动下载模式:包含初始化阶段、列表传输阶段和文件传输阶段。

a) 初始化阶段:加载器向目标机请求下载初始化文件,目标机收到并发送初始化文件接收或者拒绝下载请求。

b) 列表传输阶段:加载器向目标机主动发送待下载数据包的基本信息列表文件。

c) 文件传输阶段:完成列表传输后,目标机自动发送目标机中的待下载文件到加载器,并通过状态文件周期性反馈下载进度,文件传输完成后通过状态文件反馈传输完成到加载器。

b. 手动下载模式:包含初始化阶段、列表传输阶段和文件传输阶段。手动下载模式与自动下载模式操作流程类似,仅在列表传输阶段由手动方式确认待下载的文件信息列表的发送。

5.5 通信导航监视系统集成测试验证

民机 CNS 系统的研制贯穿从用户需求捕捉、应用需求分析、系统开发、设备及软件研制、系统集成验证、适航取证直到最终交付用户的全过程。在这个过程中,需要进行一系列的试验确保系统研制满足用户需求[25]。这些试验包括实验室系统集成测试验证、机上地面试验和试飞试验。

5.5.1 实验室系统集成测试验证

为实现 CNS 系统的集成测试验证,需设计综合集成测试验证环境,支持在实验室环境下对 CNS 系统、设备及软件进行集成、测试及验证,按照测试规程开展测试并证明产品符合设计需求,验证 CNS 系统、设备及软件的功能、性能和接口等,支持机上地面试验和飞行试验。CNS 系统集成测试验证环境如图 5-7 所示。

如图 5-7 所示,机载 CNS 系统集成测试验证环境主要由综合控制台、模拟部分、配线系统、测试部分、待测系统、CNS 系统地面激励系统及测试仪器和设备等部分组成,各个部分说明如下。

(1) 综合控制台:对系统模拟部分、测试部分及配线系统上的设备进行控制和管理,控制飞行仿真、故障注入、电源及平台模拟等,给待测试系统输入必要的测试数据并通过总线监视器和显控模拟系统查看系统的输出及响应。

(2) 模拟部分:提供平台模拟系统(含航空电子显控系统、飞管系统、机载维护系统、飞机接口仿真、远程数据接口单元和 IMA 系统的通用计算资源模拟等)和 CNS 系统数据交互模拟。

(3) 配线系统:提供待测系统、平台模拟系统、飞行仿真和故障注入等系统及设备之间的接口,实现系统及设备间的互联互通,具备接口切换和开关控

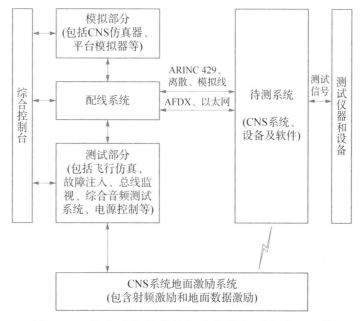

图 5-7 机载通信导航监视系统集成测试验证环境

制功能。

(4)测试部分：提供飞行仿真、故障注入、总线监视、综合音频测试系统及电源控制等功能。

(5)待测系统：包括所有待测的机载 CNS 系统、设备及软件。

(6) CNS 系统地面激励系统：提供机载 CNS 系统、设备和数据链软件在实验室条件下的地面无线电射频激励和数据激励。

(7)测试仪器和设备：提供数据测试分析设备、专用信号源及通用仪器设备来辅助 CNS 系统集成、测试和验证。

实验室试验是在实验室环境下，根据系统设计规范集成 CNS 系统，并对 CNS 系统功能和性能进行测试，包括验证 CNS 系统、分系统间和设备间功能、接口、数据交互逻辑，验证系统、设备和软件的需求、功能和性能指标是否满足设计要求；通过支持航空电子系统集成测试验证，验证 CNS 系统符合航空电子系统总体设计要求；同时，实验室试验还须支持机上地面试验和试飞试验。

5.5.2 机上地面试验和试飞试验

在完成 CNS 系统、设备及软件实验室集成测试验证的基础上,开展机上地面试验和试飞试验,验证系统、设备及软件在特定环境下的功能和性能,为局方适航审定提供符合性证明。

1) 机上地面试验:是指将 CNS 系统安装在试飞验证目标飞机上,进行系统功能、性能和接口等的试验,在真实飞机的电磁环境下对 CNS 系统功能、性能和接口等进行测试,验证系统与飞机电源、电缆、结构安装以及电磁环境的适应性情况。

2) 试飞试验:在完成 CNS 系统机上地面试验后,按试飞要求进行目标机验证试飞和审定试飞。依据 CCAR‑21、CCAR‑25,并参考 AC 25‑7D、AC 20‑150 等,在飞行的过程中对 CNS 系统、设备及软件在不同工作模式和工作状态下的功能、性能和接口等进行试验,验证空中交通管理中心、航空公司运营对 CNS 系统、设备及软件的管理和控制,验证 CNS 系统数据在真实运行环境中的传输和应用。验证试飞和审定试飞的科目一致,验证试飞由主机厂按照正式审定试飞的科目自行开展验证飞行,审定试飞将由局方对试飞过程进行目击审查。

机上地面试验及试飞试验主要的目的和任务包括研究 CNS 系统和设备所涉及的适航及工业标准;确定系统、设备及软件试飞科目需求;制订试验大纲;通过机上地面试验,验证系统、设备及软件在实际飞机环境下的安装符合性、功能和电磁兼容性等;通过目标机验证试飞,验证 CNS 系统、设备及软件的功能性能指标和系统功能;通过目标机审定试飞,为 CNS 系统、设备及软件随机取证设备提供适航符合性证明,为独立取证中国技术标准规定项目批准书(China technical standard order approval, CTSOA)设备获得装机批准。

参考文献

[1] 户海印. 中国民用航空制造业目标定位及发展路径研究[D]. 北京:北京交通大

学,2015.

［2］毛可毅,魏书有.FAA 适航管理机构浅析[J].航空标准化与质量,2012,(4)：25 - 27.

［3］秦飞.浅析 TSOA 取证过程[J].上海：民用飞机设计与研究,2016,(4)：98 - 101.

［4］中航工业国际事务部.EASA 局长帕特里克-奇先生应邀做主题演讲[N/OL]. [2015 - 07 - 23]http://www.avic.com.cn/cn/xwzx/tpcl/406429.shtml.

［5］史宇.航空制造业质量体系建立研究[D].天津：天津大学,2012.

［6］陈炜,郝莲,哈红艳.浅析欧洲航空局航空安全局设计组织批准制度[J].科技创新导报,2017,14(26)：8 - 10.

［7］张泽,崔甲子,辛勃.EASA 适航法规体系研究[J].直升机技术,2019,199(1)：70 - 74.

［8］国务院办公厅.国务院办公厅关于印发中国民用航空总局职能配置内设机构和人员编制规定的通知[EB/OL].［2010 - 11 - 23]http://www.gov.cn/zhengce/content/2010-11/23/content_7795.htm.

［9］刘波浪.复合材料轻型飞机静强度适航符合性验证研究[D].南京：南京航空航天大学,2018.

［10］朱丽君,刘珂.人为因素和航空法规(ME、AV)[M].北京：兵器工业出版社,2006.

［11］于敬宇,路遥,舒小华.中国民航的适航管理[C].中国民航科学技术研究院、中国航空学会民用飞行器适航分会、北京航空航天学会.2010.

［12］CAAC.CCAR - 37　民用航空材料、零部件和机载设备技术标准规定[S].CAAC,1992.

［13］吴尉.波音"检修门"始末[J].今日民航,2010(5)：16.

［14］CAAC.中国民航航空安全方案[R].CAAC,2015.

［15］马燕薇.航空维修技术资料管理平台的设计与实现[J].软件,2014,35(6)：100 - 103.

[16] 冯铁惠.美国机动工程协会(SAE)简介[J].航天标准化,2008(3)：37－39,42.

[17] 徐超群,闫国华.航空维修管理[M].北京：中国民航出版社,2012.

[18] 江玉峰.机载语音通信系统适航安全性研究[D].成都：电子科技大学,2011.

[19] 黄志中.对"培训就是安全"的理解[J].民航经济与技术,1996(2)：40－41.

[20] 王坚,林植平.谈谈中国民用航空器的适航管理[J].江苏航空,1997(1)：6－7.

[21] 佟宇.民用飞机飞行训练适航工作研究[J].科技创新与应用,2016(16)：22－23.

[22] SAE. ARP 4754A, guidelines for development of civil aircraft and systems [S]. SAE, 2010.

[23] SAE. ARP 4761, guidelines and methods for conducting the safety assessment process on civil airborne systems and equipment [S]. SAE, 1996.

[24] FAA. AC 25.1309－1B, System Design and Analysis [S]. FAA, 2002.

[25] 刘天华.民机无线电CNS系统一体化架构设计[J].电讯技术,2010,50(7)：1－5.

[26] 胡明兴.基于连接器研发过程实施通用质量特性控制的探讨[J].机电元件,2019,39(1)：48－52.

[27] 华铭,鲁欣欣.民机航电系统的"四性"权衡研究[C].第八届中国航空学会青年科技论坛,2018.

[28] 孙锐.飞机维修性设计的要求[J].科技视界,2013(13)：45,69.

[29] 王明皓.飞机电磁环境效应的特性及控制[J].航空科学技术,2013(3)：1－6.

[30] 陈功.应对复杂电磁环境的某系统防护技术研究[D].成都：电子科技大学,2013.

[31] 刘智武,陈长胜,王红春.基于AFDX的跨总线ARINC 615协议软件设计及实现[J].电子技术,2012,39(6)：39－41,34.

[32] ARINC. ARINC 615A－3, software data loader using ethernet interface [S]. ARINC, 2007.

6

无线电通信导航监视系统关键技术

6.1　通信系统关键技术

6.1.1　航空电信网

6.1.1.1　系统概述

航空电信网(ATN)是新一代航空数据链系统,是下一代航空通信系统的全面解决方案,是新航行系统(CNS/ATM)的重要组成部分。为了改变目前航空通信网络隔离、分散、落后的状况,ATN 利用近年来飞速发展的计算机和通信技术,建立了一个新型网络,实现了网络的空地一体化和全球一体化。ATN的协议体系基于国际标准组织/开放系统互联(ISO/OSI)参考模型,能够实现机载系统与地面系统之间以及地面系统之间的通信服务,是航空业的基础电信网络。

1997 年,ICAO 完成了 ATN 技术标准的制定工作,发布了相关技术标准ATN SARPs(ICAO doc 9705)[1]。2003 年以来,ICAO 的航空通信专家先后召开了 7 次工作会议,对 ATN 技术进行了补充和完善,特别是在 TCP/IP 的使用、通信安全性等技术政策方面有了较大的调整和改进。2005 年,ICAO 通信技术专家组全组工作会议在加拿大召开。会议重点讨论了 IP 技术、地地通信技术和地空通信技术的应用以及语音通信、系统安全性等主要技术问题,并形成了指导性意见。

ATN 相关的运行概念、技术规范、实施指导性材料已经正式颁布,ATN 及相关的数字通信技术已经在全球得到应用。在地空通信方面,欧洲和美国进行了一系列研究、测试和试运行工作,目前基于甚高频数据链(VDL)模式 2 和ATN/OSI 技术的新一代地空数据通信网络已经在欧洲核心地区运行;在地面通信网络方面,美国、欧洲、亚太地区和南美地区的基于 ATN/互联网协议栈(internet protocol suite, IPS)或 ATN/OSI 技术的 ATN 已经建成并逐步投入使用。

根据 ICAO 的规划,中国是亚太地区 ATN 的重要组成部分,北京是亚太地区 ATN 的骨干节点之一。中国的 ATN 网络关系到亚太地区网络的运行效率,目前北京与印度、韩国和泰国已经建立了 ATN 连接。

6.1.1.2　系统特性及组成

ATN 由若干应用程序和通信服务组成,通过尽可能整合并使用现有的通信网络资源,为航空用户(航空管理部门、空管部门、航空运营商和航空器制造企业等)提供统一的通信服务[2]。在 CNS/ATM 系统中,ATN 是提供各种计算机数据通信的最基本的通信设施,是一个全球化无缝隙的互联网络。通过 ATN 能够实现航空公司、空管部门等各类航空机构的计算机应用系统互联。ATN 除了包括地面数据中心与用户终端之间的地地数据通信网络外,还包括用于地面计算机系统和机载计算机系统之间通信的地空数据通信网络及应用系统。与其他通用数据通信网络相比,ATN 具有如下特性[3]。

(1) ATN 是航空业的专用网络,专门为航空用户提供数据通信服务。

(2) ATN 是民用航空业的专用互联网,与通用商业互联网相比,航空专用互联网的地址分配空间更大,更容易安全地进行网络扩容。

(3) ATN 可完全支持移动通信的需求,实现航空通信地空一体化以及各种航空用户间的数据交换。

(4) 其技术可提供完善的数据通信安全机制,能充分满足航空通信对数据传输的安全要求。

(5) 可以根据用户及其应用程序类型的不同而采用不同的优先级传输数据,使其满足航空用户的需求。

ATN 由端系统(end system,ES)、中间系统(intermediate system,IS)和通信子网络共同构成,其组成结构如图 6-1 所示。

1) ES

ES 是 ATN 中的各个用户计算机单元,为上层的应用提供端到端的通信

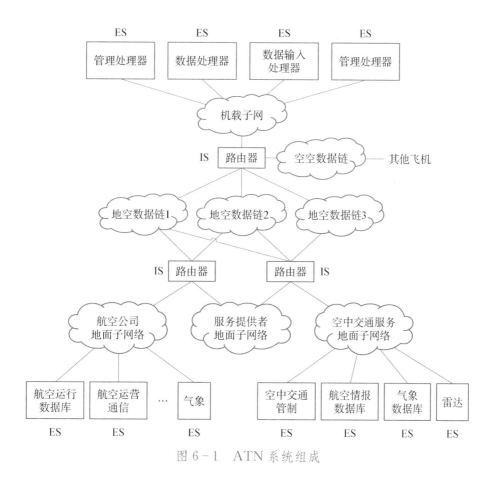

图 6-1　ATN 系统组成

服务,同时也是用户与计算机之间的操作界面[1]。机载 ES 是指飞机上的各类终端用户,地面 ES 包括地面通信子网中的各类终端用户。

2) IS

IS 是 ATN 的路由器,用于在通信子网络中进行数据中转。IS 的任务主要包括两方面:一方面是负责将中转数据包根据路由信息发送到目的地,在数据传输过程中,根据服务质量(quality of service,QoS)和保密性等要求,ATN 路由器可以选择不同的通信子网;另一方面是负责 ATN 路由器之间路由信息的动态交换[4]。

3）通信子网络

通信子网络是通信网络的一部分，是基于不同通信技术的独立通信网，用于在 ATN 各系统之间传输信息。各终端系统可以采用不同的地地子网和空地子网的多重数据通信路径。根据工作属性，通信子网络分为固定数据网和移动数据网。固定数据网指的是数据中心和终端用户之间的地地数据子网和机载计算机之间的航空电子设备子网，移动数据网指的是飞机与地面数据中心之间的空地数据子网[1]。

6.1.1.3 应用研究

ATN 主要提供管制员-飞行员数据链通信（CPDLC）、自动相关监视（automatic dependent surveillance，ADS）、关联管理（CM）、飞行信息服务（flight information services，FIS）、ATS 报文处理系统（ATS message handling system，AMHS）和 ATS 设备间数据通信（ATS inter-facility data communications，AIDC）等应用。

1）CPDLC 应用

管制员和飞行员之间使用数据链进行 ATC 通信[5]。这种通信应用的内容具体包括航路改变和放行、飞行高度的报告、通信频率报告、偏离航路告警、速度报告、飞行员各种请求以及自由格式电文的发布和接收。CPDLC 应用可以减少话音通信、减轻管制员的工作负担并增加单位飞行区域的交通容量，也可以降低管制员与飞行员之间的误解、语音频道的拥塞和情报传输失败等的风险，以此提高飞行安全[5]。

2）ADS 应用

ADS 是一种监视技术，由飞机将机上导航和定位系统的数据通过数据链自动发送。这些数据至少包括飞机识别号、位置信号和其他所需的附加数据。管制员可根据实际需求及时得到装有 ADS 设备的飞机位置数据和其他信息，以此对非雷达空域的飞机进行跟踪[6]。

3）CM 应用

CM 用于建立和管理 ATS 连接，在飞机 CM 通信系统和对应的地面 CM 系统之间交换相关的地址信息，仅用于 ATN[6]。CM 主要包括登录、更新和联系 3 个功能。

4）FIS 应用

FIS 是一种无连接、非确认的服务，通过地面站向飞机自动重复发送基本的航路信息。广播的信息包括气象、自由电文、特殊用途空域（special use airspace，SUA）信息、航空情报（notice to airmen，NOTAM）和其他一些可用信息，使得机组及时了解空域限制条件和航路气象状况，从而保障更加灵活、安全地飞行[6]。

5）AMHS 应用

AMHS 用于在 ATN 中以存储转发模式交换 ATS 电文，提供一般的电文服务，并且可传输航班飞行动态、气象、航行情报等 ATS 信息[5]。

6）AIDC 应用

AIDC 是地面管制中心之间进行 ATC 信息交换的 ATN 应用，包括飞行通知、飞行协调、管制、通信、监视和一般数据的移交。它在确保飞行安全的前提下，提供了一种将飞机从一个地面管制中心移交至下一个地面管制中心的移交方式[5]。

6.1.2　驾驶舱卫星通信技术

6.1.2.1　系统概述

SATCOM 具有通信距离远、可靠覆盖范围大、链路稳定的特点，是解决飞机运行控制通信问题的有效手段。目前，驾驶舱 SATCOM 的主流技术方案是海事卫星的 Classic Aero H/H＋、Swift 64 和 SBB-Safety 以及铱星系统。SBB-Safety 的传输速率最高可达 432 Kbps，在未来，SBB-Safety 将作为航空公司和航空设备供应商主推的驾驶舱 SATCOM 服务，为飞机高安全级别数据传输带来一次大变革。

SBB-Safety 是基于 IP 技术的 SATCOM 网络,可覆盖全球范围(两极除外),在 L 频段(发送频率为 1 626.5～1 660.5 MHz,接收频率为 1 525.0～1 559.0 MHz)工作。根据使用情况,天线分为高增益天线、中增益天线、低增益天线,采用高增益天线的传输速率可达 432 Kbps/频道,采用中增益天线的传输速率可达 332 Kbps/频道,采用低增益天线的传输速率可达 200 Kbps/频道,能够提供高质量的话音和数据服务。随着技术的不断发展,SBB-Safety 可为航空公司运行中心及 ATC 中心提供语音通信、定位跟踪、数据传输等客户化服务。

1) 语音通信

基于第四代海事卫星,能够提供标准语音、3.1 kHz 丽音、G3 传真业务、公用交换电话网(public switched telephone network,PSTN)/综合服务数字网络(integrated services digital network,ISDN)公众电话网络业务,在飞机与航空公司运控中心和 ATC 中心之间建立可靠、快速的话音通信联络。

2) 定位跟踪

海事卫星航空设备内安装了 GPS 模块,能够提供实时的飞机位置信息,并通过卫星信道将这些位置信息传送到航空公司运行中心和 ATC 中心。航空公司运行中心和 ATC 中心也可以通过地面系统软件对传送参数进行设置。

3) 数据传输

SBB 作为宽带全球区域网(broadband global area network,BGAN)的终端,利用国际海事卫星组织的卫星,提供 IP 包交换业务,可以实现文件传输、消息传输、E-mail、IP -传真、视频会议、互联网接入等数据服务应用。SBB-Safety 可用于实现高安全级别的飞机通信寻址与报告系统(ACARS)数据服务,航空公司运行中心和 ATC 中心可以通过数据链服务供应商(DSP)建立的专用网络实现数据链通信,获取飞机的运行状态,如飞行高度、速度、方向、位置、机载燃油和机载设备运行状态信息等。

6.1.2.2　系统特性及组成

驾驶舱 SATCOM 系统可以在飞机维修、航空公司运行控制、医疗救助、驾驶舱通信、客舱娱乐等方面提供服务,其特性如下。

1) 覆盖范围

现有 SATCOM 设备可为南北纬 75°以内的用户提供通信服务。

2) 业务类型

依据驾驶舱 SATCOM 系统提供业务的技术特点,其业务包括电话功能、数据传输功能、传真功能、机上关键数据采集传输功能、位置监控功能、机组人员特色数据查询功能、视频会议和高端客户电子商务功能等。

3) 信道保障

第四代海事卫星承担着全球海上遇险与安全系统(global maritime distress and safety system,GMDSS)任务,为了保证不会因为第三方原因使驾驶舱 SATCOM 系统用户通信中断,任何国家或组织都不得以任何理由停止或干扰 L 频段的海事 SATCOM 信号,从而保障通信信道的可用性。

驾驶舱 SATCOM 系统由机载卫星终端、海事卫星、地面关口站、地面网络和地面用户终端等组成,如图 6 - 2 所示。

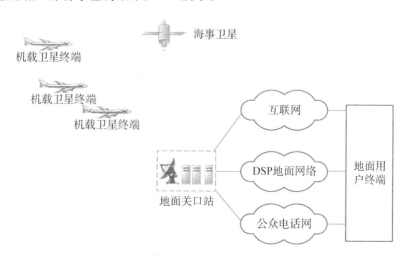

图 6 - 2　驾驶舱 SATCOM 系统组成

1）机载卫星终端

机载卫星终端通常由卫星数据单元（SDU）、高功率放大器/低噪声放大器/双工器（HLD）、卫星数据处理单元配置模块（SCM）和天线组成。机载卫星终端利用国际海事卫星组织的卫星，提供 IP 包交换业务。

2）海事卫星

第四代国际海事卫星系统包括 3 颗卫星，于 2008 年全部完成发射。卫星上装有相控阵多波束可展开天线，其口径为 20 m，包括全球波束（1 个）、窄点波束（228 个）和宽点波束（19 个），其中全球波束用于网络信令和一般数据传输，窄点波束用于新宽带业务的实现，宽点波束用于支持以前的业务[7]。

3）地面关口站

地面关口站主要负责呼叫处理、交换以及与地面通信网的接口等，具体包括提供卫星移动通信系统和 DSP 地面网络、互联网和公众电话网的接口，实现系统之间的互连；控制卫星移动终端接入卫星移动通信系统，并保障在通信过程中移动终端通信信号不中断[8]。

4）地面网络

地面网络主要指公众电话网络、互联网和 DSP 地面网络，可以实现SATCOM 系统和地面固定专用通信网接口的互连互通。当前基于 SATCOM的 ACARS 数据需要经过 DSP 地面网络后将数据发送给相应的航空公司和ATC 中心等用户。2018 年 4 月 24 日，中国民航数据通信有限责任公司（ADCC）与中国交通通信信息中心（China Transport Telecommunications & Information Center，CTTIC）和国际海事卫星公司（Inmarsat）签订了三方航空安全服务战略协议，在 2018 年 10 月联合提供中国区的航空安全服务、海事卫星 Classic Aero 服务以及 SBB 安全服务（SBB - S）。

5）地面用户终端

地面用户终端是用户通过 SATCOM 系统进行话音或者数据通信的终端设备。通过这些终端设备，航空公司运控中心和 ATC 中心与飞机建立各种语音或数据服务业务。

6.1.2.3 应用研究

驾驶舱 SATCOM 技术主要应用于航空公司运行控制、机务维修、地面服务和空中交通管制与服务，具体包括如下几个方面。

1) 运行控制

航空公司运行控制主要包括对航班运输进行的协调调度和组织管理、发布航班信息、飞行前的准备工作和签派放行、飞行过程中的动态跟踪与监控以及对非正常航班的调控等任务。SATCOM 技术在运行控制方面的应用，可以有效提高安全管理水平和飞机运营效率，具体应用主要包括如下方面。

(1) 实时的地空之间的双向语音和数据通信。

(2) 基于电子地图对飞机运行进行全程监视。

(3) 气象、飞行情报等信息服务，为机组人员提供航路和机场的相关气象信息。

(4) 采集并传输飞机运行状态，如飞机的推出、离地、着陆、滑入（OOOI），发动机和 APU 的运行状态等。

2) 机务维修

机务维修主要指为了保障飞机安全、可靠地执行航班任务，对飞机执行全天飞行任务前的航前检查、飞行航段之间的短停过站检查、全天飞行任务后的航后检查以及排除相关故障等工作。在机务维修工作中，驾驶舱 SATCOM 技术提供的应用包括如下几个方面。

(1) 对发动机进行远程、实时、在线的监视与故障诊断。

(2) 机载系统运行状态的监视。

(3) 发动机的异常和超限告警等事件的监视。

(4) 根据其传输数据进行发动机运行参数的趋势分析。

(5) 根据飞机运行状态参数对飞机、发动机运行小时数、油量消耗情况等进行统计。

3) 地面服务

航空公司地面服务包括针对乘客和行李货物提供的值机、飞机客货配载、行李托运、客舱供应等服务。在地面服务方面,驾驶舱 SATCOM 技术提供的应用包括如下几个方面。

(1) 上传乘客名单。在飞机起飞前,通过卫星网络,地面人员能够及时将乘客名单发送给机组,以便乘务组为空中的针对性、个性化的服务提前做好准备[9]。

(2) 上传载重平衡舱单。通过卫星网络上传包括飞机起飞放行的载重平衡舱单,其中包括放行必需的基础性能数据,改变了传统的通过人工传送纸质舱单的方式,减轻了地面人员与机组的工作压力,能够有效减少航班延误。

(3) 机组与地面服务部门的双向数据通信。当飞机遇到需要机坪服务(如轮椅服务、接机服务、医疗服务等)或航班延误等情况时,卫星网络能够提供机组与地面服务人员之间的业务联系和沟通,提前进行相关服务准备,保障航班正常运行。

4) 空中交通管制与服务

SATCOM 技术在空中交通管制与服务方面的应用主要包括起飞前放行、数字式自动化终端区信息服务、CPDLC、ADS‐C、洋区放行等[6],具体包括如下几个方面。

(1) 起飞前放行。在起飞前,通过地空数据链建立塔台管制员与飞行员之间的数据通信,使管制员能够向飞行员提供起飞前放行许可服务。

(2) 数字式自动化终端区信息服务。通过 SATCOM 网络和数字式自动化终端区信息服务系统,飞行员能够获取起飞和降落时需要的相关机场的信息。

(3) CPDLC。CPDLC 通过 SATCOM 系统为管制员和飞行员提供数字化的 ATM 服务。

(4) ADS‐C。ADS‐C 系统通过空地数据链向管制员提供飞机的精确位置、时间等信息。

（5）洋区放行。洋区放行服务是一种基于地空数据链系统的 ATS。在航路管制服务中，大洋区域管制中心的管制员利用地空数据链通信系统向飞行员发送管制指令。

6.1.3　客舱宽带卫星通信系统技术

6.1.3.1　系统概述

随着民航运输业和信息化技术的发展，航空公司和乘客对空地高速、宽带、实时的信息通信需求越来越高。传统航空通信系统受制于通信速率不足、带宽狭窄、成本高昂等因素，使得飞机上仍有大量有价值的数据无法得到充分挖掘和利用，航空公司和乘客的空地大容量实时数据传输需求也无法得到满足。客舱宽带 SATCOM 技术是指利用宽带通信卫星为飞机提供宽带互联网接入，可有效满足空管、机组、机务、航空公司、乘客等用户大容量实时数据传输需求，大幅提高航空公司运营效率，保障航空器飞行安全，提升乘客乘机体验。

客舱宽带卫星通信系统主要由机载宽带 SATCOM 系统、卫星、地面关口站、地面网络等组成。机载业务数据通过机载宽带 SATCOM 系统发送给卫星，由卫星转发到附近的关口站，再通过地面网络发送给运营中心，由运营中心接入地面公共网络或航空公司，使民航客机用户能够接入互联网[10]。同时，可通过不同卫星间的波束切换实现重点航线的全球覆盖，满足客机国内外长程航班中的 SATCOM 全程接入服务。当前国际上普遍使用的宽带通信卫星包括海事卫星系统（5 代星）、ViaSat 卫星系统以及松下航电提供的基于 Intelsat 卫星系统的宽带 SATCOM 服务，这些卫星系统普遍使用 Ka 和 Ku 频率，用于提供话音和数据服务，逐渐成为客舱宽带 SATCOM 系统的首选解决方案。

在国外，主要的机载 Ka 频段宽带 SATCOM 供应商包括 Inmarsat、Gogo、Eutelsat、LiveTV 和 ViaSat 等，均积极与航空公司合作开通 Ka 频段航空宽带卫星通信服务。2013 年 1 月，Eutelsat 与 LiveTV 合作，向欧洲商业航空公司乘客提供 Ka 频段航空宽带卫星通信服务"Eutelsat Air Access"。2013 年 6 月,ViaSat 与 LiveTV 合作,基于 ViaSat-1 Ka 频段宽带卫星,向美国捷蓝航空公司提供 Ka 频段航空宽带服务。此外,德国汉莎航空、美国联合航空、美国西南航空等航空公司分别与 Row44、松下等机载设备供应商以及德国电信、休斯网络等通信运营商建立合作,采用基于 Ku 频段静止轨道卫星在欧洲、北美和亚洲的航线上提供机载宽带通信服务。至 2016 年签约飞机数量超过 1 800 架[11],已安装客舱 SATCOM 系统实现宽带业务的飞机超过 900 架。根据欧洲咨询公司(Euroconsult)的预测数据,至 2022 年全球机载通信业务收入将达到 13 亿美元[11]。

中国电信从 2009 开始全面开展机载通信业务市场预研的相关工作,积极与机载设备供应商、国内外航空公司以及机载业务运营商商谈合作,密切关注全球范围内的机载客舱宽带网络产业和相关新技术发展情况。结合 SATCOM 的特点、航空公司业务需求以及现有网络资源,中国电信提出了基于 Ku 频段通信卫星的机载宽带通信网络技术方案。2014 年,中国电信与中国东方航空公司合作,建立了国内首个基于 Ku 频段通信卫星的互联网络,并且在安装客舱通信设备的 A330 飞机上试运行。中国南方航空公司、厦门航空公司等国内航空公司也先后在 Ku 频段 SATCOM 技术的基础上开展客舱互联网接入服务。此外,我国于 2017 年 4 月 12 日发射了首颗 Ka 频段高通量卫星通信系统中星 16 号卫星,该 SATCOM 总容量达 20Gbps 以上,覆盖我国除西北、东北的大部分陆地,也将逐渐为航空用户提供宽带移动通信服务。

6.1.3.2 系统特性及组成

目前,全球基于 Ku 频段的为世界各地用户提供服务的卫星多达上百颗,覆盖我国和周边地区的 Ku 频段卫星资源也非常丰富,包括亚太卫星公司的亚太 5 号和亚太 7 号、亚洲卫星公司的亚洲 4 号和亚洲 5 号以及中国卫通的中星 6A 和中星 10 号等,能够覆盖中国全境和周边地区[12]。此外,Ka 频段比 Ku 频段卫星频率资源更丰富,并采用多波束覆盖,使得 Ka 频段卫星相比 Ku 频段卫星容量增大了数十倍,各国也都在积极部署 Ka 频段高通量卫星,包括 Inmarsat GX 系统,中星 16 号卫星系统等。

客舱宽带 SATCOM 系统利用目前现有的 Ku 频段或 Ka 频段卫星信道资源作为传输通道,基于成熟的卫星技术,按照民航飞机运行要求建立机载 SATCOM 平台,通过安装在飞机上的 SATCOM 系统和客舱通信设备,连接地面站及地面通信网络设施,实现飞机与地面通信网络的互联互通,用于提供飞机客舱内的宽带通信服务,实现飞机客舱内乘客使用手机、平板电脑等便携式终端的互联网接入以及其他电信增值服务[13]。

客舱宽带 SATCOM 系统主要由机载终端、Ka 频段或者 Ku 频段宽带卫星、地面关口站、地面网络等 4 部分组成,如图 6-3 所示。

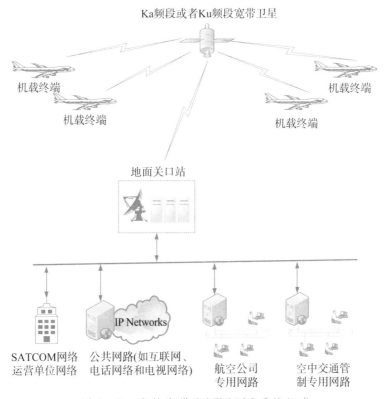

图 6-3   客舱宽带 SATCOM 系统组成

1）机载终端

机载终端部分主要包括机载卫星设备、机载服务器和客舱无线网络等分系统，具体内容如下。

（1）机载卫星设备：主要包括卫通端机和卫通天线。卫通端机主要实现中频基带变换、调制解调、编解码、协议处理、接口与数据处理、系统监控等功能。卫通天线主要实现无线电信号的收发、功率放大、低噪声放大、信号的上/下变频、天线波束跟踪等功能。

（2）机载服务器：提供客舱通信网络接入和机载娱乐媒体存储的功能。飞机上乘客通过客舱通信网络接入机载娱乐系统；机载服务器还支持高速缓存功能，用于提供互联网媒体信息的存储，当用户终端访问的资源在机载服务器上没有存储时才通过卫星链路进行访问。

（3）客舱无线网络：客舱无线应用协议满足主流的无线局域网标准（如802.11b/g/n等），通过客舱无线网络访问客舱机载服务器，并通过机载卫星设备的连接实现客舱内旅客终端设备与地面互联网的通信。

2）Ka 频段或者 Ku 频段宽带卫星

空中卫星主要由 Ka 频段或者 Ku 频段的宽带通信卫星组成。对于在国内航线飞行的飞机，利用覆盖中国和周边地区的 Ka 频段或者 Ku 频段卫星空间资源，飞机用户终端通过卫星地面主站与地面网络系统连接，实现数据交换和多媒体信息传输。对于在国际航线飞行的飞机，机载宽带业务运营商通过与签约的国外卫星运营商合作，通过数颗全球宽带通信卫星的漫游切换建立飞机用户终端与地面网络连接，从而实现全球网络漫游服务。

3）地面关口站

地面关口站主要包括基带子系统和射频子系统[11]。

（1）基带子系统：其功能包括前向载波链路的调制编码和回传载波链路的解调处理[11]。其中，前向载波链路是指地面关口站射频系统发射，经由 Ka 频段或者 Ku 频段卫星转发器传输给卫星覆盖区域内的飞机[11]。回传载波链路是指飞机的机载射频系统发射,经由 Ka 频段或者 Ku 频段卫星转发器传输给地面关口站。

(2) 射频子系统:由天线反射面、功率放大器、变频器和伺服系统组成,负责射频信号的变频、放大以及发送和接收。

4) 地面网络

地面网络主要指 SATCOM 网络运营单位网络、公共网络(电话网络、电视网络和互联网)、航空公司专用网络和空中交通管制专用网络等,通过航空公司专用网络和公共网络,航空公司可直接获得飞机健康状态数据和飞机实时监控信息;机上乘客可以连接地面互联网,实现互连互通,提升乘客乘机体验。

6.1.3.3　应用研究

按照预测,未来 20 年民航运输业仍将保持快速增长,这对提升民航运行效率、提高民航服务质量、提高乘客体验都提出了更高要求,迫切需要提升民航客机的空地宽带数据传输能力,改变目前客机处于“信息孤岛”的困境。面向航空公司和乘客对高速、宽带、实时的大数据信息通信需求,满足机组、乘客、机务、空管、航空公司的不同应用需求,主要应用方向如下所示。

1) 面向机组的应用

面向以飞行员和乘务员为主的机组成员,提高机组的工作效率和服务质量,如为飞行员的电子飞行包传输实时气象数据,为乘务员传输乘客和客舱服务相关的实时数据。

2) 面向乘客的应用

面向乘客日益增长的宽带数据通信要求和以此为基础形成的互联网实时应用,为乘客提供实时宽带数据互联互通,为乘客带来舒适的空中旅行体验。

(1) 空中上网:乘客通过手机、平板电脑等便携式移动终端设备,连接飞机上 WiFi 热点,在网络接入界面完成实名制验证后,即可享受空中互联网服务(网页浏览、微信等)。

（2）空中商城：航空公司在机载无线网络平台可加载免税品或精选商品信息，为乘客提供相关商品购买服务。

（3）飞机航程信息通知：飞机航程信息通知通过三维地图的形式展示给乘客，方便乘客实时掌握飞机的飞行过程和飞行数据（如空速、地速、经纬度和飞行高度等）。

（4）休闲娱乐：通过客舱 SATCOM 系统的服务器存储的休闲娱乐资源可以为乘客提供内容丰富的局域网休闲娱乐服务，同时可以通过客舱 SATCOM 技术为乘客提供实时的多媒体和各类休闲游戏的互联网服务。

（5）机票销售：航空公司可以在客舱 SATCOM 系统内定制机票销售模块，使乘客能够方便查阅实时机票信息，为临时或紧急需要改变或订制行程的乘客提供便捷的机票销售服务[9]。

（6）旅游服务：航空公司可以在客舱网络通信系统内加载定制的旅游服务模块，为乘客提供景点门票、酒店等信息查询和预订功能，并能提前了解目的地餐饮购物优惠等信息。

3）面向机务的应用

面向机务对民航客机维修保障的要求，改变目前只能在飞机落地后获取设备状态的落后局面，为机务部门实时传输各系统和设备的状态，做到早发现、早准备和及时维修，可极大地提升机务部门的工作效率。

4）面向空管的应用

飞机在空中的实时监控一直是空管部门的工作重点，宽带 SATCOM 为监控飞机提供了一种新颖的手段，在保证系统安全性的前提下，不仅能为空管传输基本的监控信息，而且还能为下一代新型空管系统传输高带宽信息。

5）面向航空公司的应用

面向航空公司对飞机状态的实时监控要求，实现在空中实时传输飞机状态监控数据、飞机外部监控视频、飞机内部安防安控监控视频等实时宽带数据，协助航空公司管理机队调配资源、合理安排航班、应对突发事件,极大地提高了航空公司的管理效率、降低了成本、提升了飞机安全和服务质量。

6.1.4　空地宽带移动通信技术

6.1.4.1　系统概述

空地宽带(air to ground,ATG)移动通信技术采用基于地面基站的宽带接入技术,在机载 ATG 设备与地面基站之间建立通信链路,为乘客和机组提供宽带通信服务。ATG 系统提供的数据传输带宽较高,机载设备安装及网络使用费用相对于卫星系统低,并且具有机载设备重量轻和升级快等优势。ATG 系统需要地面基站的支持,一般应用于陆地或可以布置地面基站的区域,不能支持飞越大洋上空的国际航班持续在线。

近年来,美国和欧洲启动了一些具有代表性的民航空地宽带通信项目,包括 L 频段数字航空通信系统(L-band digital aeronautical communication system,L‑DACS)、Gogo 系统等[14]。L‑DACS 根据载波调制方式不同分成 L‑DACS1 和 L‑DACS2 两种类型,其中 L‑DACS1 基于多载波调制技术,L-DACS2 基于单载波调制技术。通过 L‑DACS 能够实现飞机与飞机之间以及飞机与地面终端之间的数据传输,其中 L-DACS1 的数据传输上行速率为 291 Kbps～1.3 Mbps,下行速率为 220 Kbps～1.04 Mbps;L-DACS2 的数据传输速率为 70～115 Kbps。

目前,中国在第四代通信技术基础上进行地空宽带无线通信研究,已取得了阶段性成果。中国移动已完成了京渝、京广、京沪等航线的空地宽带通信覆盖服务,其数据传输速率达到 15 Mbps。2014 年 4 月 16 日,中国国际航空公司率先在北京—成都航班上应用了空地宽带移动通信系统,乘客能够在空中飞行时体验上网服务。

未来在飞行过程中乘客舒适度将是乘客选择航空公司的重要依据,而客舱提供 WiFi 上网功能将大大提升乘客乘机体验。空地宽带移动通信系统必将成为未来航空公司提高机队运行管理水平、安全保障能力、机队电子化管理能力以及进行飞机状态监控的重要手段。

6.1.4.2 系统特性及组成

ATG 无线通信技术支持超高带宽、超远距离、超高速的地空移动通信,可以应用于民用航空运输多种业务。ATG 无线通信技术面向新一代超高速宽带无线接入技术,其主要特点如下。

1) 支持高速移动切换和视距通信覆盖

ATG 无线通信技术支持高速移动的飞机在各信号覆盖区域之间进行可靠、无缝的切换。采用单基站通信实现视距通信范围的覆盖,采用多基站组网的方式支持超远距离无缝通信范围覆盖。

2) 采用高频谱效率技术和抗干扰技术

ATG 无线通信技术解决了多小区组网条件下高频谱效率的多小区多址技术,较目前宽带无线接入系统的频谱效率和容量大大提高[15]。

3) 解决多普勒频移和大时延问题

ATG 无线通信技术采用特殊的数据传输技术,解决了高速运动的飞机在地空通信中存在的多普勒频移和大时延的问题。

随着移动通信技术的快速发展,ATG 通信系统逐渐发展起来,能够为乘客提供无线网络服务。ATG 通信系统主要由机载 ATG 系统、ATG 地面基站和ATG 地面核心网络三部分组成,如图 6-4 所示。

1) 机载 ATG 系统

机载 ATG 系统为飞机上的用户提供飞机与地面网络之间的无线宽带通信服务,主要包括机载路由组件、机载应用服务器、ATG 收发电台和 ATG 机载天线等几个部分。

(1) 机载路由组件:机载路由组件用于在空中通过有线方式向机组和乘客提供网络数据服务。

(2) 机载应用服务器:机载应用服务器是机载网络设备,负责网络设备管

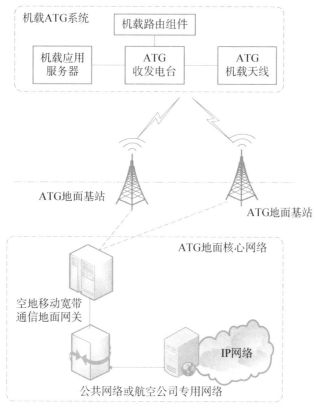

图 6-4　ATG 通信系统组成

理、数据交换等功能。

（3）ATG 收发电台：ATG 收发电台是 ATG 通信系统的核心组件，通过其调制信号的收发，建立机载 ATG 收发电台与 ATG 地面基站之间的宽带无线链路，实现空地间的数据通信。

（4）ATG 机载天线：ATG 机载天线用于 ATG 收发电台与地面基站之间的无线信号的收发。

2）ATG 地面基站

ATG 地面基站负责与 ATG 收发电台通信，基站与基站之间采用无线信道连接，负责信号的发送、接收和无线资源管理。

ATG 地面基站安装于飞行航线或指定空域内，通过基站与基站之间的网络连接,使各地面基站构成一个专用网络,并能通过网关与地面核心网络(如航空公司专网、Internet 等)连接。

3) ATG 地面核心网络

ATG 地面核心网络是地面的数据交换中心,主要通过空地移动通信地面网关与公共网络或者航空公司专用网络进行数据交换,是整个 ATG 网络的管理中心。

6.1.4.3 应用研究

随着民用航空机队规模的不断扩大,在安全运营管理方面对航空公司提出了更高要求,而 ATG 移动通信能够建立飞机与航空公司运营基地之间的实时通信,使航空公司运营基地实时掌控空中飞机相关信息,有效提高航空公司运营管理水平。因此,ATG 移动通信技术将成为未来民航管理机构和航空公司的关注点。它可为航空客户提供飞行全程通信服务,乘客娱乐服务,飞机飞行状态实时监控服务,驾驶舱、客舱和货舱的实时视频监控以及电子飞行包(electronic flight bag,EFB)支持等服务。

1) 飞行全程通信服务

飞行全程通信服务包括空管放行许可、管制移交、飞行动态监控、空中交通管制、飞机位置报告、气象情况、飞行计划数据和飞行计划变更等话音或数据服务[15]。

2) 乘客娱乐服务

乘客娱乐服务包括视频点播、电视直播、短消息、上网、IP 通话、机票和酒店预订等应用[15]。

3) 飞机飞行状态实时监控服务

飞机飞行状态实时监控服务包括飞机故障监控、发动机性能监控、APU 性能监控、飞机系统性能监控等应用[15]。

4) 驾驶舱、客舱和货舱的实时视频监控

通过在飞机的驾驶舱、客舱和货舱安装摄像机,结合空地宽带移动通信技术,实现对飞机的驾驶舱、客舱和货舱的实时视频监控[15]。

5) EFB 支持

EFB 通过空地宽带移动通信技术连接航空公司与空管地面系统,直接获得飞行计划、航路气象信息、油料计划、配载和乘客等信息,也可以实现与航空公司和空管部门的直接双向视频语音通话[15]。

6.1.5 航空机场移动通信技术

6.1.5.1 系统概述

随着近年来国内民航交通运输业的飞速发展,快速实时掌握空中飞机动态的需求催生了民航 ATM 的通信、导航和监视功能以及基础传输网络的建设。民航通信按起飞、飞行和降落三个阶段将通信划分为机场场面区域、陆地空域区域和跨洋/偏远地区空域区域 3 个区域;按照服务类型分为空中交通管理服务、航空公司运营和管理服务、航空乘客通信服务 3 类服务。

目前,国内机场场面通信技术根据传输介质的不同分为有线传输和无线传输。有线传输具有容量大、误码率低的优点,但存在布线设计难度大、后期不易扩建且扩建成本高等问题。无线通信技术相对比较多,如 3G/4G、WiFi 技术等,无线传输具有系统简单、扩展性强等特点。当前民航空管基础设施建设迫切需要在当前机场场面通信技术的基础上,加装一种高速、可靠的新型移动通信系统。在此背景下,航空机场场面移动通信系统(aeronautical mobile airport communications system,AeroMACS)应运而生。这是一种基于 IEEE 802.16 - 2009(WiMax)标准的宽带无线通信技术,主要用于民航移动航运服务系统。

2003 年的第十一届全球航行会议提出:在机场区域采用基于 WiMax 技术的 AeroMACS 系统,可以为机场范围内的飞机提供与地面设备和机场管理之间的宽带接入服务。2008 年,研究人员正式提出 AeroMACS,并研发了原理样机;2009—2013 年期间,美国、德国、日本等国家分别在机场内进行了该系统的测试;2012 年 11 月,ICAO 在国际航行大会上正式提出建议,将 AeroMACS

系统作为未来航空机场场面移动通信系统的国际标准,以满足民航新一代ATM、机场运行管理及航空公司运控对机场宽带移动数据通信的需求。2016年,ICAO 正式发布了《AeroMACS 技术手册》(Doc 10444),并修订了 ICAO 附件 10 附录 3,增加了 AeroMACS SARPs 标准。2017 年,航空电子技术委员会(Airline Electronic Engineering Commission,AEEC)颁布了 ARINC DOC 766《AeroMACS 发射机与航空器安装标准》。

6.1.5.2　系统特性及组成

AeroMACS 的基础标准为 IEEE 802.16 - 2009(WiMax),采用混合自动重传、正交频分复用、自适应调制编码及多入多出等关键技术,因此,AeroMACS 系统较目前民航空地数据链系统具有众多优势。AeroMACS 系统具有信道多、带宽大的特点,同时因其采用高级加密标准(advanced encryption standard,AES)接入加密认证算法和身份验证/授权/统计认证服务技术,能够保障通信的安全性、稳定性和可靠性。AeroMACS 系统在理论上能够支持120 km/h 的移动环境,其移动性强,并且无线网络与有线 IP 网络能够平滑连接,使其成为民航电信网的一个子网,保障通信网络的兼容性。此外,AeroMACS 系统在单基站覆盖范围内能够实现超过 10 km 的超大范围的通信,即理论上一个独立基站能够有效覆盖机场范围内半径不超过 5 km 的区域。

典型 AeroMACS 系统由移动台/用户站(mobile station/subscriber station,MS/SS)、接入服务网络(access service network,ASN)、基站(base station,BS)、接入服务网络网关(access service networks gateway,ASN - GW)和网络联通服务(connectivity service network,CSN)等组成,如图 6 - 5 所示。

(1) MS/SS 指使用通信网络的终端用户。MS 是指服务车辆、飞机、紧急情况车辆以及步行工作人员等移动结点;SS 是指雷达、航线设备和气象站等固定结点[16]。

(2) ASN 用于向资源管理系统、安全认证系统、AeroMACS 用户提供无线

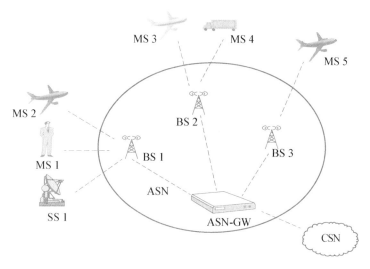

图 6 - 5　典型 AeroMACS 系统组成

访问接口,由 ASN - GW 和至少一个 BS 组成。一般情况下,ASN 安装在机场附近[16]。

(3) BS 是网络的接入点,实现了空中飞机接入各项功能,包括射频资源管理模块、下行链路和上行链路调度器以及越区切换管理模块。一个物理基站可以包括多个按频率或扇区角度划分的逻辑基站。

(4) ASN - GW 是指 ASN 与 CSN 之间的接口,用于信息路由和桥接功能。此外,ASN - GW 还可以根据安全性和移动性等方面的指标要求均衡各基站之间的负载。

(5) CSN 针对 AeroMACS 用户在机场内或者互联网范围内提供 IP 连接服务。

6.1.5.3　应用研究

AeroMACS 可以促进航空产业向更经济、更实用和更高效的方向发展,甚至衍生出新研产品。图 6 - 6 描述了 AeroMACS 潜在的或可以推广该技术的应用示例。

在地面区域,AeroMACS 可以连接数量庞大的固定基础设施(如传感器、气象站、雷达)和移动物体(如服务/应急车辆),并能收集周期更新的信息。例

图 6-6 AeroMACS 潜在的或可以推广该技术的应用示例

如，AeroMACS 网络可以采用 QoS 技术为关键任务和实时应用安排优先级（如飞机地面导航或紧急呼叫）。

在飞机与地面通信方面，AeroMACS 具有更大的优势。由于有线网络不能实现飞机与地面通信，并且现有无线网络的带宽非常有限，因此飞机与地面通信需要宽带无线通信服务支持新的、扩展的应用，从而实现地面飞机、移动/固定设施位置的追踪功能，并能实时传输相关数据，提高机场场面通信的可靠性和速度。

1）航空公司应用

AeroMACS 可以扩展空地通信，同时支持当前基于 ACARS 协议栈的应用以及需要更多带宽的新应用[17]。AeroMACS 支持的航空公司应用如表 6-1 所示。

表 6-1 AeroMACS 支持的航空公司应用

飞机移动终端	(1) 广域信息管理应用，包括天气地图和天气预报、实时和预测的航线及交通信息、静态和动态机场/跑道配置信息和地图等 (2) 航空信息同步服务，包括 FMS 和 GPS 导航数据库，EFB 的数据库更新等 (3) 航空信息管理 (4) 航空公司运行控制 (5) 数据下载——飞行数据记录器的数据下载 (6) 数据更新——飞行操作手册的数据更新 (7) 飞行器的远程故障诊断 (8) 飞行员起飞设定信息（配载平衡）

（续表）

地面移动终端	（1）协调燃料、除冰作业和行李管理 （2）与地勤人员的沟通 （3）跟踪车辆和其他移动目标
固定用户站	与固定连接终端的数据上传/下载操作

2）ATM 应用

空中交通管理 ATM 部门是实施 AeroMACS 的关键机构。在许多国家，ATM 部门在制定 AeroMACS 标准化和概念验证（proof of concept，POC）试验方面起着重要作用，并且需要与当地机场管理局协同合作参与 AeroMACS 的部署。AeroMACS 在 ATM 方面的作用如下：

（1）收集并整合来自移动用户站/固定用户站以及地面人员的数据，提供 ATC 和 ATM 应用的输入。

（2）向航空公司提供地面和机上数据共享和咨询服务。

AeroMACS 支持的 ATM 应用如表 6-2 所示。

表 6 - 2　AeroMACS 支持的 ATM 应用

飞机移动终端	（1）空中/地面语音和数据通信 （2）咨询服务
地面移动终端	（1）ATC/ATM 应用 （2）咨询服务
固定用户站	（1）地面通信、导航和监视 （2）机场场面监控能力支持，包括带有多传感器和雷达的机场地面检测设备通信 （3）连接到机场监视雷达，导航辅助设备如 ILS 和 VOR （4）连接到地面终端传感器网络，包括气象站、跑道视距传感器和低空风切变警告系统传感器

3）机场管理局应用

在很多国家，机场管理局也会负责部署和运营 AeroMACS 系统，确保机场管理方可以连接到雷达和监控摄像头等地面终端设备，并且以无线通信方式连接到其他远端设备，实现安全高效地获取数据。AeroMACS 支持的机场管理局应用如表 6-3 所示。

表 6-3　AeroMACS 支持的机场管理局应用

飞机移动终端	(1) 与飞行员和机组人员通信,协调起飞、降落、维护和地面运行等 (2) 空中交通管制监视和放行许可
地面移动终端	(1) 与地勤人员通信 (2) 与机场车辆通信 (3) 移动目标跟踪 (4) 安全与防护 (5) 协调除冰、除雪作业和行李管理等
固定用户站	(1) 来自传感器、雷达和其他没有有线连接设备的数据传输 (2) 固定连接终端的数据上传/下载 (3) 地面安全与防护,包括雷达、周边监视、跑道入侵防护、机场照明和入侵检测等 (4) 视频监视

6.1.6　基于通用数据网络的机载数字音频技术

6.1.6.1　系统概述

近几十年来,航空电子系统从分离式的架构逐步向联合式、综合化以及通用网络化方向发展。各种航空电子系统总线技术的突破,带动了新一代航空电子系统的数据网络发展,从传输速率为 100 Kbps 的 ARINC 429 总线到传输速率为 2 Mbps 的 ARINC 629 总线,再到传输速率为 100 Mbps 的 ARINC 664 机载数据总线。基于 ARINC 664 技术的通用数据网络以其高带宽、高可靠性且通信实时性强的特点和技术优势,可实现各系统间大容量、高速率数据交换,已广泛应用于现代民机机载航空电子系统领域,是未来大型民机机载系统内部骨干网络的首选解决方案,引领未来先进民机航空电子系统的发展方向。

基于通用数据网络的机载数字音频技术采用 ARINC 664 网络作为骨干网络,各个机载子系统音频数据经过数字转换后通过通用数据网络实现音频数据传输和处理,整个机载音频系统具备音频数据传输效率高、音频系统线缆少、系统扩展能力强等优势。基于通用数据网络的机载数字音频系统可解决现有机载音频系统传输带宽窄、网络构型复杂、CNS 系统架构设计先进性受限等问题,并提升机载音频系统数字化水平及音频数据传输效率。

目前,国外先进民机波音 787 采用基于 IMA 系统架构,并率先采用分布式的数字音频处理技术和基于 ARINC 664 总线的通用数据网络实现数字音频数据的传输和处理,整个音频系统综合化程度高、可扩展能力强,实现了音频信号数字化、音频数据传输网络化、音频数据处理标准化。我国国产民机多采用集中式的音频处理技术和基于点到点的 ARINC 429 总线、模拟音频线实现音频数据的传输和处理,包括 C919、AG600、ARJ21 等主要国产民机的音频系统均采用基于 ARINC 429 总线和模拟音频线的音频系统,音频控制设备、音频管理设备与各个机载设备之间主要采用 ARINC 429 总线和模拟音频线实现连接,国内在民机基于通用数据网络的数字音频传输处理领域的研究尚处于起步阶段。

6.1.6.2 系统特性及组成

基于通用数据网络的机载数字音频系统主要由数字音频接口转换单元、音频控制面板、通用数据网络、远程数据接口单元、音频外围设备(包括通信、导航、监视设备以及勤务内话、耳机、话筒、氧气面罩、麦克风等)、IMA 通用数据处理平台(含机组告警系统)、音频记录等组成,实现机载音频数据的采集、处理、控制、管理和传输,支持多通道数字化音频数据的高速传输,系统具有如下特性。

(1)基于通用数据网络的数字音频技术,实现了音频信号数字化、音频传输网络化和音频处理标准化,是未来民机音频数据传输和处理技术的发展趋势。

(2)音频信息通过高速通用网络进行传输,其综合化程度高、可扩展能力强。

(3)数字音频技术可以有效消除噪声,具有抗干扰能力强、差错可控、易加密等优势,可提升机上音频的传输质量和处理效率。

(4)采用开放式系统架构及工业标准接口,系统具备灵活可扩充、智能识别等能力。

（5）机载音频上网，减少了音频线缆和整机质量，整个系统易维护。

基于通用数据网络的机载音频系统如图 6-7 所示。

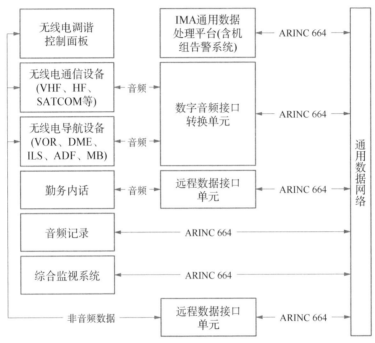

图 6-7 基于通用数据网络的机载音频系统

（1）数字音频接口转换单元：主要用于实现通信电台、导航电台及其他模拟音频源的音频数据与 ARINC 664 数字音频数据互转。

（2）音频控制面板：实现驾驶舱模拟音频与 ARINC 664 数字音频数据互转，实现音频通道选择、音频音量控制、音频告警播放等功能。

（3）通用数据网络：通用数据网络采用双通道冗余备份的 ARINC 664 航空专用以太网络，网络由多台 ARINC 664 交换机及各个 ARINC 664 终端接入设备搭建而成，交换机用于 ARINC 664 数据路由及交换，各个 ARINC 664 终端设备用于产生数据源及接收处理数据，网络带宽最大支持 100 Mb/s，具有较好的扩展能力。

（4）远程数据接口单元：系统包含多台远程数据接口单元，完成网络非音频数据与 ARINC 664 数据的互转，并完成各个电台的调谐数据、状态数据、健康数据等的转发，各个设备可就近接入远程数据接口单元，达到节省线缆及减轻飞机重量的目的。

（5）IMA 通用数据处理平台：采用 ARINC 653 开放式软件接口标准及分区管理技术，可以驻留机组告警系统、配置管理、健康管理、通信管理、飞行管理、数据记录、数据加载等软件。

（6）无线电通信设备：实现通信音频接收和发射，接收音频控制单元发送的音频控制指令，主要包括 VHF 电台、HF 电台、SATCOM 设备等。

（7）无线电导航设备：将导航音频输出到音频管理单元，导航音频主要包括 ILS、VOR、MB、ADF 及 DME 等音频。

（8）综合监视系统：实现综合监视相关告警功能，监视音频数据可直接连接到通用数据网络。

（9）无线电调谐控制面板：实现对通信、导航和监视系统的调谐和控制。

（10）音频记录：实现对驾驶舱音频数据的记录。

（11）勤务内话：完成维修人员的音频输入及输出。

（12）耳机、话筒、氧气面罩、麦克风：完成飞行员音频输入及输出。

6.1.6.3　应用研究

随着航空电子技术的飞速发展，基于 ARINC 429 数据总线构建的传统航空电子网络传输速率低、线束量大等劣势日益显现，已不能满足航空电子系统技术发展的需求。目前，国外主流民机航空电子系统架构已逐渐由联合式航空电子系统架构向 IMA 架构方向发展，国外率先开展 IMA 技术研究，并在当前最先进的宽体客机 A380、A350、波音 787 等机型上应用，这些机型采用 ARINC 664 总线构建骨干通用数据网络以实现各系统间大容量、高速率数据交换。随着机载航空电子系统通用数据网络技术的发展，机载音频系统架构也逐渐向数字化、网络化、标准化方向发展，波音 787 飞机实现了基于通用数据网络的数字音频数据的传输和处理。

我国在大型民机机载通用数据网络的应用方面与国外相比还存在差距。在我国国产民机中,C919 客机首次实现了基于 ARINC 664 技术的通用数据网络应用,C919 飞机航空电子系统中的数据链数据、自动调谐数据、导航数据以及机载维护数据等均实现了基于通用数据网络的传输和处理,但不同于波音787 飞机,C919 飞机未实现基于通用数据网络的数字音频数据的传输和处理。

机载音频系统是航空电子系统的重要组成部分,是实施空中交通管理和航空公司运营的必备机载系统,为飞行机组提供最基本的机上音频功能。随着全球航空运输量的高速发展以及未来空域高密度飞行的需要,对机上音频应用、机载音频系统及设备提出了新的要求,民机机载音频技术正迎来跨越式创新发展时期。随着我国国产民机自主研发的不断深入,我国民机机载音频系统技术亟待进一步提升,基于通用数据网络的机载数字音频技术可广泛应用于未来我国自研的各种民机,该技术对于适应未来 IMA 及通用数据网络技术发展、提升机上音频数据传输和处理效率具有重要意义。

6.2 导航系统关键技术

6.2.1 基于性能的导航

6.2.1.1 系统概述

基于性能的导航(performance based navigation,PBN)是指在满足导航基础设施的情况下,航空器在指定的空域内或者沿航路、仪表飞行程序飞行时,对系统精确性、完好性、可用性、连续性以及功能等方面的性能要求[18]。PBN 概念标志着由基于传感器导航向基于性能导航的转变[18]。

PBN 运行主要包括区域导航(area navigation,RNAV)运行和所需导航性能(RNP)运行。RNP 和 RNAV 两者最大的区别在于 RNAV 要在地面监视的情况下运行,RNP 运行要求航空器具备机载性能监视和告警(on board performance monitorinig and alerting,OPMA)功能,且无须地面雷达进行监视,RNP 也就是具备 OPMA 功能的 RNAV。

　　PBN 与传统的导航方式有很大不同,不再采用传统的向/背台飞行方式,而是采用航路点到航路点的飞行方式,航路设计不再受航路点位置的限制,因此更加灵活、有效、安全,如图 6-8 所示。PBN 在保留 VOR、DME 等传统的地基导航设施应用的基础上,优先使用 GNSS 作为主要导航设备,使得导航精度明显提高,保护区宽度大大缩小。

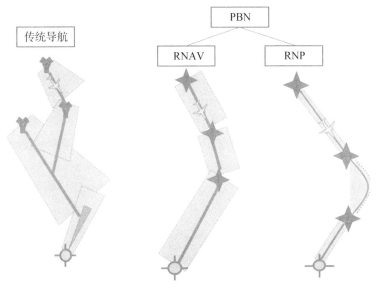

图 6-8　PBN 与传统导航

　　由图 6-8 可知,在传统地基导航运行时,航路保护区的宽度随着航空器离导航台的距离越远,保护区宽要求越宽,其原因在于传统导航方式采用 NDB、VOR、DME、ILS 等地基导航设施,离台越远导航误差越大,要求航路两侧预留的航空器容差范围越宽[19]。而在 RNP 和 RNAV 运行时,由于首选卫星导航,卫星导航误差不随位置的变化而变化,航空器从航路点到航路点飞行,因此航路两侧保护区宽度为平行区域[19]。

2007 年 9 月,ICAO 正式要求各缔约国以全球一致和协调的方式从传统飞行模式完全过渡到 PBN。PBN 在传统地基导航的基础上逐渐向卫星导航过渡,使得运行能力大大提升,导航性能明显改善,与传统导航相比,PBN 存在很多优势,主要包括[18]如下几点:

(1) 减少了维护特定传感器航路和程序的需要,降低了相关成本。

(2) 无须为导航系统的每次改进规定特定的传感器运行要求,从而避免高昂的成本支出。

(3) 便于更有效地利用空域(航路布局、燃油效率、减噪等)。

(4) 明确 RNAV 系统的使用方式。

(5) 提供若干组供全球使用的导航规范,简化运营人的运行审批程序。

6.2.1.2　系统特性及组成

PBN 是空域概念的支持手段之一,PBN 应用有三个核心的输入要素:导航规范、导航设备基础设施和导航应用,PBN 的概念如图 6-9 所示[18]。

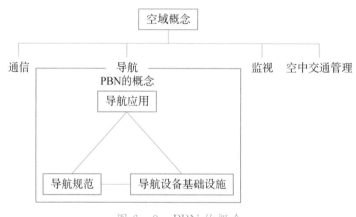

图 6-9　PBN 的概念

任何 PBN 运行都包括两个基本方面的要求,即适当导航规范的要求以及满足系统运行的导航设备基础设施要求(地基和星基)[18]。导航规范是一组对航空器和机组人员的要求,以满足规定的空域概念下导航应用的需要[18]。导航规范不仅规定了 RNAV 系统的性能要求,而且包括系统的功能要求,如执行曲线航径程序或航路平行偏置飞行等的能力[18]。在空域概念下将导航规范和导航设备基础设施两个要素应用于空中交通服务航路和仪表程序,便产生了导航应用。

1) 导航规范

导航规范是各国制定适航和运行审批材料的基础。导航规范会详细说明 RNAV 系统在精度、完好性、可用性和连续性方面所要求的性能;RNAV 系统必须具备的导航功能;必须整合到 RNAV 系统的导航传感器以及对机组人员的要求[18]。导航规范既可以是 RNAV 规范,也可以是 RNP 规范,RNAV 和 RNP 系统基本是相似的,主要区别在于机载性能监视和告警要求,包含机载导航性能监视和告警要求的为 RNP 规范,无这类要求的则为 RNAV 规范,能够满足 RNP 规范性能要求的区域导航系统被称为 RNP 系统[18]。RNP 和 RNAV 后面的数字就是导航精度值。

RNAV 和 RNP 规范都包含导航功能要求,这些功能基本要求包括[18]如下方面。

(1) 持续显示航空器位置的功能,航空器位置是相对于飞行员主视野内的航行显示器航迹而言的。

(2) 显示至正在使用的航路点距离和方位。

(3) 显示至正在使用的航路点地速或时间。

(4) 导航数据存储功能。

(5) 正确提示 RNAV 系统,包括传感器的故障。

现行的 RNP 和 RNAV 规范的标识如图 6－10 所示[18]。

(1) 洋区、偏远陆地、航路和终端运行

就洋区、偏远陆地、航路和终端运行而言,RNP 规范以 RNP X 标识,如 RNP 4。RNAV 规范标识为 RNAV X,如 RNAV 1[18]。如果两个导航规范共用一个 X 值,则可以使用前缀加以区分,如高级－RNP 1(advanced-RNP 1)和

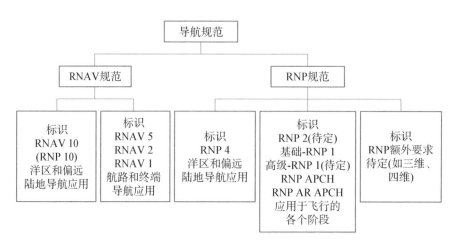

图 6-10　现行的 RNP 和 RNAV 规范

基础- RNP 1(basic-RNP 1)。对 RNP 和 RNAV 标识而言,符号"X"均表示在空域、航路或程序范围内运行的所有航空器至少在 95% 的飞行时间里,可以达到以海里计的侧向导航精度[18]。

（2）进近

进近导航规范包含仪表进近的各个航段[18]。RNP 规范的标识将 RNP 作为前缀,后接一个词语缩写,如 RNP APCH 或 RNP AR APCH[18]。没有 RNAV 进近规范[18]。

2) 导航设备基础设施

导航设备基础设施是指满足导航规范要求的星基或陆基导航设备[18]。PBN 可使用的导航设施有星基导航设施(GNSS)和地面导航设施,其中地面导航设施又包括 VOR/DME、DME/DME、DME/DME/IRU 三种模式,不同的导航应用方式使用的导航设施不同[20]。

6.2.1.3　应用研究

导航应用是指按照空域概念,将导航规范和相关导航设备基础设施应用于空中交通服务航路、仪表进近程序和/或规定空域[18]。RNP 应用由 RNP 规范来支持,RNAV 应用由 RNAV 规范支持。

　　依据导航规范中所需性能精度水平的差异,区域导航分为 RNAV 10、RNAV 5、RNAV 2、RNAV 1,所需导航性能分为 RNP 4、Basic-RNP 1、RNP APCH、RNP AR APCH,具体导航应用方式、所需导航设备基础设施、性能精度要求、适用飞行阶段和雷达监视需求如表 6-4 和表 6-5 所示[20]。

表 6-4　RNAV 导航应用

导航应用方式	导航设备基础设施	性能精度要求 /n mile	适用飞行阶段	监视
RNAV 10	GNSS、DME/DME、VOR/DME	10	洋区及偏远陆地	不需要雷达
RNAV 5	GNSS、DME/DME、VOR/DME	5	陆地航路	不需要雷达
RNAV 2	GNSS、DME/DME、DME/DME/IRU	2	陆地航路、进场、离场	需要雷达
RNAV 1	GNSS、DME/DME、DME/DME/IRU	1	进场、起始进近、中间进近、复飞、离场	需要雷达

表 6-5　RNP 导航应用

导航应用方式	导航设备基础设施	性能精度要求/n mile	适用飞行阶段	监视
RNP 4	GNSS	4	洋区及偏远陆地	不需要雷达
Basic-RNP 1	GNSS、DME/DME	1	进场、起始进近、中间进近、复飞、离场	不需要雷达
RNP APCH	GNSS	0.3	进近、复飞	不需要雷达
RNP AR APCH	GNSS、DME/DME	0.1	进近、复飞	不需要雷达

　　PBN 在不同空域实施的具体情况如下[18]:

　　(1) 洋区和偏远陆地。目前有两种导航应用(RNAV 10 和 RNP 4)服务于洋区和偏远陆地的空域概念。这两类导航应用主要依靠 GNSS 来支持空域概念的导航要素。在 RNAV 10 应用中不要求空中交通服务监视服务,而 RNP 4 应用则使用 ADS-C。

　　(2) 陆地航路。陆地航路的空域概念目前采用 RNAV 应用。中东和欧洲地区使用 RNAV 5；在美国，RNAV 2 应用支持陆地航路空域概念。目前，陆地RNAV 应用支持包括雷达监视和管制员-飞行员直接通信(话音)在内的空域概念。

(3) 终端空域(进场和离场)。RNAV 应用支持包括进场和离场的现有终端空域概念，这些概念目前在欧洲和美国使用，欧洲终端空域 RNAV 应用称为精密 RNAV(precision-area navigation，P-RNAV)。尽管 RNAV 1 规范与精密 RNAV 具有相同的导航精度，但该地区导航规范不能满足 RNAV 1 规范的所有要求。以前被称为美国 B 型 RNAV 的美国终端空域应用已经遵循 PBN概念，现在称为 RNAV 1。基础 RNP 1 主要为无雷达、低密度的终端空域服务。预计未来将有更多的 RNP 应用规范为航路和终端空域服务。

(4) 进近。进近概念包括仪表进近的所有航段，即起始、中间、最后和复飞各个航段。进近要求导航精度为 0.3 n mile 至 0.1 n mile 或更低的 RNP 规范。通常该飞行阶段具有三类 RNP 应用的特征：无仪表程序的新程序、取代现有程序或作为不同技术仪表程序备份的程序，还用于提高恶劣环境下机场可用性的程序。RNP 规范为 RNP APCH 和 RNP AR APCH。

根据《中国民航基于性能的导航实施路线图》，中国民航 PBN 实施分为三个阶段，即近期(2009—2012)、中期(2013—2016)、远期(2017—2025)。近期实现 PBN 重点应用，中期实现 PBN 全面应用，远期实现 PBN 与 CNS/ATM 整合，成为我国发展"新一代航空运输系统"的基石之一[21]。截至 2018 年 10 月底，几乎所有的中国民航运输机场都具备了 PBN 飞行程序，全国 21 个地形复杂的机场配备了要求授权的 RNP AR 程序[22]。

6.2.2　卫星导航增强技术

6.2.2.1　系统概述

ICAO 定义的 GNSS 是所有在轨工作的卫星导航系统及相关增强系统的总称，包括美国的 GPS、俄罗斯的 GLONASS、欧洲的 GALILEO、中国的北斗卫星导航系统(BDS)以及能为民用航空用户提供增强服务的增强系统。GNSS是一个全球性的位置与时间的测定系统,由多种卫星星座、接收机和完好性监测系统组成[23]。

GNSS以其信号覆盖的广泛性、信息的全面性、服务的全天候等优势在全球各个行业得到了广泛应用,但同时GNSS固有的脆弱、普遍存在差错、不确定性以及信号易受遮蔽等不足限制了GNSS导航服务性能的提高。因此,人们发展了多种增强技术,建立和使用卫星导航增强系统,以满足用户更高精度、连续性、有效性和完好性等性能指标的需求。

目前,卫星导航增强系统主要分为地基增强系统(ground based augmentation system,GBAS)、星基增强系统(SBAS)和空基增强系统(aircraft based augmentation system,ABAS)这三类[24]。GBAS通过为GNSS测距信号提供本地信息和修正信息来提高导航定位的精确度,现有GBAS的应用包括美国研发的局域增强系统(LAAS)和欧洲研发的GBAS。SBAS以辅助的同步轨道通信卫星向GNSS用户广播导航卫星的完好性和差分修正信息[25],现有SBAS的应用包括美国研发的广域增强系统(WAAS)、欧洲提供的欧洲地球静止导航重叠服务(EGNOS)系统、日本研发的多功能卫星增强系统(MSAS)等。ABAS综合了GNSS信息和机载设备信息,确保导航信号的完好性,现有ABAS主要应用是接收机自主完好性监测(receiver autonomous integrity monitoring,RAIM)。

6.2.2.2　系统特性及组成

1) GBAS

GBAS是GNSS的地基增强系统。ICAO给出了GBAS的应用,主要包括两点:一是为空域中的飞机提供增强服务。GBAS在满足GNSS精确度、完好性、连续性等要求限制下,将差分修正信息以VHF数据链的形式进行传送;二是为飞机提供精密进近着陆服务,当GBAS能够通过增加辅助的差分信息提供精确的进场定位信号时,可以为机场附近的GNSS信号提供导航增强服务。

目前 GBAS 已得到 ICAO 的认可，可用作传统 ILS 的替代系统，未来必将作为引导飞机着陆的主用导航系统。

GBAS 包括三个子系统，即用户系统（机载设备）、地面系统和空间系统，如图 6-11 所示。

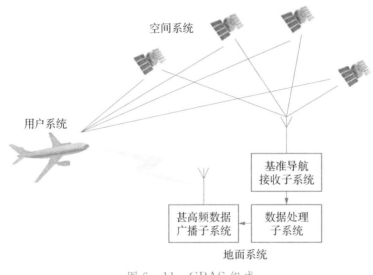

图 6-11　GBAS 组成

（1）GBAS 空间系统：由一个或多个导航卫星星座构成，现阶段可用的卫星包括中国的北斗导航卫星系统、美国的 GPS 卫星系统、俄罗斯的 GLONASS 卫星系统和欧洲研发的 GALILEO 卫星系统。

（2）GBAS 地面系统：安装于机场内或机场附近，由基准导航接收子系统、数据处理子系统和甚高频数据广播（VDB）子系统等组成，其主要功能是通过 VHF 发射机向航空用户发送卫星导航增强信息，将差分修正信息发送给飞机，装备相应机载设备的飞机就可以获得精密进近服务，同时还可以消除伪距测量中的大部分误差，提高伪距测量的精度。

（3）GBAS 用户系统：也就是机载设备，GBAS 机载设备的主要部件是 MMR。MMR 接收 GNSS 卫星信号和 GBAS 地面站通过 VHF 发射机发送的

GBAS 电文，并进行定位解算，从而确定飞机位置。

2) SBAS

SBAS 通过地球静止轨道卫星(GEO)搭载卫星导航增强信号转发器，可以向用户播发星历误差、卫星钟差、电离层延迟等多种修正信息，实现对于原有卫星导航系统定位精度的改进，已经成为现阶段各航天大国竞相发展的目标。SBAS 在短时间内快速发展，全球各个国家已纷纷构建自己的 SBAS 系统，如美国建立了 WAAS，日本建立了 MSAS，欧洲建立了 EGNOS 系统，俄罗斯建立了差分校正和监测系统(system of differential correction and monitoring，SDCM)，中国建立了北斗星基增强系统，印度建立了 GPS 辅助地球同步轨道增强导航系统(GPS aided GEO augmented navigation，GAGAN)。这些增强系统所使用的导航增强技术不尽相同，主要包括精度增强技术、完好性增强技术、连续性和可用性增强技术。

各类 SBAS 的工作原理大体上是类似的。首先，由大量分布极广、位置精确已知的差分站对导航卫星进行监测，获得包括伪距、相位等导航信息在内的原始定位数据并送至主控站；其次，主控站通过计算得到各卫星的定位修正信息，并通过上行注入站发送给 GEO 卫星；最后，GEO 卫星将修正信息播发给所有用户，从而达到提高导航定位精度的目的。

SBAS 由空间段、地面段和用户段三个部分组成，如图 6-12 所示。

(1) SBAS 空间段：包括导航卫星和 GEO 卫星。空间段的主要作用是将修正信息播发给所有用户，从而达到提高导航定位精度的目的。

(2) SBAS 地面段：主要包括地面监测站、地面主控站和上行注入站三部分。地面监测站首先通过接收机获得原始定位数据(如载波相位、伪距等)，经过地面主控站计算得到卫星差分修正信息，并按照 SBAS 导航电文格式要求把电文发送到上行注入站，然后借助上行注入站发送给 GEO 卫星。

(3) SBAS 用户段：接收卫星导航信息和 GEO 卫星播发的差分修正信息，对卫星导航电文进行解析，完成定位解算，确定用户的三维位置坐标。

图 6 - 12　SBAS 组成

3）ABAS

ABAS 利用机载 GNSS 信息和其他传感器信息，实现机载导航系统的完好性监测。目前，航空公司普遍采用 RAIM，根据用户 MMR 的多余观测值来监测用户定位结果的完好性，其目的是在 GNSS 导航过程中检测出发生故障的卫星，保障导航定位精度。

RAIM 是一种用于评估 GNSS 信号完整性的技术，该技术是 GNSS 内部的算法，它利用导航卫星的冗余信息对多个导航定位解进行一致性检验，以此来达到用户定位结果完好性监测的目的。在 RAIM 算法中，如果能观测到 5 颗卫星，则可以对卫星进行故障检测；如果能观测到 6 颗及以上卫星，则可以对卫星进行故障识别。RAIM 是自主操作的，不需要外部信号的辅助，这种技术不需要单独增加硬件，所需成本低，易于实现，是一种目前应用较广、最具代表性的完好性监测算法，目前，RAIM 技术已经在航空 GPS 接收机当中得到了普及应用。在美国，FAA 已正式批准将使用 RAIM 技术的 GNSS 作为大洋航路和偏远陆地航路的主要导航系统，同时也可以作为精密进近的辅助导航系统。FAA 明确规定，接收机的 RAIM 功能已经列入适航批准必不可少的条件之一。

6.2.2.3　应用研究

目前,GNSS 增强技术已经在国内外获得了广泛使用,从应用的角度看,ABAS 贯穿航行始终,GBAS 主要用于进近阶段,SBAS 主用用于洋区等非精密进近阶段。在实际应用中,三种增强系统相结合,能提供更大的安全保障。

1) GBAS

GBAS 已被认定为下一代美国空中交通的重要系统。2014 年,霍尼韦尔公司研发的 GBAS Smart Path 通过了 FAA 的认证。Smart Path 可以增强GPS 的信号,使其适用于精密进近和着陆。该系统克服了传统 ILS 在引导飞机进场时的种种局限,如受天气、崎岖地形和其他飞机影响而造成的信号干扰问题。Smart Path 同时可以提升飞机的运营效率,使其既可以完成复杂路线的进近,也可以实现直线进近,帮助飞机降低油耗,减少可规避的飞行延误。

美国、德国、澳大利亚等国家的有些机场已实施 GLS Ⅰ类运行,2015 年4 月,中国民航在上海浦东机场完成了国内首次 GLS 演示验证飞行。在机载设备方面,波音 737 NG、波音 747-8、波音 787、A320、A330、A350、A380 等机型已具备 GLS 功能或 GLS 改装条件,更多引进的飞机将具备 GLS 能力[26]。

2) SBAS

目前,世界各国基于自身所处地域和环境对 SBAS 进行大力开发建设,如美国建立了 WAAS,欧洲建立了 EGNOS 系统,日本建立了 MSAS 等[25]。到2003 年 7 月,美国开发的 WAAS 系统可完全覆盖本国领域,无须用户额外增加导航设备,WAAS 系统提供垂直、水平导航定位精度可以达到 7 m 以内。目前,美国的 WAAS 的服务区域已经由美国国内扩展到了加拿大和墨西哥。欧洲大力开展 EGNOS 系统的开发,通过增强 GLONASS、GPS 导航精度,促进接收机导航性能的提升。目前全球 SBAS 服务区如图 6-13 所示。

图 6-13　全球 SBAS 系统的服务区

面对国际上 SBAS 的快速发展态势,我国大力建设北斗 SBAS,北斗 SBAS 借助地球静止轨道卫星来搭载卫星导航增强信号转发器,将不同的修正信息(如电离层延迟、星历误差等)播发至用户,有效提高卫星导航定位精度。

3) ABAS

现有的民机上配备的 MMR 基本上都具备 ABAS 功能,以实现 RAIM。

6.2.3　多星座全球导航卫星系统技术

6.2.3.1　系统概述

随着全球民航运输业的飞速发展,快速增长的交通运输流量导致空域资源异常紧张和空中交通拥堵,传统的单一卫星系统 GNSS 导航手段已无法完全满足民航运输安全保障和运量发展需求,多星座导航数据融合技术是实现现代化民航运输的重要技术手段。现阶段,已建成并投入使用的卫星导航系统除了美国的 GPS 和欧洲的 GALILEO 卫星系统之外,还包括俄罗斯的 GLONASS 卫星系统和我国的北斗卫星系统(BDS),这些系统可以实现全天候覆盖全球的全时空用户载体的精确定位。虽然现阶段导航卫星的可靠性增强了,星历变得更加精确,但对一些特殊区域而言,卫星导航定位精度还是达不到让人满意的程度,所以世界各国仍然致力于如何保证卫星星座的完好性以及如何提高卫星导航系统精度的研究。

随着多星座 GNSS 技术发展,目前卫星导航领域已从美国 GPS 单一 GNSS 系统运行向 BDS、GPS、GALILEO、GLONASS 四大 GNSS 系统兼容协同运行的多星座导航数据融合应用方向发展。多星座卫星导航数据融合能充分利用 GNSS 资源,实现高精度、高实时性的定位,在安全性、完好性等方面具有显著优势;把它们其中的多个系统联合使用,采用多星座定位技术,定位精度得到进一步提高,是实现未来民用航空安全高效运行的重要手段。

6.2.3.2 系统特性及组成

时间系统和坐标系统是卫星导航系统的两个关键参考基准,脱离了时间和空间,导航也就变得毫无疑义。相比于单一星座卫星导航,虽然多星座导航能够使可见星数量增多,提高系统导航性能,可以得到更高精度的导航、定位和授时,但是不同导航系统之间的卫星星座规划、信号频率以及电离层延迟修正模型都各不相同。因此,如果坐标系统的误差较大,则虽然用户位置不变,但对于不同坐标系而言,显示出来的位置也有可能存在差异,所以必须要消除不同的导航系统之间时间系统和坐标系统的差异。

GNSS 导航定位的基本原理是测距定位,卫星信号在空间的传播速度接近光速,因此即使是非常微小的时间差异也会导致巨大的测距误差,所以 GNSS 导航定位的精度很大程度上取决于准确同步的时间信号。需要注意的是 GPS、GALILEO、GLONASS 和 BDS 这些系统的时间基准各不相同,存在着差异。GNSS 导航定位使用坐标系统来表示用户的实际位置,而 GPS、GALILEO、GLONASS 和 BDS 这些系统的坐标系统也并不一致,所以对同一位置的描述不可避免地会存在差异。综上所述,对多星座 GNSS 而言,首先要对各 GNSS 系统的时间系统和坐标系统进行统一。

为了解决不同的卫星导航系统之间时空坐标系不同的问题,对多星座 GNSS 而言,首先就要统一时间系统和坐标系统,对时间、空间这两个参考基准进行统一,在此基础上基于相同的基准来组合多个卫星导航系统。多星座

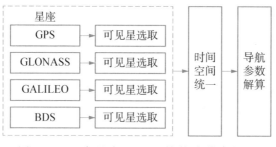

图 6-14　多星座 GNSS 导航的基本原理

GNSS 导航的基本原理如图 6-14 所示。

ICAO 规定,为了让不同的卫星导航系统实现兼容运行,全球各个国家在建立自己的卫星导航系统时,都应该构建 WGS-84 坐标系统,在协调世界时(coordinated universal time, UTC)的基础上设立时间标准,以此为基准,对各个导航系统的时空系统差异进行比较,经过转换,成为 ICAO 规定的时空基准。

1) 时间统一

现阶段,全球卫星导航系统均建立了各自的时间参考系统。例如,GPS 使用 GPS 时,GALILEO 使用 GALILEO 时,GLONASS 使用 GLONASS 时,使用 BDS 时。这就要求在多星座导航技术中,各时间系统应保证尽量接近 UTC 时间。

GPS 的时间系统由主控站内的原子钟控制。GPS 是原子时系统,考虑到系统运行的连续性,GPS 时并没有引入跳秒。GPS 时原点是按照 1980 年 1 月 6 日 0 时来定义的,该时刻 GPS 时与协调世界时完全一致,但两者偏差逐年增大。服务部门每隔一段时间都会公布 UTC 与 GPS 时的整秒及秒以下的差异。

GLONASS 时是基于 UTC 的时间系统,以苏联维持的 UTC(SU)作为时间尺度基准。但 UTC(SU)与国际时间局(bureau international de l'heure, BIH)维护的 UTC 存在几微秒的偏差,为缩小该偏差,俄方定期对 UTC(SU)进行修正。在 GLONASS 导航电文中,对 GLONASS 和 UTC(SU)有相关的校正参数。

北斗卫星系统时间（BDT）和 GPS 系统时间一样，都是原子时系统；GALILEO 时间系统（GST）采用原子时秒长，无跳秒，以 1998 年 8 月 22 日 0 时为计时起点。北斗时的起始时间为 2006 年 1 月 1 日 0 时（UTC）。北斗时也是连续的时间系统，不跳秒，采用周和周内秒的计数形式，BDT 与 UTC 之间的跳秒信息在卫星播放的导航电文中播报。

综上所述，尽管各 GNSS 的时间系统存在差异，但是在导航电文中都给出了星钟校正参数以及各系统专用时间与 UTC 的转换参数，因此可以将各 GNSS 系统时间统一至 UTC。

2）空间统一[27]

GPS 系统所采用的坐标系是基于世界大地测量系统 1984（world geodetic system 1984）框架的 WGS-84 大地坐标系，其几何定义为原点位于地球质心，Z 轴指向 BIH 定义的协议地球极（conventional terrestrial pole，CTP）方向，X 轴指向 BIH 的零子午面和 CTP 赤道的交点，Y 轴与 Z、X 轴构成右手坐标系。

GLONASS 系统所采用的坐标系统是基于地球参数 1990（parameters of the earth 1990）框架的 PE-90 大地坐标系，其几何定义为原点位于地球质心，Z 轴指向国际地球自转服务（international earth rotation service，IERS）推荐的 CTP 方向，即 1900—1905 年的平均北极，X 轴指向地球赤道与 BIH 定义的零子午线交点，Y 轴满足右手坐标系。

GALILEO 所采用的坐标系统是基于 GALILEO 地球参考框架（GALILEO terrestrial reference frame，GTRF）的 ITRF-96 大地坐标系，其几何定义为原点位于地球质心，Z 轴指向 IERS 推荐的 CTP 方向，X 轴指向地球赤道与 BIH 定义的零子午线交点，Y 轴满足右手坐标系。

北斗卫星系统所用的坐标系为 2000 国家大地坐标系（China geodetic coordinate system 2000，CGCS2000），是我国当前最新的国家大地坐标系，其几何定义为原点位于地球质心，Z 轴指向 BIH 定义的 CTP 方向，X 轴指向

BIH 定义的零子午面和协议赤道的交点，Y 轴满足右手坐标系。

6.2.3.3 应用研究

多星座组合导航系统必将成为未来 PBN 运行的主要导航源。导航学会（Institute of Navigation，ION）是研究卫星导航的权威组织，它每年都会围绕卫星导航召开国际会议，其中多星座组合导航系统的互操作性问题是会议中固定分会的重要研究议题。

2011 年，国际 GNSS 服务（International GNSS Service，IGS）组织开展了多星座 GNSS 实验（multi-GNSS experiment，MGEX），跟踪多星座 GNSS 卫星信号，同时开展了相关研究工作。MGEX 监测站可以跟踪、收集和分析所有可用的 GNSS 信号，并把导航数据和观测数据免费提供给全球用户。现阶段，全球范围内已建立的多星座 GNSS 跟踪站已达一百多个，我国大陆范围内有三个跟踪站。

RAIM 技术在 GNSS 完好性的研究中占据着重要的位置。根据 ICAO 的 PBN 手册要求，对于采用 SBAS 接收机导航的航空器，在无法获得 SBAS 信号的区域，运营人应该检查 GPS RAIM 的可用性。当前很多国家已经建立了自己的 RAIM 可用性监测系统[28]，如美国 Volpe Center 开发了用于军用机场服务的 RAIM 可用性系统，德国建立了可为 42 个机场提供服务的预测系统，欧洲航空安全组织建立了 RAIM 预测系统 AUGUR 等。2006 年中国开始着手研制自己的 RAIM 可用性系统，2009 年 CAAC 发布 PBN 实施路线图，同时发布 AC-91-FS-2010-O1R1《在终端区和进近中实施 RNP 的运行批准指南》要求在飞机起飞前使用预测程序对飞机飞行航路和终端区的 RAIM 可用性进行预测。目前我国的 RAIM 可用性系统已具备全国所有航线的预测功能。

随着多星座导航技术的发展，多星故障的 RAIM 算法也逐渐成了人们研究完备性算法的热点，如何在各导航系统之间兼容互操作这一前提下保障用户在多模导航系统中的安全显得尤为重要。一般来讲，多模 RAIM 算法的实施策略主要有两种[29]：一种是以其中一个导航系统为主，其他导航系统为辅，只有在主导航系统完备性监测出现问题时，才用其他导航卫星系统的信息辅助完成完备性监测；另一种是几种卫星导航系统以同等地位进行协同，任何时候都利用不同导航系统接收的信息，共同完成完备性监测。

6.3 监视系统关键技术

基于星基的广播式自动相关监视技术

1）系统概述

ADS-B技术是一种基于卫星定位、实现飞行器监视和追踪的空管新技术，是新一代空管系统的基石[30]。ADS-B旨在提高现代空中交通管理效率和飞行安全，飞机可通过标准化的数据链报文格式，不间断地将高度、速度、身份信息、位置等重要飞行数据实时发送至周围飞机和ATC系统，增强管制员和飞行员的态势感知能力，对提升空中运行安全水平、空域容量与运行效率具有重要作用，ADS-B技术具有位置报告精度高、数据更新及时等优点。

传统地基ADS-B系统主要由空中机载发射机和地面接收基站组成，受制于ADS-B信号视距传输限制，地面站布置一般沿民航航路航线、机场终端区等陆地区域进行布置，很难实现对洋区、沙漠、高山、峡谷等特殊地区的覆盖[30]。

基于星基的ADS-B系统可有效克服地基ADS-B系统的不足，可用于地基ADS-B雷达难以覆盖或无法覆盖的空域，从而形成一个全球无缝的ADS-B覆盖网络[31]。基于星基的ADS-B系统借助于卫星系统，将ADS-B星载转发器安装到通信卫星上，卫星系统通过其搭载的ADS-B星载转发器接收飞机发送的ADS-B信息，再通过SATCOM信道下传给卫星地面站，卫星地面站通过地面网络将ADS-B报告传递给地面用户（如地面空管中心、航空公司等），实现 ADS-B 全球覆盖及对飞机的全球飞行追踪和实时监视[30]。

2）系统特性及组成

基于星基的 ADS-B 系统由机载 ADS-B 发射机、星基 ADS-B 接收机、星间通信链路、星基 ADS-B 地面站及 ADS-B 应用子系统组成[32]，如图 6-15 所示。

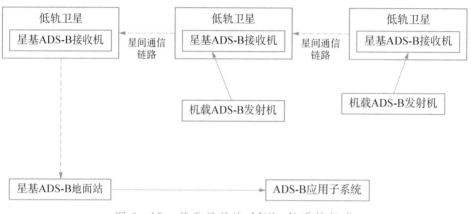

图 6-15　基于星基的 ADS-B 系统组成

飞机从全球卫星导航系统和其他航空电子系统获取位置、速度、航班标识、飞机状态等信息；机载 ADS-B 发射机将这些信息进行调制，转换为 1 090 MHz频率的报文信号，并以随机突发方式发射；低轨卫星上搭载的星基 ADS-B 接收机接收并解调报文，并通过星间链路进行通信传输，再由星地链路传输到星基 ADS-B 地面站；星基 ADS-B 地面站将接收到的报文信息进行转换，通过地面网络分发到 ADS-B 应用子系统[32]。

3）应用研究

基于星基的 ADS-B 技术应用最关键的部分之一就是卫星，目前，欧洲、美国、亚洲均开展了基于星基的 ADS-B 技术研究，较为成熟的应用有"铱星二代"和"全球星二代"[30]。

（1）铱星二代。

具备监视功能的美国"下一代铱星"系统建造了 81 颗卫星，其中 66 颗卫星在轨工作,9 颗卫星在轨备份,6 颗卫星地面备份。基于星基的 ADS‑B 系统通过在"铱星二代"卫星上搭载 ADS‑B 载荷来实现全球覆盖的航空器追踪服务。"铱星二代"可实现单星监视 3 000 个目标,处理 1 000 个目标。其系统架构如图 6‑16 所示[33]。

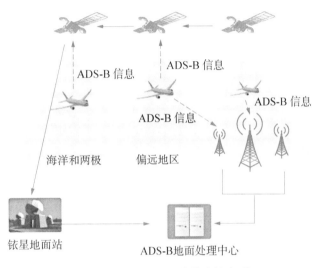

ADS-B 信息

ADS-B 信息

ADS-B 信息

ADS-B 信息

海洋和两极　　偏远地区

铱星地面站　　　　ADS-B地面处理中心

图 6‑16　"铱星二代"系统架构

机载 S 模式应答机发射 ADS‑B 信息到卫星,星基 ADS‑B 接收机收到飞机位置和时间信息后,转发至铱星地面站,并传输至 ADS‑B 地面处理中心,该处理中心同时处理来自"铱星二代"系统和来自 ADS‑B 地面接收站收到的飞机信息,进行处理和融合后,通过网络传输给空管中心或其他用户,实现全球范围航空器追踪和实时监控[33]。

(2) 全球星二代。

全球星系统是由美国劳拉公司和高通卫星服务公司运营的低轨道卫星移动通信系统。具备监视功能的全球星二代系统于 2010 年开始建设,并于 2013 年 2 月完成组网,二代系统共发射 24 颗卫星。美国全球星公司和 ADS‑B 技术公司采用全球星二代卫星网络和卫星地面站,为空中交通管制提供 ADS‑B 监视服务。目前,全球星公司完成了 11 265 km 以上的 ADS‑B 飞行试验,试验验证了星基 ADS-B 的可靠性[33]，其架构如图 6-17 所示。

图 6-17　全球星系统架构

全球星二代可兼容 1090 ES ADS-B 及 978 MHz 通用访问收发机(UAT) ADS-B 两种制式，卫星上的 ADS-B 设备具有发射和接收功能，可支持通过卫星上传地面收集到的交通信息服务(TIS)/飞行信息服务(FIS)消息给飞机[33]。

（3）天地一体化信息网络。

天地一体化信息网络是以地面网络为基础，以空间网络为延伸，覆盖太空、空中、陆地和海洋等自然空间，为天基、空基、地基和海基等各类用户的活动提供信息保障的基础设施[31]。

随着航空运输业的快速发展，民用航空领域 ATM、航空器运营、航空器全球监视及健康管理、乘客宽带通信等航空应用需求不断增长，对机载航空电子系统覆盖全球、安全可靠的驾驶舱数据链通信、高精度飞机位置信息获取、航空器全球追踪、飞机健康管理及乘客宽带通信等提出了新的要求。天地一体化信息网络构建覆盖全球的安全、高效、实时、宽带的数据传输网络，可支持陆、海、空、天各类用户随遇接入、按需服务[34]。目前我国在建的天地一体化信息网络的低轨通信卫星将搭载星载 ADS-B 转发器,建成覆盖全球的 ADS-B 卫星网络,为我国基于星基的 ADS-B 系统建设提供卫星搭载平台。

参考文献

[1] 黄海清,薛鹏.国家航空电信网的建设研究[J].计算机工程与设计,2008,29(6):1355-1357,1404.

[2] 杜宝伟.新一代航空电信网技术及其应用进展[J].中国市场,2011(2):91-93.

[3] 郭静.新一代航空电信网和 AMHS 系统的研究、应用和过渡实施[J].中国民用航空,2007,5(77):51-53.

[4] 雷缙,吴志军.基于 IPSec 的 VPN 在航空电信网 ATN 中的应用研究[J].计算机安全,2009(7):83-84.

[5] 韩丹.航空电信网应用与现状分析[J].科技与创新,2018(6):10-12.

[6] 刘天华.民用飞机数据链通信管理技术[J].电讯技术,2010,50(5):84-88.

[7] 林俊,葛海龙,李晓陆,等.江海直达绿色船舶能效大数据监控平台[J].船舶,2018,29(S1):111-120.

[8] 杨锴.卫星星座覆盖特性仿真与卫星通信核心网性能仿真[D].成都:电子科技大学,2005.

[9] 颜河生.卫星机载通信在厦航业务中的应用[J].卫星与网络,2016(10):74-77.

[10] 赵庆贺,毛新胜,庞珂.民机空地宽带互联系统发展现状及趋势[J].通信技术,2019,52(10):2428-2432.

[11] 史宏伟,宋玉海.基于 Ku 频段静止轨道卫星的机载宽带通信网络技术的研究[J].航空维修与工程,2016(7):35-38.

[12] 洪利春.民航机载宽带服务的前景分析与商业模式研究[D].杭州:浙江工业大学,2014.

[13] 蓝云.中国卫通机载卫星宽带多媒体通信系统方案[J].卫星与网络,2013(8):

32 - 34.

[14] 丁杰.宽带航空数据链反向链路发射机的设计及实现[D].天津：中国民航大学,2014.

[15] 李哲.地空无线宽带通信系统及其应用研究[D].南京：南京邮电大学,2014.

[16] 刘枫,康潇,叶永.AeroMACS——一种新型航空空港移动通信系统[J].河南科技,2015(1)：13 - 14.

[17] 冯晓波,封世领.AeroMACS 技术在 ACARS 数据链系统中的应用[J].航空电子技术,2018,49(Z1)：1 - 5,10.

[18] ICAO.基于性能导航(PBN)手册(第三版)(中文版)[R].ICAO,2008.

[19] 郝亮.PBN 运行飞行程序设计研究[D].成都：电子科技大学,2011.

[20] 蔡清毅.基于性能导航(PBN)技术介绍[J].北京：空中交通管理,2011(4)：8 - 11.

[21] 顾科勇.性能基导航(PBN)的飞行程序设计研究[D].成都：电子科技大学,2011.

[22] CAAC.改革开放 40 年民航局适航管理工作情况和成绩[R].2018.

[23] 徐奇长,刘强.未来航行系统展望[J].北京：民航经济与技术,1995(5)：51.

[24] 陈明强,张光明.GBAS 在终端区的应用[J].中国民航飞行学院学报,2011(6)：22 - 25.

[25] 王小龙.拉萨高原机场 PBN 运行程序及信息管理程序设计[D].成都：电子科技大学,2010.

[26] 中国民用航空局飞行标准司.AC - 91 - FS—2015 - 29 卫星着陆系统(GLS)运行批准指南[S].2015.

[27] 刘庆元,包海,王虎,等.GPS、GLONASS、GALILEO 三大系统间时间系统以及坐标系统的转换[J].测绘科学,2008,33(5)：13 - 15.

[28] 王尔申,杨迪,宏晨,等.ARAIM 技术研究进展[J].电信科学,2019(8)：128 - 138.

[29] 葛君霞.多模 GNSS 接收机 RAIM 技术研究[D].北京：中国科学院大学,2014.

[30] 王洪全,刘天华,欧阳承曦,等.基于星基的 ADS - B 系统现状及发展建议[J].通信技术,2017,50(11)：2483 - 2489.

［31］吴建平,姜会林,丁莹,等.天地一体化网络发展现状及趋势研究［R］.工业和信息化部电子科技委研究报告,2012.

［32］刘海涛,王松林,秦定本,等.星基 ADS－B 接收机监视容量分析［J］.航空学报,2018,39(5)：182－189.

［33］刘天华,王洪全.天地一体化信息网络在我国民航领域的应用设想［J］.电讯技术,2018,58(6)：738－744.

［34］孙晨华.天基传输网络和天地一体化信息网络发展现状与问题思考［J］.无线电工程,2017,47(1)：1－6.

7

无线电通信导航监视系统发展趋势

7.1　国际民航组织全球空中航行计划

ICAO 是一个联合国的专门机构,于 1944 年为促进全世界民用航空安全、有序发展而成立,ICAO 总部设在加拿大蒙特利尔,其主要职责是制定国际空运标准和条例,是各个缔约国在民航领域中开展合作的媒介[1]。

7.1.1　提出背景

航空运输在推动经济社会可持续发展方面发挥着重要作用,它直接或间接地为 6 550 万人提供了就业岗位,为全球生产总值贡献超过 2.7万亿美元,全球过半游客每年通过航空运输进行国际跨境旅行,航空运输承运了约 35% 的全球贸易额,逾 90% 的跨境商务对消费者(business to customer, B2C)电子商业是通过航空运输承运的[2]。

航空运输的快速发展在促进经济进步、社会繁荣的同时,也引发了空中交通增长与所需基础设施及监管支持匮乏之间的矛盾,增加了航空运输的安全风险。为解决这一难题,部分国家逐步采用众多先进的航空电子技术和基于卫星的技术,这些技术的应用在一定程度上缓解了上述矛盾;但是从全球空中航行视角看,尽管在部分区域实施先进的航空电子技术方面取得了重要进展,仍有部分区域受到传统导航方式的限制,这些区域的空中航行能力制约着空中交通量的增长,也加剧了气体排放对环境的破坏。

ICAO 多年来一直致力于发展先进技术,在此基础上,协调全球空中航行系统,以促进国际航空运输业的发展。ICAO 提出了一项 15 年滚动发展的战略思路,根据现有的技术水平结合各国家地区运行状况,对未来的发展做出前瞻性的规划。截至本书成稿之日,ICAO 正在核准第六版《全球空中航行计划》,本书介绍的具体规划以第五版《全球空中航行计划》(2016—2030 年)为主。

7.1.2　概念与目标

《全球空中航行计划》最早出现在一份 FANS 报告的附录中,该报告涉及 ICAO 成员国如何通过协调各种新兴技术解决全球空中交通稳定增长问题的规划建议。

1998 年 ICAO 发行了独立版本《通信、导航和监视/空中交通管理(CNS/ATM)系统全球空中航行计划》(Doc 9750 号文件),并在 2001 年发布第二版,该计划为全球 CNS/ATM 系统相关的规划提供依据[3]。随着该理念的不断深入,各国家和地区开始思考如何在实际应用中体现该计划的理念,以解决现实问题。在 2006 年的第三版《全球空中航行计划》中,增添了 ATM 执行路线业务的全球计划倡议(global plan initiative,GPI);2013 年发布的第四版《全球空中航行计划》做了重大的修改,整合了《全球空中交通管理运行概念》(Doc 9854 号文件)、《空中交通管理系统要求手册》(Doc 9882 号文件)以及《全球空中航行系统效绩手册》(Doc 9883 号文件)的内容,提出了在保证或提升安全的前提下,增加全球民用航空系统的交通量并提高运行效率。ICAO 大会第 39 届会议核准了第五版《全球空中航行计划》,并要求 ICAO 为其下一版采取若干行动,以发展为与地区发展和实施方案相互作用的、绩效驱动的战略规划环境[4]。

第六版《全球空中航行计划》的内容被规划为一个多层结构,每层都针对不同的受众量身定制。这样可以更好地与高级管理人员和技术管理人员进行沟通,其目的是不让任何国家或利益攸关方掉队[4]。

该多层结构有四层,由全球战略、全球技术、地区和国家层面组成,并为地区、次地区和国家计划的一致性提供框架[2,4]。

全球战略层面:为决策者提供了推动全球空中航行系统发展的高层战略方向。通过阐明愿景、相关绩效愿望和概念路线图,向决策人员提供战略方向,推动 2040 年及以后年份全球空中航行系统的发展。全球战略层还确保了全球空中航行计划在设定的时间范围内的稳定性,提供了全球技术层框架的清晰视角，并以此作为参考[2]。

全球技术层面：全球空中航行系统转型的实现，在于技术管理人员在决策者的支持下，持续改进空中航行系统。全球技术层面包括两个技术框架，即基础建设组块（basic building block，BBB）和航空系统组块升级（aviation system block upgrade，ASBU）及其相关绩效框架，其中包括绩效目标和关键绩效指标（key performance indicator，KPI）[5]。BBB 框架指明了一个强有力的空中航行系统的基础，它也可被视为国家根据《国际民用航空公约》（Doc 7300 号文件），承诺为国际民用航空的安全和有序行为提供必要的空中航行服务[2]。

地区和国家层面：确保从拟定运行改进到其实施的一致性。这两个层面为全球航空界提供了短期和中期实施规划的共同基础[4]。地区层面将全球划分为亚洲太平洋、北大西洋、北美、中东等七个地区，通过 ICAO 的地区空中航行计划以及与全球战略和技术层面相一致的其他地区举措，应对地区和次地区的绩效和运行需求、差异、制约因素和机遇[4]。国家层面侧重于国家规划，与利益攸关方协调制定与地区和全球计划相一致的国家空中航行计划，是各国国家航空规划框架的战略组成部分，对实现全球空中航行计划中的共同愿景至关重要[4]。

7.1.3　技术与政策

1）BBB 框架

BBB 框架是所有稳定的空中导航系统的基础。根据 ICAO 的标准确定了为国际民用航空提供的基本服务。这些基本服务定义为机场、空中交通管理、搜索救援、气象学和信息管理。除了基本服务外，BBB 框架还确定了这些服务的最终用户以及有必要提供给他们的资产（CNS 基础设施）[6]。

BBB 是一个独立的框架，而不是 ASBU 框架的一个模块，因为它代表一个基线，而不是一个进化步骤。这一基线是由 ICAO 成员国承认的、国际民用航空安全有序发展所必需的基本服务确定的。一旦提供了这些基本服务，它就构成了任何业务改进的基线。BBB 框架每两年更新一次，同时考虑对国际民航组织规定的修正[6]。

BBB 包含 5 个部分，分别是：气象服务、航空信息服务、搜救服务、空中交通管理服务和机场运行服务[6]。

2）ASBU 框架

《全球空中航行计划》第六版 ASBU 内容对 ASBU 要素的主要目的、新功能、说明、成熟程度、考虑的人为因素及其相关绩效框架等做了详尽的描述。第六版计划尚在核准期间。考虑到第六版在第五版的基础上完善发展，在本章中 ASBU 将依据第五版《全球空中航行计划》进行介绍。

依据《全球空中航行计划》第五版，ASBU 框架、模块和相关技术路线图包括通信、导航、监视、信息管理、航空电子技术和绩效等各个方面，涉及空中交通服务提供商、管理者和用户要求，阐述了新一代的地面和航空电子技术，并提供了不同国家战略规划所需的确切投资指导建议，满足成员国的多样化需求。

《全球空中航行计划》组块升级体现了一种长期观点，该计划制定了明确的航空器和地面运行目标以及实现这些目标所需的航空电子设备、数据链和空中交通管理系统要求[3]。该计划的核心是四个航空绩效改善领域[3,7]，即机场运行、全球互用的系统和数据、最佳容量和灵活飞行以及高效飞行航路。

绩效改善领域以及与每个区领域相关的 ASBU 模块按时间节点划分为 4 个组块（组块 0、1、2 和 3），如图 7-1 所示。为了实现协调的全球航行系统，对达标时间做了限定。4 个组块以 6 年为时限滚动实施一组改善领域的技术和程序的升级。每一组块的技术和程序都已安排为唯一的模块（图 7-1 中的小方块）。值得注意的是，并不是所有成员国都需要全部实施所有的模块，成员国可以依据各自的航行系统规划，有针对性地采用与其运行要求相符的模块。

组块 0 展示了当前已经发展以及在许多国家地区实施了的各种技术和程序模块，包括自 2013 年至 2019 年的近期实施方案和 2013 年实现有特定绩效模块的组件，这些组件的应用需要在 2019 前年完成。组块 1~3 阶段性实施开

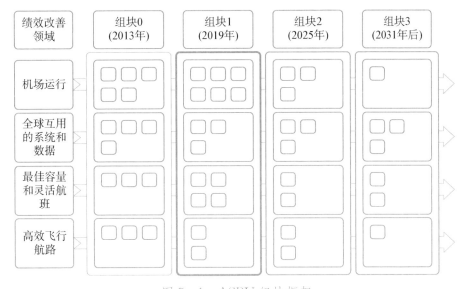

图 7-1　ASBU 组块框架

注：此为框架图，每一组块/绩效领域内的实际模块数可能不同。

展期分别开始于 2019 年、2025 年和 2031 年[3,7]。

每个绩效改善领域组块升级路线由不同组块组成，在不同的达标时限内，成员国可以有选择地完善组块中的一个或多个模块。绩效改善领域包括机场运行（见图 7-2）、全球互用的系统和数据（见图 7-3）、最佳容量和灵活航班（见图 7-4）、高效飞行航迹（见图 7-5）[3,7]。

全球航行系统各组块所需的技术涉及通信、导航、监视、信息管理、航空电子技术和绩效[3,7]。

（1）通信：包括空地数据链通信、地面通信和空地语音通信。现有的 VHF ACARS 将逐步淘汰，在大陆地区空管服务通信主要使用 VDL 模式 2 和 ATN 技术，随着新通信技术的出现和机载设备的更新，可提供更多的信息服务，如天气资讯、地图等；随着数据链性能、可靠性、可用性、安全性的不断提高，数据链将成为主要的空地通信方式；在洋区和偏远地区，有望完成 HF 数据链向 SATCOM 数据链的迁移；IP 网络将继续使用，升级到互联网协议第 6 版（internet

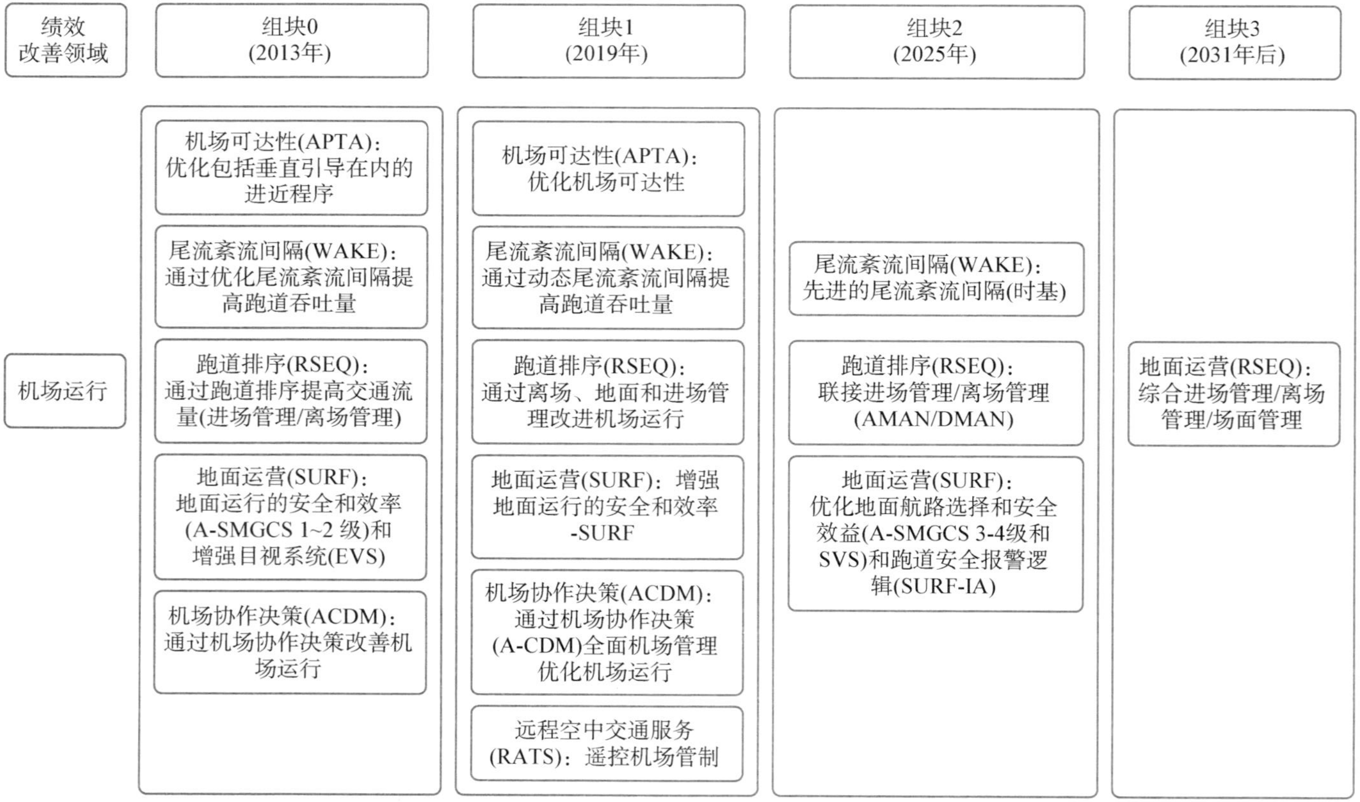

图7-2 机场运行领域组块升级

绩效改善领域	组块0 (2013年)	组块1 (2019年)	组块2 (2025年)	组块3 (2031年后)
机场运行	机场可达性(APTA): 优化包括垂直引导在内的进近程序	机场可达性(APTA): 优化机场可达性	尾流紊流间隔(WAKE): 先进的尾流紊流间隔(时基)	地面运营(RSEQ): 综合进场管理/离场管理/场面管理
	尾流紊流间隔(WAKE): 通过优化尾流紊流间隔提高跑道吞吐量	尾流紊流间隔(WAKE): 通过动态尾流紊流间隔提高跑道吞吐量	跑道排序(RSEQ): 联接进场管理/离场管理(AMAN/DMAN)	
	跑道排序(RSEQ): 通过跑道排序提高交通流量(进场管理/离场管理)	跑道排序(RSEQ): 通过离场、地面和进场管理改进机场运行	地面运营(SURF): 优化地面航路选择和安全效益(A-SMGCS 3-4级和SVS)和跑道安全报警逻辑(SURF-1A)	
	地面运营(SURF): 地面运行的安全和效率(A-SMGCS 1~2级)和增强目视系统(EVS)	地面运营(SURF): 增强地面运行的安全和效率-SURF		
	机场协作决策(ACDM): 通过机场协作决策改善机场运行	机场协作决策(ACDM): 通过机场全面机场管理(A-CDM)优化机场运行		
		远程空中交通服务(RATS): 遥控机场管制		

绩效改善领域	组块0 (2013年)	组块1 (2019年)	组块2 (2025年)	组块3 (2031年后)
全球互用的系统和数据——通过互用的全球系统信息管理	协同环境中的飞行和流量信息(FF-ICE)：通过地对地整合提高互用性、效率和能力	协同环境中的飞行和流量信息(FF-ICE)：通过离场前应用飞行与流量信息的协同做第1步，提高互用性、效率和容量	协同环境中的飞行和流量信息(FF-ICE)：通过多中心对地整合加强协调(飞行与流量信息的协同对象和航班信息管理)包括扶行阶段	协同环境中的飞行和流量信息(FF-ICE)：通过引入协同环境中的飞行和流量信息(FF-ICE)，完善运行绩效
	数字化空中交通管理信息(DATM)：通过数字航空信息管理提高服务质量	数字化空中交通管理信息(DATM)：通过整合所有数字空中交通管理信息提高服务质量	广域信息管理(SWIM)：通过全系统信息管理，启动空中合作与参与空中交通管理	
	先进的气象信息(AMET)：气象信息支持加强运行效率和安全	广域信息管理(SWIM)：通过应用广域信息整合(SWIM)改进绩效		先进的气象信息(AMET)：通过综合气象信息(短期和即时服务)，加强运行决策
		先进的气象信息(AMET)：通过综合应用(规划和短期业务)，加强业务决策		

图7-3 全球互操作系统和数据领域组块升级

绩效改善领域	组块0 (2013年)	组块1 (2019年)	组块2 (2025年)	组块3 (2031年后)
最佳能力和灵活飞行——通过全球合作空中交通管理	自由航线运营(FRTO): 通过加强航路航迹航行运行	自由航线运营(FRTO): 通过优先空中交通服务航线选择完善运行	网络运行(NOPS): 加强用户参与网络的动态利用	网络运行(NOPS): 交通复杂性管理
	网络运行(NOPS): 通过基于一种全网络视角的规划、完善流量绩效	网络运行(NOPS): 通过网络运行规划提高流量绩效		
	替代监视(ASUR): 地面监视的初始能力			
	机载间隔(ASEP): 空中交通状况意识(ATSA)	机载间隔(ASEP): 通过间隔管理提高能力和效率	机载间隔(ASEP): 机载间隔(ASEP)	
	最佳飞行高度层(OPFL): 通过使用广播式自动相关监视(ADS-B)的爬升/下降程序加强飞行达到最佳飞行气压高度			
	机载避撞系统(ACAS): 改进ACAS	安全网(SNET): 进近地面安全网	机载避撞系统(ACAS): 新避撞系统	
	安全网(SNET): 提高地面安全网的效率			

图 7 - 4 最佳容量和灵活飞行领域组块升级

绩效改善领域	组块0(2013年)	组块1(2019年)	组块2(2025年)	组块3(2031年后)
高效飞行航径—通过基于航迹的运行	持续下降运行(CDO)：提高下降航迹(CDO)的灵活性和效率	持续下降运行(CDO)：利用垂直导航(VNAV)，提高下降航迹(CDO)的灵活性和效率	持续下降运行(CDO)：利用垂直导航(VNAV)、所需高速度和进场时间，提高下降航迹(CDO)的灵活性和效率	
	基于航迹的运行(TBO)：通过初始应用航路数据链和卫星话音通信(SATVOICE)提高安全和效率	基于航迹的运行(TBO)：加强交通同步和初始基于航迹的运行	基于航迹的运行(TBO)：基于全四维航迹的运行	
	持续爬升运行(CCO)：提高离场航迹的灵活性和效率-持续爬升运行(CCO)	远程驾驶航空器系统(RPAS)：将遥控驾驶航空器(RPA)系统初步融入非间隔空域	远程驾驶航空器系统(RPAS)：遥控驾驶航空器融入交通	远程驾驶航空器系统(RPAS)：遥控驾驶航空器透明管理

图7-5　高效飞行航迹领域组块升级

359

protocol version 6，IPV6）；地面语音通信向网络电话（voice over internet protocol，VOIP）迁移；数字化航行通告和气象信息采用航空信息交换模型（aeronautical information exchange model，AIXM）和气象信息交换模型（weather information exchange model，WXXM）数据交换格式，将广泛在 IP 网络上实现；飞行情报交换模型（flight information exchange model，FIXM）将被引入作为全球交换飞行数据的标准；将研发新的地基和星基通信系统。

（2）导航：包括地基导航、星基导航以及基于性能的导航（PBN）。导航技术受各地区因素限制，ICAO《全球空中航行计划》的目标是在 GNSS 的支持下，未来统一 RNAV 和 PBN 的全球导航能力。随着区域导航近年来的逐步应用，新的航路网络规划对地基导航设施的依赖逐渐减少，新的航路设计可以更加灵活、充分地考虑空中交通流量的需求，摆脱地基导航设施选址与运行的诸多限制；随着航空器机载设备技术发展，PBN 能力逐步提升以及 GNSS 定位的广泛使用，未来的大容量空域将不再必须由大量地基导航设施提供导航服务。

（3）监视：包括场面监视、地空监视和空空监视。重点部署协同式监视系统，ADS - B、多点定位系统（multilateration，MLAT）、广域多点定位（wide area multilateration，WAM）系统得到广泛应用；监视的功能更多关注空中监视系统的机上部分，其应具备与全球监控技术兼容的性能；协同式监视技术将作为主用监视技术；根据具体的空域运行需求、监视需求、工程建设条件等限制因素，混合使用各种监视技术，以达到最佳成本收益比；高级空中情景意识应用将就绪。

（4）信息管理：在一个安全的环境下实现高质量、及时的信息共享。广域信息管理（system-wide information management，SWIM）是实现未来空中交通管理应用的基础，各种信息的可用性、时效性、安全性及服务质量等方面的复杂的管理，都由 SWIM 系统完成。采用 AIXM 数据规范的数字化 NOTAM 和采用 WXXM 数据规范的气象信息，将通过 SWIM 系统发布；航班对象（flight object，FO）信息被引入，加强与各运行单位之间的协调能力。FO 信息将通过基于 IP 网的 SWIM 系统实现共享,并通过 SWIM 的同步服务实时更新信息;一段时期内点对点的传统 AIDC 信息交换仍将和 SWIM 同时存在;FIXM 将作为一个交换航班信息的全球标准被提出;SWIM 支持的新概念将出现,如可以管理远程空域的虚拟 ATS 设施等;完全部署 SWIM,使包括航空器在内的所有相关方都能够获得运行信息和相关服务,包括完全的四维航迹共享。

（5）航空电子技术和绩效:包括通信、导航、监视、机载安全网及机载系统。航空器安装交通计算机,运行 TCAS,未来将包括新的空中交通情景意识功能和机载间隔辅助系统;随着组块要求不断改进升级,集成 CNS 的 FANS 3/C 将就绪（通过 ATN baseline2）,通过连接 FANS 通信设备和 FMS 设备,提供集成的通信和监视能力,这一航空电子系统的集成将支持 FMS 自动载入由数据链传输的复杂 ATC 指令;通过连接 FANS 通信设备和交通计算机提供集成的监视能力（通过 ATN baseline2）,这一集成将支持交通计算机自动加载由数据链传输的机载间隔辅助系统（airborne separation assistance system, ASAS）信息;航空器将通过空地数据链通信接入 SWIM;FMS 能力将提升以支持完全四维航迹能力;驾驶舱内用于机场的综合视景系统（synthetic vision system, SVS）将就绪。

7.1.4　实施情况

根据《全球空中航行计划》第五版,本节分别从工作重点、组块优化和最短路径、支持 ASBU 模块实现的 ICAO 工具、建立 ATM 逻辑架构及财务指导五个方面简要介绍计划的具体实施情况[3]。

1）工作重点

ICAO 当前的工作重点放在发展和执行 PBN、持续下降运行（continuous descent operations, CDO）、持续爬升运行（continuous climb operations, CCO）和空中交通流量管理（air traffic flow management, ATFM）上。

航行计划实施的首要目标是在进一步完善和发展 PBN 概念的同时,帮助各成员国成功实施 PBN 路线及程序。先进 PBN 的功能正在开发和应用中，这将增加在充满挑战的环境中 PBN 的可用性，允许更多的机场提高运行效率，PBN 被确定为发展的长期战略。目前许多主要机场采用 PBN 终端程序 CDO 和 CCO，通过合理的设计显著地减少了环境影响，实现了更大的环境效益。此外，ICAO 区域办事处和 ICAO 区域分办事处也积极地支持 ATFM 实施，除了提供技术指导外，他们还开发了区域性的运营理念并组织培训活动，以促进 ATFM 和协作决策（collaborative decision-making，CDM）的实施，并组织了相关的研讨会。

2）模块优先次序和最短路径

国际民用航空界明确表明，ICAO 应向各国提供如何确定模块优先次序的指导。尽管所有航空系统组块升级都同样重要，但是，人们认识到：

（1）一些模块必须在全球范围内实施，因此，必须将其作为实现全球互用性的最短航径的一部分。

（2）在尽可能短的时间内部署这些模块将为航空利益相关方带来最大可能的惠益。

（3）应在相同的时段内落实这些模块。

一些具体的组块 0 模块已经这样做了，如 B0 - ACAS（改进机载避撞系统，TCAS v7.1）。ICAO 统一授权从 2014 年 1 月 1 日起改进机载避撞系统，并不晚于 2017 年 1 月 1 日进行全面安装；B0 - APTA（优化包括垂直引导在内的进近程序）大会决议敦促各国实施垂直引导的进近程序（APV）（气压式垂直引导和/或增强的全球导航卫星系统），包括到 2016 年所有仪表跑道都采用横向导航最低标准；B0 - DATM 通过数字航空信息管理提高服务质量，让全世界对数据信息交换预准备；B0 - FICE（通过地对地整合提高互用性、效率和容量）通过使用 AIDC 加强各空中交通服务组件（ATSU）之间的协调。

目前还没有雷达覆盖，但每一部门扇区需要飞行更直接的航线或更多交通量的地区可以将上述情况作为目标：B0 - ASUR（ADS - B 和 MLAT）从业务上说，与常规雷达相比，独立监视基础设施的费用较低，这就支持业务决定将雷达等效服务量以及类似雷达间隔程序的用途扩大到偏远或非雷达区。

预期今后数年内将在全世界部署三种组块 1 模块（B1 - FICE、B1 - DATM、B1 - SWIM）。协调统一和互用性方面的制约将使得这些模块变得至关重要，成为未来空中交通管理系统的基础。

需要制定适当的高级别原则和准则，以便弄清全球一级的重要模块。考虑到安全性和互用性是根本目标，这些原则可以侧重于能够提供以下内容的模块：

（1）直接而切实的安全性改进。

（2）地对地系统的互用性，同时认识到自动化系统应该能够在全世界进行有效通信。

（3）空对空系统的互用性，同时认识到空用系统必须能够不受制约地进行互动。

3）ICAO 辅助航空系统组块升级实施的工具

ICAO 在全球空中航行计划条目下的网页将为许多工具和文档的集中访问提供服务，除了完整的 ASBU 文档之外，还包含成员国的模块描述和行业参考。ICAO 文件的每个 ASBU 模块都包含了标准、程序、指导材料和批准文件清单，以获得操作改进的全部收益。ICAO 已将其工作计划与该清单联系起来，并根据两个早期的修正周期提供更新的文件清单。ICAO 第十二次航空器会议和 ICAO 第三十八届会议（A38 - 11 号决议）建议的标准化路线图正在制定，标准化路线图不仅反映了 ICAO 的工作计划，而且是与其他标准制定组织合作的基础。

4）建立 ATM 逻辑架构

第十二届空中导航会议要求 ICAO 开发一个全球性的 ATM 逻辑架构，这项工作已经开始，ATM 逻辑架构的第一个版本业已完成，ICAO 将在该架构的基础上开展工作，以使其进一步完善。

5）财务指导

在过去三年里,考虑到经济影响评估、业务论证、成本效益分析、金融工具、奖励措施以及与国际民航组织政策文件的关系,ICAO 的多学科工作组编制了关于如何制定实施的指导材料,以协助国家、利益攸关方和区域实施 ASBU。

7.2 NextGen 发展规划

7.2.1 提出背景

美国未来航空发展呈现三个突出特点,一是空中交通流量的增长速度超过乘客数量的增长速度;二是航空活动的类型趋于多样化,除商务运输、军用运输、公务机和私人飞机外,还将增加无人驾驶航空器等新的机型;三是新的航空器性能更加先进,但传统的航空器还在服役,航空器之间的性能差异较大,为运行方式、效率和安全管理带来挑战[8]。早期投入的 ATM 系统设施投资巨大,性能不足,运行维护成本高,现有的 ATM 系统采用基于地面的导航、话音通信和传统的雷达监视,自动化程度低,不能适应日益发展的航空运输需要。

为了保持美国在航空运输业、制造业、标准制定和新技术等方面的世界领先地位,适应更加节约成本、节能环保的航空发展趋势,提高航空系统容量的任务变得更加迫切和艰巨[8]。美国国家航空航天局(National Aeronautics and Space Administration,NASA)预测,在现有的空管系统运行下,到 2022 年,因航空系统容量原因将导致每年高达 220 亿美元的损失。在航空运输压力可能激增的背景下,美国需要发展新一代航空运输系统,以保障安全、增加容量、增强灵活性、提高运行效率及降低成本[8]。

根据美国《世纪航空再授权法案》,新一代航空运输系统发展战略是建立一个更加现代化的新型的航空运输系统,以满足未来航空运输对安全、容量、灵活、效率以及安保的需要。该法案授权运输部、国土安全部、商业部、国防部、白宫科学与技术政策办公室、NASA、FAA 七大政府机构组成联合计划发展办公室(Joint Planning & Development Office，JPDO)，联合企业、私营、学术团体等，开展新一代航空运输系统的研究、开发与建设，JPDO 设在 FAA 内，受 FAA 和空中交通组织(Air Traffic Organization，ATO)领导。2004 年，JPDO 向国会提交了《新一代航空运输系统计划》，2006 年正式更名为 NextGen[8]。

7.2.2　概念与目标

NextGen 是 2012—2025 年间在美国实施的新的国家空域系统的名称。为了实现这一目标，FAA 将对整个美国的航空运输系统进行广泛的变革。NextGen 由 FAA 主导，旨在提升美国国家空域系统(national airspace system，NAS)的安全性与效率，更好地满足未来的交通负荷，减少交通堵塞，并保持安全。它采用基于卫星的技术取代了传统的基于地面的技术。

NextGen 将允许飞行员和调度员自由选择飞行路线(通常为直接的飞行路线)，而不是遵循现有的如同高速公路一样固定的航路。每架飞机将实时发送和接收关于其预计路径交叉关键点的精确信息。通过使用改进的信息共享、新技术来感知和减轻天气的影响，以改善天气预报和决策，天气对飞行操作的影响将不断减少。精准的预测以及高度的自动化将最大限度地减少空域限制和交通限制。

NextGen 的新程序将改善机场地面运行，减少飞机间距要求，并更好地管理进出繁忙空域的总流量，充分利用繁忙机场；同时，NextGen 关注的对象不仅是繁忙机场，而且是整个国家空域系统，将面向整个系统未开发的容量。依靠航线管理以增加吞吐量，提高交通运行效率。

美国制定了 NextGen 的如下 8 项战略目标[8]：

(1) 建立灵敏、快速反应的空中交通系统，从容应对目前及未来航空器运行、容量和新商业模式的运行需求。

(2) 提高机场能力，制订应对未来需求的机场运行和管理新概念，改进机场设施以满足发展需求。

（3）建立综合、主动的安全管理系统，将安全管理延伸至设计阶段。

（4）全面提高天气观测和预报水平，使气象参与航空运行全过程决策，减少天气对飞行的影响。

（5）建立高效、透明的多层次安保系统，不限制公众流动性和公民自由，减少延误，不增加额外成本。

（6）建立网络信息平台，使得航空器承运人、乘客等所有用户都可以获取所需信息，掌握环境动态，得到个性化情景意识服务。

（7）制定新政策和新程序，采用新技术开发新燃油、发动机和航空器，减少航空污染，保护环境。

（8）制定全球统一的标准、程序和航空政策，推进全球在技术、装备及运行等方面的兼容性和一致性。

NextGen 的根本目标在于通过推进以全球统一标准的美国产品和服务继续对外开放，保持美国在全球航空业的领导地位。

按照计划，美国 NextGen 将分成如下三个阶段：

（1）第一阶段是充分利用现成技术改进航空系统，同时开展对 NextGen 所需技术的研究。

（2）第二阶段将致力于应用第一阶段的研究成果。

（3）第三阶段将扩大至全国范围运行。

NextGen 预计到 2025 年完成，预计其基础设施建设将耗资 15～22 亿美元。图 7 - 6 为当前 NextGen 程序在实际中的应用[9]。

7.2.3 技术与政策

NextGen 的航空通信以数据链通信技术为核心，能够将传统的空地通话所无法传递的信息传输到地面[10]。传统的地基导航技术将逐步被星基导航系统替代，由于卫星导航系统覆盖全球，包括大洋、沙漠、山区等无法设立地基导

图 7 - 6　当前 NextGen 程序在实际中的应用

航台的范围,因此可以最大限度地摆脱地面导航台信号覆盖范围造成的限制,更灵活地选择飞行航线。新的航空监视技术以飞行器导航系统提供的精确位置为信息源,通过数据链以广播的方式,主动将自身位置信息传递给地面管制部门或者临近空域的其他飞行器,从而实现地面对飞行器运行状态的监视以及飞行员对所处交通状况的实时感知,改善了传统监视手段覆盖范围有限、飞行员无法掌握周围空中交通态势的弊端[10]。据估计该系统将于 2025 年完成,届时将实现飞行任务的四维航迹管理,拥有管制员辅助决策系统,增强飞行员的情景意识,使航空运行更精准、更安全,使机场和空域有更大的容量,从而提高空中交通效率、降低成本、减少排放和噪声污染[10]。

　　基于性能的运行能力是 NextGen 最核心、最根本的改变,其主要技术特点包括如下几方面内容[8]。

　　(1) 不再强调以地面设备为核心,而是以综合航行性能为核心,PBN(RNAV/RNP)根据机载性能享受不同的空域服务(如航迹选择、间隔等)。

　　(2) 强大的网络信息访问能力:将现有航空各类信息进行整合,航空业各方既提供信息,也共享信息,发挥信息在决策支持中的作用,网络平台透明、开放、共享;特别是气象信息参与决策能力可以避免目前 6% 因天气原因造成的航班延误,减少损失大约 4 亿美元,把地面和空间气象观测系统整合成一个虚拟的国家航空气象信息中心,采用数据链发布更准确、及时的气象预报,飞行员可以根据机载能力灵活选择航线。

(3)多层次自适应安保:安保系统将与其他领域安保信息联网,通过网络信息把安保关口前移,减少对乘客的人身干预。

(4)采用 GPS、GALELIO、GLONASS 全球卫星导航系统,通过地面、空间和机载增强系统提高导航精度,可保障航路、终端区、进近飞行和着陆。

(5)基于航迹的航空器运行能力:动态的空域管理、分配和使用,灵活选择航迹,增加自主间隔调配。

(6)可视飞行的能力:把相邻航空器的位置、航迹、机场电子地图、气象信息等传输到驾驶舱,采用驾驶舱显示技术使得飞行员和管制员看到的是同一种真实的情景。

(7)优化机场跑道、滑行道布局,减少跑道占用时间和滑行时间,提高起降能力,采用新技术提高机场运行安全和效率,如防止跑道入侵、地面交通管理等。

(8)采用 ADS-B 技术,飞机把自身空间位置和航迹(机载计算机提供的卫星导航数据)通过数据链广播到空间和地面,其周边飞机和地面管制员可以看到该飞机的实时位置及飞行轨迹。

(9)建立在新技术、新程序上的新型的 ATM 系统和基于性能的航空运行模式。

为保证各项技术在近期具备实施条件,FAA 联合航空业于 2014 年成立了 NextGen 咨询委员会。由委员会所属工作组制定 NextGen 优先事项联合执行计划,确保在特定的时间节点下,相应技术得以实施。设置优先事项的目标是确定实施优先级,通过特定的日期提供可量化的效益,从而增加公众对 NextGen 的信心。委员会确定了 4 个重点领域的一组综合计划——多跑道运行(multi-runway operation,MRO)、PBN、场面运行和数据共享以及数据通信。

(1)MRO:FAA 在位于 MRO 重点区域的 16 个终端雷达进近管制(terminal radar approach control,TRACON)设施和 30 个机场实施了尾流再

分类(recategorization，RECAT)，该方案允许因安全分离而产生的延迟缩短，节省时间和燃料燃烧以及减少航空碳排放。

(2) PBN：PBN框架确保更安全和更有效的飞行路径，节省燃料和减少飞机排放。2016年，PBN实施了5项计划以及若干评估和研究。在2017年6月的会议上，工作组讨论了垂直导航能力的装备，并要求对航空装备清单进行验证。

(3) 场面运行和数据共享：对于场面运行和数据共享，通过FAA的系统信息管理，航空业在共享数据方面取得了重大进展。达美航空公司和美国航空公司正在提供11个场面数据以提高场面效率，其他航空公司正处于测试和开发阶段。

(4) 数据通信：基于数据通信可以提供更准确、更高效的信息交互；数据通信可通过HF、VHF等多种方式实现[11]，基于卫星系统的数据通信是实现全球航空器驾驶舱高安全数据传输的最佳手段。

7.2.4　实施情况

随着航空运输流量的快速增长，现有的技术、设备以及航空运输方式将不能满足未来的流量需求[8]，FAA在如下6个方面对NextGen展开了研究和开发工作。

1) ADS-B

ADS-B利用机载航空电子设备向地面站广播飞机的位置、高度和速度等信息，通过接收ADS-B数据，管制员能够根据数据对飞机状态进行监控，航空器可以接收其他航空器发送的ADS-B信息或地面服务设备发送的信息，为机组提供运行支持。为了实现全球覆盖，基于星基的ADS-B将是未来技术的发展趋势，其工作原理如图7-7所示。

FAA在2014年已完成在全国范围内部署ADS-B地面站，目前，ADS-B已整合到管制高空交通的24个航路的ATC设施及30个最繁忙终端区的自动化平台中。随着平台系统的升级，将在其他终端区部署，目前全国都可以接收

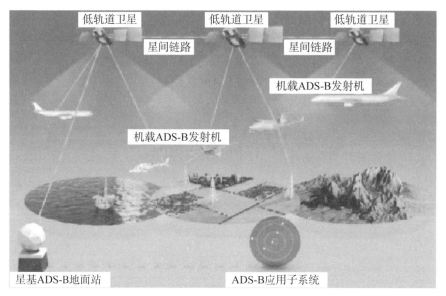

图7-7　基于星基的ADS-B工作原理

ADS-B的交通和天气的广播。

利用ADS-B,管制员可以在雷达受限时追踪管制区内航空器,帮助飞行员目视进场。已有实例验证,在对流天气或不利的逆风情况下,使用ADS-B可以节约飞行时间,降低油耗,减少飞机尾气排放量。地面监控系统可通过使用ADS-B和其他数据源,提醒管制员潜在的跑道和滑行道的冲突,减少跑道入侵和其他地面事故发生[12],目前,ADS-B已经在全美35个机场得到应用[13]。

2)数据通信

数据通信通过空地数据通信网络建立飞机机载设备与地面计算机系统之间的数据通信连接,实现飞机与地面系统之间的双向数据通信。目前常用的空地数据通信方式有HF通信、VHF通信和SATCOM,空地数据通信系统架构如图7-8所示。

数据通信使管制员和飞行员不再仅仅依赖无线语音通信,而且能够通过数字通信传递信息。按一个按钮,管制员可以用电子的方式直接向飞行员发送程序的指令,消息只在发布对象的飞机驾驶舱中显示,减少无线语音交流可能造

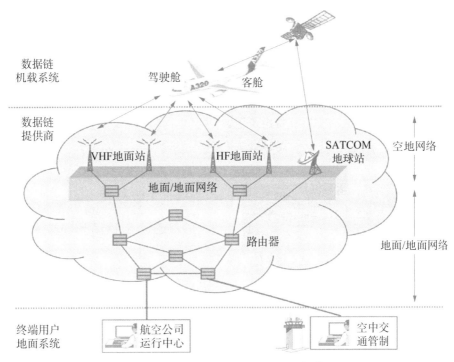

图 7 - 8　空地数据通信系统架构

成的误解。

2016 年 1 月,美国完成了孟菲斯与纽瓦克机场的塔台试验。FAA 在盐湖城、约翰肯尼迪、纽瓦克等机场部署了塔台数据通信服务的初步操作功能,并在 2016—2019 年在其余的机场塔台展开部署,到 2019 年,初步应用地空数据通信功能。FAA 为机舱配备数据通信的运营商提供激励资金,在激励计划下,多家航空公司已同意添加数据通信设备。在孟菲斯和纽瓦克机场的实验表明采用数据通信,缩短通信时间,提高飞机运行效率,减少延误并减轻飞行员和管制员的工作负荷[14]。

3) 航路自动化现代化

航路自动化现代化(en route automation modernization, ERAM)是 NextGen 的基本程序,远比被它取代的前任更强大和灵活,它联网了美国本土 20 个航路交通控制中心,执行的核心功能是指挥高空 ATC。

ERAM 系统处理航班、监控雷达数据,确保管制员与飞行员的沟通效率,生成详细的显示数据,它覆盖了几乎全国所有的空域,并且每年管制超过 3 000 万个航班,是非常先进的计算机系统。ERAM 是由 FAA 部署的最复杂的、具有挑战性的计划,2015 年 3 月,ERAM 取代了 FAA 在全国 20 个航路交通管制中心服役 40 年的航路主机和备份系统。

ERAM 的优势包括如下几方面:

图 7 - 9　ERAM 扇区

(1) ERAM 能够处理来自 64 个雷达的数据,如图 7 - 9 所示[15],提供更大的覆盖范围,确保 ERAM 系统能够一次跟踪 1 900 架飞机,远高于之前系统能跟踪的 1 100 架飞机,从而实现飞机在空域扇区之间更高效的过渡。

(2) 多雷达的目标报告取代了传统系统中的单一雷达跟踪,提供更准确的飞机跟踪,提高管制员工作效率。

(3) ERAM 具备自动化交通冲突警报和最低安全高度警告及记录空中交通事件的功能。

(4) 增加了可变分离标准操作的新功能,允许管制员以最有效的方式分离飞机,增加了空域容量。在涉及拥堵、恶劣天气和其他空域限制时,增加了飞行线路的灵活性。

(5) 实现在不中断 ATC 服务的情况下系统的日常维护,空中交通管制员可以定制他们在屏幕上看到的东西。

(6) 确保航空公司能够利用他们的机载设备实施 PBN 飞行路线,更直接高效。

(7) 减轻空中交通管制员的工作压力,并实现了管制中心之间实时管理与信息共享的协同合作与无缝数据共享。

4）终端自动化现代化更换系统

终端自动化现代化更换（terminal automation modernization and replacement，TAMR）系统将多个空中交通控制系统升级为一个单一的现代化平台：标准终端自动化更换系统（standard terminal automation replacement system，STARS），新旧系统对比如图 7 - 10 所示[16]。STARS 是 NextGen 的基础，确保 ADS - B 和其他新一代航空运输技术得以实现。

图 7 - 10　新旧终端自动化系统对比

STARS 为空中交通管制员提供更完整的空域图像，管制员使用 STARS 为机场终端区的飞行员提供 ATC 服务；在维护 NAS 终端设备安全性的同时提高效益；为管制员提供高级功能满足多样化需求；为技术人员提供更容易维护的基础设施；TAMR 允许 TRACON 设施使用 ADS - B 数据和其他使飞行更安全、更有效和更可预测的数据。

FAA 于 2015 年完成了 TAMR 的主体软件开发，TAMR 一期和二期已经完成，三期正在进行中。一期 STARS 取代了 54 个终端雷达进近管制设施的雷达自动处理和显示系统；二期 STARS 升级追加了 4 个终端雷达进近管制设施，并在 4 个大型终端雷达进近管制区实现现代化的自动雷达终端系统；三期将升级系统的软件和硬件。在本阶段，STARS 将取代 100 多个自动系统。2017 年 10 月，STARS 在 11 个终端雷达进近管制区全面投入运行，处理全美 80% 的交通量。STARS 预计于 2020 年完成部署。

5）国家空域系统语音系统

国家空域系统语音系统（NAS voice system，NVS）采用安全的数字语音技术代替应用了几十年的模拟语音技术。目前的点对点语音交换技术使得管制员只能与无线电信号覆盖范围内的航空器联络。相比之下，NVS 数字网络不受地理因素限制，语音业务可从一个位置传递到另一位置，遍及全国，NVS 的实际应用情景如图 7 - 11 所示[17]。

图 7 - 11　NVS 的实际应用情景

2015 年 6 月，NVS 完成了核心软件和硬件的设计评审，为 FAA 进行实验测试扫清了道路，并于 2019 年完成运行测试、关键站点测试与评估。FAA 将在空中交通管制塔、TRACON 和航路设施内部署 NVS，NVS 系统将带来如下能力提升：

（1）使 FAA 能够共享设施之间的空地语音。

（2）空中交通管理员将能够监控 NAS 内每个语音系统节点的状态，在特殊情况下，更好地做出交通流量决策。

（3）NVS 将为无人机的新需求提供支持，包括提高无人机飞行员和 ATC 之间通信的效率和可靠性。

（4）NVS 将支持空域重新设计、动态重新整理和装载以及业务连续性规划，以防止在意外事件期间损失 ATC 通信。

6）广域信息管理

SWIM 是 NextGen 数字数据共享的基石。SWIM 基础设施确保系统提供共享的 ATM 相关信息，数据发布和访问采用单独链接，确保信息传递安全、实时、可靠。它使整个 NAS 能够提高共同的态势感知，并提高 FAA 在正确的时间向正确的人安全传递正确信息的能力。

目前全球航行信息服务主要依靠航空固定电信网（aeronautical fixed telecommunication network，AFTN）、空中交通服务报文处理系统（AMHS）网络和纸质资料，因此信息服务的内容、功能和更新周期都受到了很大的限制，SWIM 系统将为航行信息服务带来根本性的变革[18-19]。

SWIM 体系向下提供统一通信服务的网络基础设施，向上面向全球范围内信息提供者和使用者提供信息服务。SWIM 自下而上由 SWIM 基础设施、信息交换模型和信息交换服务三部分组成[20]，如图 7 - 12 所示。

SWIM 基础设施采用面向服务的架构，现有系统和新系统统一整合，逐步开发和部署。

SWIM 信息交换模型主要包括 AIXM、FIXM、WXXM/国际民航组织气象信息交换模型（ICAO meteorological information exchange model，IWXXM）[20]以及其他信息交换模型。

SWIM 信息交换服务主要包括航空数据交换服务、飞行数据交换服务、气象数据交换服务和其他数据交换服务。

（1）航空数据交换服务：未来将实现航行情报信息数据的电子化，全部信

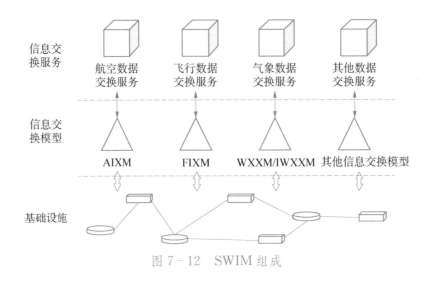

图 7 - 12　SWIM 组成

息在 SWIM 系统中传输,在用户界面转换为可阅读的文本和图形。用户还可以将数字化信息根据自我需要进行组合定制。数字化的航行情报信息还可以被自动化系统或其他系统调用,组合生成不同的信息服务产品[20]。

(2) 飞行数据交换服务:飞行信息将涵盖从首次对飞行意图进行通告直到飞行完成的整个飞行阶段,并且在飞行完成时,将这些信息存档,同时也为四维航迹管理奠定基础[20]。

(3) 气象数据交换服务:通过空地 SWIM 系统,提高了从机载气象传感器传送空中实时气象信息的可获得性,气象信息的精确度和及时性得到极大改善,有助于改善气象信息预测及实时信息的显示,使优选的航迹可以实时优化[20]。

SWIM 计划正在分段实施,时间进度安排如图 7 - 13 所示[21]。

这些服务的开发与集成时间始于 2010 年 9 月空中走廊综合天气系统(corridor integrated weather system,CIWS)的发布;同年,特殊用途空域(SUA)数据交换投入使用;2011 年,FAA 发布了综合终端天气系统(integrated terminal weather system,ITWS)和交通流量管理(traffic flow

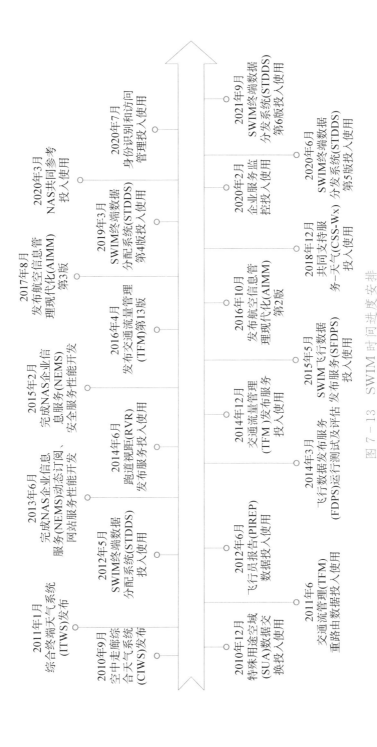

图 7 - 13　SWIM 时间进度安排

management，TFM)，重路由数据投入使用；2012 年，SWIM 终端数据分配系统(SWIM terminal data distribution system，STDDS)、飞行员报告(pilot report，PIREP)数据分别投入使用；2013 年完成 NAS 企业信息服务(NAS enterprise messaging service，NEMS)动态订阅、网站服务性能开发；2014 年，先后完成飞行数据发布服务(flight data publication service，FDPS)的运行测试及评估，跑道视距(RVR)、TFM 的发布服务投入使用；2015 年，完成 NAS NEMS 安全服务性能开发，SWIM 飞行数据发布服务(SWIM flight data publication service，SFDPS)投入使用；2016 年，发布 TFM 第 13 版、航空信息管理现代化(aeronautical information management modernization，AIMM)第 2 版；2017 年，发布 AIMM 第 3 版；2018 年，共同支持服务-天气(common support services-weather，CSS－Wx)投入使用；2019 年 3 月，STDDS 第 4 版投入使用；2020 年 2 月，企业服务监控投入使用；2020 年 3 月，NAS 共同参考投入使用；2020 年 6 月，STDDS 第 5 版投入使用；2020 年 7 月，身份识别和访问管理投入使用；2021 年 9 月，STDDS 第 6 版投入使用。

7.3　SESAR 发展规划

7.3.1　提出背景

自 20 世纪 90 年代以来，随着欧洲航空运输量的持续增长，欧洲空管部门面临着越来越大的压力，飞行延误呈逐年上升的趋势。欧洲的空域划分得非常分散和窄小，欧洲四十多个成员国共管辖总面积为 1 080 万平方公里的空域，每个国家都拥有自己独立的领空以及 ATM 机构，辖区间各自为政，飞机在欧洲上空穿行的成本和压力对每个国家都逐渐增加。

此外，由于欧洲的空军空域主要分布在欧洲政治与经济核心地带，民航繁忙航线经常要涉及空军空域，民航与空军之间缺乏有效的协调机制，因此许多航线通常设计为折线,以避开空军活动的区域,直接影响空域资源的有效利用。空域的低效利用除了给航空业增加了 30 亿欧元的成本外,还造成了不必要的 1 600 万吨的碳排放量,越来越拥挤的空域严重制约了欧洲经济的增长。

1999 年,由欧盟带头,提出了欧洲单一天空(single European sky,SES)计划,旨在重组欧洲空域,优化当前的容量使用情况,扩充未来容量,提高空管的整体效率。即根据空中交通的区域功能模块重新调整欧洲空域结构,而不是按照国家地理边界划分;增加空域容量以提高 ATM 体系的整体效益。

2001 年 10 月,欧盟委员会提出了一套全面的立法与合作行动来实施计划,其中所涉及的立法、合作都建立在 ICAO 和欧洲航行安全组织的现行国际标准的基础上,因此与全球以及各地区空管政策和运行概念发展保持一致。欧洲单一天空空中交通管理研究(single European sky ATM research,SESAR)作为 SES 计划的核心项目,于 2004 年启动。SES 确立了两大支柱,一是制度支柱,实施欧洲空中交通管理组织管理改革;二是技术支柱,实施 SESAR,以实现欧洲空管系统的现代化和和谐化[22]。

SES 发展计划(2004)与 NextGen(2005)类似,都属于新一代空中交通管理系统。

整个 SESAR 项目分成三个实施阶段。第一阶段为定义阶段(2005—2008 年),此阶段成立了 SESAR 项目联合体,由欧洲委员会和欧洲空中航行安全组织负责,由多家航空公司、机场以及空中交通服务提供者组成,其主要工作目标是为项目制订线路图,其中包括选择将要采用的技术以及确立整个项目的组织框架;第二阶段为开发阶段(2008—2024 年),该阶段工作主要包括开发路线图中所确定的关键技术;第三阶段为部署阶段(2015—2035 年),根据规划逐步实现并部署相关系统。

目前该项目正处于开发阶段,包括开发总体规划中所确定的关键技术与标准[23]。SESAR 将从技术角度完成对现行 ATM 运行方式的革新,计划完成以后,将会为整个 ATM 领域带来根本性的改变。

7.3.2　概念与目标

SESAR是欧盟委员会提出的一套全面的立法与合作行动实施计划,实现对成员国的领空进行统一监控管理,将民用和军用的空域逐渐合为一体,以缓解空中交通阻塞,减少航班延误。SESAR在确保航线的制订更加合理,航空公司减少开支的同时,缩短乘客等待候机的时间,保证乘客在无边界的欧洲空域内安全旅行。SESAR旨在缩短飞机飞行时间,同时这项政策能帮助航空运输业实现更加安全环保的飞行,从而提升运力。SESAR规划目标如图7-14所示[24-25]。

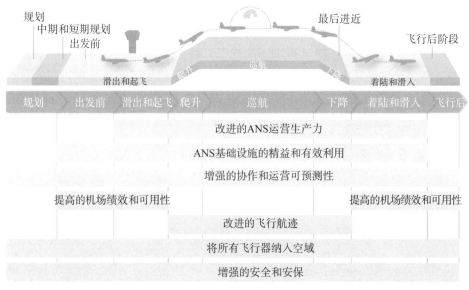

图7-14　SESAR规划目标

SESAR特点及优势[22]如下所示。

(1) 提出了ATM运行概念和演进的技术路径,SESAR提出的ATM运行概念演进路径与美国NextGen高度趋同,并作为主要力量孵化了ASBU未来ATM运行概念。

(2) SESAR的绩效提升领域、运行转型绩效与ASBU高度适应。

(3) 对标ICAO量化绩效目标,SESAR关键绩效目标与ICAO空中航行系统关键绩效目标匹配,并配套给出量化的关键绩效指标。

(4) 强化人工智能作为技术支撑,SESAR 资助了许多探索性研究项目,这些项目应用人工智能来解决欧洲 ATM 面临的各种问题,包括在不同飞行阶段增加交通流的可预测性、改善机场客流及提升系统自动化水平。利用人工智能技术实现 ATM 现代化是 SESAR 数字化战略的核心。

SESAR 的最终目标是使欧洲空中导航系统变得更加先进可靠,以满足未来 ATM 需求。根据项目规划,SESAR 将整个航空器的运行阶段所涉及的所有领域纳入不同的工作包,包括机场、空中交通服务、网络管理及基础设施等不同内容,共涉及超过 300 个具体项目。

SESAR 愿景如下:

(1) 逐步增加自动化支持的水平,采用虚拟化技术并建立标准化和可互操作系统。

(2) 系统的基础设施应用数字化技术,确保在欧洲各国都能为用户提供空中导航等一系列信息服务。

(3) 机场将完全集成到 ATM 网络中,以促进和优化空域用户的运营。

7.3.3 技术与政策

SESAR 计划提供涵盖航空器全部运行阶段的未来技术,涉及机载技术、地面技术、网络技术和 ATC 技术,这些技术将全面应用在如下四个方面[26]。

1) 高性能的机场运营

未来的欧洲 ATM 系统中机场将作为网络节点,通过 CDM 等加强机场运营能力。高性能的机场运营包括提高跑道吞吐量、综合场面管理、机场安全网和机场管理。通过精密着陆系统、基于时间的飞机间隔、SESAR 地面路径规划等提高机场运营能力。

(1) 精密着陆系统:50 多年来,机场一直依靠 ILS 在低能见度条件下(如暴雨和低云)为飞行员提供进近和着陆指导。虽然该系统已被证明是可靠和功能完善的,但盲降系统维护费用昂贵,在某些情况下具有降低跑道能力的操作限制。因此 SESAR 机场运营正在转向其他解决方案,如基于 GBAS,以满足未来对容量的需求。SESAR 验证表明与 ILS 相比,GBAS CAT Ⅱ/Ⅲ 能够克服低能见度条件带来的挑战,减少跑道阻塞时间,从而增加到达能力。

(2) 基于时间的飞机间隔:SESAR 的基于时间的间隔(time based service,TBS)标准用时间间隔代替当前的基于距离的间隔,它提供了一致的基于时间间隔的到达飞机之间的间隔能力。TBS 软件使用天气、空速、地面速度、航向和高度等实时信息向进近控制器显示基于时间的间隔和到达速度信息,在飞机上不需要改变,控制器使用实时间隔指示器来管理进近分离。

(3) SESAR 地面路径规划:SESAR 地面路径规划自动生成滑行路线,显示在控制器上。该软件使用飞行计划和当前运行数据来计算每架飞机的最佳滑行路线和滑行时间。

2) 先进空中交通服务

未来欧洲 ATM 系统的特点是提供先进的服务,通过开发自动化工具,满足管制员的日常工作需要。该功能反映在进场、离场、间隔管理、空地安全网络管理和路径规划等活动自动化程度的提高方面。通过采用 CDO、引入精密 RNAV(P-RNAV)程序和通过集群管理器(cluster manager,CMAN)协调多个机场等措施实现先进的空中交通服务。

(1) 采用 CDO 降低碳排放,减轻管制员和飞行员的工作负荷,提升乘客体验,目前主要应用于低中密度环境下。SESAR 通过采用新技术,使其能够应用于高密度飞行环境。

(2) 引入 P-RNAV 程序改进空域的设计和组织,允许飞机的机载导航系统优化飞行路径。P-RNAV 支持更有效的 CDO 和 CCO,以取代传统阶梯式飞行措施,P-RNAV 还支持曲线进近路径。

(3) 通过 CMAN 协调多个机场。欧洲的一些机场彼此非常接近,这意味着它们必须共享周围的领空或终端操纵区。然而,在今天的 ATM 中,机场被认为是独立的实体,而不是更广泛的网络中的集成节点,因此,飞机不能总是进入终端空域中最有效的航线,CMAN 通过与不同机场的到达管理系统协同工作,在平衡需求和容量的基础上计算最优的到达流。

3) 优化 ATM 网络服务

一个优化的 ATM 网络必须是强大的,具备较强的抗干扰能力,这需要有一个通用的、可更新的、连续一致并且准确的计划,为所有的规划与执行人员提供参考信息。该网络的功能包括先进的空域管理、先进的需求和容量平衡(demand and capacity balancing,DCB)、优化用户空域及优化的 ATM 网络管理等。通过采用网络运营计划(network operations plan,NOP)、动态扇区管理、灵活空域使用等措施实现优化的 ATM 网络服务。

(1) NOP:实时显示整个欧洲的空中交通情况信息,通过 NOP,空中导航服务提供商、航空公司、地面操作员、气象专家和机场可以查看当前情况并协调它们的活动。SESAR 正在扩展协同 NOP 的信息结构,以使网络管理器和其他成员之间能够进行更多的数据交换,提供更大的运行效率。NOP 使用SWIM,允许共享操作和实时决策。

(2) 动态扇区管理:SESAR 考虑空域运输需求,将空域扇区分组或非分组以匹配容量和不断变化的需求,更好地利用空域资源、提高安全性并减少延迟。动态扇区化的验证表明,在高峰期,运输容量增加了 10%,而延迟时间减少了 5%。

(3) 灵活空域使用:对于某些民用或军事用途区域的传统空域分类,被允许根据用户需求来分配空域的"灵活空域使用"概念所取代。通过加强"民用"和"军事"用途区域协调,提供灵活的空域管理能力。目前,它的应用主要涉及国家领空的使用,而不是跨境实施,SESAR 正在努力改变这种状况,提高空域连通性。

4) 可用的航空基础设施

高性能的机场运营、先进空中交通服务和优化 ATM 网络服务的实现需要一个先进且结构合理的航空基础设施做支撑,以有效利用资源并提供所需的功能,这一功能的实现取决于航空器与地面系统的集成和交互,包括 ATC 系统、飞行操作和军事任务管理系统等。

7.3.4　实施情况

空中交通拥堵现象急剧增加,对航空运输设备、技术及运输方式提出了新的挑战,欧盟开始了 SESAR 开发工作。

SESAR 当前已进行了超过 350 次的验证试验和超过 3 万次的试验飞行,有超过 60 家科研机构、超过 100 家企业和超过 3 000 名空管专家参与,共计投入超过 2 000 万工作小时,共计发布解决方案 60 余项、交付工业模型 90 余个。上述工作为重塑欧洲空域注入了新的生命力,并有效提高了空管系统的整体运行效率且更为环保[22]。

例如,SESAR 的优化下降剖面共在欧洲 9 个机场进行了 11 467 次试验飞行,燃油实际节省量为 86 t,相当于减少了 270 t 二氧化碳排放[22]。

此外,SESAR 在数据通信应用程序、ACAS 地面监控系统、机场的航空移动通信系统及灵活的航空电子通信等方面取得了阶段性的进展。

1) 数据通信应用程序

飞机已经使用的数据链可以在途中发送位置更新和变更路线的请求,现在技术可以达到管制员提前发送离场指令给在等待的飞行员。SESAR 在现代飞机上通过 CPDLC 程序测试机场的信息交换,该服务可以在一些拥有高级管制员的机场实施。在滑行阶段通过数据链传递信息和许可被称为数据链滑行(data link taxi,D - TAXI),该解决方案的目标是通过数据链在管制员和机组人员之间交换非关键信息,从而减少语音通信。当然,无线电在任何时候都是可用的[27]。

2) ACAS 地面监控系统

该系统具备为地面安全网提供实时机载数据的潜力。目前,已利用测试平台监测整个上层空域,收集三年以上的数据并进行概念论证。ACAS 地面监控系统能够正确接收、解码和关联决断咨询信息;能够在 2 s 内处理并提供有效的解决建议,并过滤假警报;在地面采集决断咨询信息是可行的,非常有益;监控传感器数据(S 型雷达、WAM、MLAT 和 ADS‐B)的相关性;该系统已用于 ACAS 地面独立离线监测(统计分析和事故分析),这个方案正在进行中,进一步的工作预计将解决管制员操作使用问题[28]。

3) 航空移动机场通信系统

航空移动机场通信系统(AeroMACS)为机场内饱和的 VDL 通信提供了一个解决方案,这个技术解决方案基于商业 4G 技术,采用 IEEE 802.16 (WiMAX)标准。在保留(航空)频段的同时,AeroMACS 可用于空中导航服务提供商(air navigation service provider,ANSP)、空域用户和机场当局的通信,遵循 SESAR 未来通信设施的理念。

该系统将实现高容量信息交换,为 ANSP、空域用户和机场提供全球互操作性和关键通信集成;以较低的成本支持增强的通信和信息分发,具备先进的安全能力和较高的安全水平;先进的地面 CNS 系统以及更有效的机场地面操作。

SESAR 验证了机场地面数据链系统的概念和用法,模拟阶段已完成。此外,SESAR 引领了 ICAO、AEEC 标准的制定。AeroMACS 将继续支持多链路未来通信设施的理念,加强数据运营的鲁棒性,为数据链通信成为空域通信的主要方式提供支持[29]。

4) 灵活的航空电子通信

当前,民用航空器上通常装有多个无线电设备,这些设备不仅成本高昂,而且增加了航空器的重量及油耗。SESAR 灵活的电子通信设备旨在克服这种设备带来的挑战,该方案有可能降低成本、重量、尺寸以及由于航空器装有多个无线电系统造成的动力损失,并使无线电系统的增加、移动、更换或升级具有灵活性。同时,该解决方案有助于实现从当前技术到未来技术的过渡,是实现多链路高效运行的关键。

该解决方案的可行性已通过两种原型系统开发验证、实验室测试以及利益和风险的评估。

7.4 中国空中航行体系发展规划

7.4.1 背景

前述三节介绍了目前最具国际影响力的三大空中航行体系,分别是 ICAO 的全球空中航行计划(GANP)、美国的下一代航空运输系统(NextGen)和欧洲的单一天空空中交通管理研究(SESAR)。ICAO 作为联合国专门机构,其宗旨在于发展国际航行的原则和技术,促进国际航空运输的规划和发展,以便实现全世界民用航空安全有序发展[30],NextGen 和 SESAR 在 ICAO 的 GANP 统一框架下,根据美国和欧洲具体发展需求,制定符合本地区技术发展的空中航行发展规划。

改革开放以来,中国民航事业进入高速发展期,30 余年来始终保持着两位数的综合增长率。与此同时,美国 NextGen 和欧洲 SESAR 空中航行系统持续推进,衍生出的新技术浪潮正在不断冲击世界航空产业并形成新的国际标准体系,为我国民用航空体系的发展带来了巨大的挑战和压力。中国在成为世界民航大国的过程中,意识到民航运输事业不仅是服务国家经济增长和应急体系的重要战略组成,而且是参与国际航空运输、提高国家国际地位和实现国际战略利益的重要手段。我国民航运输业的发展需要紧跟国际民航发展的新技术、新理念以及政策发展的新动态[31]。

20 世纪 80 年代,ICAO 研究并提出建立基于卫星技术、数据通信技术和计算机自动化处理技术为基础的 CNS/ATM 系统的概念,其核心是包含卫星导航、数据链通信、自动相关监视和空管自动化信息处理与协同等关键技术的民航空中交通管理系统[31]。ICAO 以技术为出发点，提出 CNS/ATM 系统概念，并制定了《CNS/ATM 系统全球空中航行计划》(Doc 9750 号文件)文件来指导 CNS/ATM 系统的实施。随后，ICAO 制定 CNS/ATM 系统规划框架，推进研发、试验、验证、应用等实施工程[31]。但是，随着工作开展过程中一系列问题的出现，ICAO 认识到 CNS/ATM 技术本身并不是改进航行系统的目的，航行系统运行水平的提升，需要以明确的运行效能要求为目标，建立全球一体化的空中航行系统。

随着 ICAO 及各民航组织认识上的提高，ICAO 决定以全球 ATM 运行概念作为愿景，指导 ATM 系统的规划与实施，并发布了《全球空中交通管理运行概念》(Doc 9854)以及两个辅助文件《空中交通管理系统要求手册》(Doc 9882)和《空中交通系统全球效能手册》(Doc 9883)。为了在全球范围内推进新一代 ATM 系统的实现，ICAO 更新了《全球空中航行计划》(Doc 9750)，借鉴了复杂项目实施中常用方法论，提出了 ASBU，用工程化的方法指导全球 ATM 系统的规划与实施[7]。

中国作为国际民航公约的缔约国，在 ICAO 相关规范、标准、方法论的指导下，组织开展国内空中航行系统规划工作。一方面确保规划与实施进度总体上与全球空中航行计划和亚太地区无缝空管计划一致；另一方面结合中国民航实际运行情况，制定具有中国特色的实施路线图与时间表，针对部分技术成熟领域适度超前，并加强国际标准规范的引领。

7.4.2　概念与目标

ICAO 推出的 ASBU 是一套改进现有航行系统，实现全球 ATM 运行概念中所描述的高层目标的系统化、工程化的方法。中国民航航空组块升级发展的概念和目标是 ASBU 在国内的落实，为国内 ATM 系统的发展规划而制定的一个高层次指导文件。

全球范围内更安全、高效、环保的飞行是航空系统发展的《全球空中航行计划》的目标。为了实现这一目标,ICAO 对全球 ATM 系统改进的规划和实施主要在运行概念、实施规划和技术支持三个层面上开展[32]。

运行概念主要描述目标系统的高层需求,解决要实现什么样的 ATM 系统的问题。具体来说,运行概念包括 7 个方面的内容:空域组织与管理、机场运行、需求与容量平衡、交通同步、空域用户运行、冲突管理及 ATM 服务提供的管理。

实施规划主要依据由运行概念导出的系统运行需求,采用适当的工程化管理方法,制定全球协同的、可行的工作计划,推进运行概念在全球范围实现。《全球空中航行计划》(Doc 9750 号文件)及其中的重要内容 ASBU 就是 ICAO 在这一层面发布的主要文件。

技术支持主要解决采用什么样的技术去实现系统运行需求,完成实施规划中的工作。它主要涉及通信、导航、监视等具体技术内容。ICAO《全球空中航行计划》中的技术路线图包含了这一层面的内容。

在三个层面中,运行概念是愿景,设定了 ATM 系统发展的高层目标;实施规划依据由运行概念导出的系统运行需求和效能改进目标,将实施工作分解为具体的、可执行的工作包,并采用工程化的方法对这些工作包进行组织管理;技术支持为实现效能改进目标,完成实施工作,提供适合的技术方案。

7.4.3　技术与政策

为了符合 ICAO《全球空中航行计划》相关技术发展要求,规划具有中国特色的实施路线图,在国内组织相关单位开展实施,CAAC 空管行业管理办公室制定了《中国民航航空系统组块升级(ASBU)发展与实施策略》,规范通信、导航、监视、信息管理技术和航空电子技术等方面的实施策略、途径及计划。

1)通信

通信的任务是利用通信终端和通信网络传输、交换和处理民用航空信息,为民用航空活动提供语音或者数据通信,使其能够安全、高效运行。通信包括空地通信和地地通信。

基于中国民航运行需求和通信技术发展情况，中国民航的通信方式将从话音通信逐步向数据通信过渡，空地数据链技术和地面 IP 网络技术是通信新技术发展的重点。中国民航航空通信技术应用分为近期（2014—2020 年）、中期（2021—2025 年）和远期（2026—2030 年）三个阶段，总体发展策如下[7]：

（1）地空数据通信。部署符合 ICAO 要求的空地数据通信网络，实施基于数据链的空管通信业务和航空公司运行控制通信业务，在技术成熟的条件下，逐步推进新一代 AeroMACS 和 4G/5G 等移动通信技术应用，促进空地通信方式发生转变。

（2）地地数据通信。近期和中期，采用 IP 作为地面网络的核心技术，依据 ICAO 基于互联网协议的航空电信网/互联网协议栈（ATN/IPS）技术标准实施国内地地通信网络。

近期，在国际网络出口的部署符合 ICAO 航空电信网络/开放式系统互联（ATN/OSI）和 ATN/IPS 技术标准的 AMHS 系统，在国内 AFTN 骨干节点的部署基于 ATN/IPS 技术标准的 AMHS 系统，开展 AFTN 骨干网向 AMHS 系统的过渡；中期完成现有 AFTN 网络向 AMHS 的全面过渡；中期地面语音通信将逐步向 VOIP 过渡和迁移。

2）导航

导航的任务是为航空器提供飞行引导信息，使其能够安全、按计划正常飞行。导航服务包括机场（终端区）导航服务和航路、航线导航服务。民用航空运输导航技术应用的总体策略如下所示[7]：

（1）完善陆基导航设施布局，满足仪表运行需求。

（2）满足基于性能导航运行需求。

（3）稳步推进星基导航技术的应用。

（4）从陆基导航向星基导航过渡，维持运行安全所需的陆基导航系统。

民用航空运输导航技术应用的具体策略包括如下几方面：

（1）在现有主要航路、终端、进近以陆基导航设施为主用导航源的基础上，完善陆基导航的设施和布局，满足仪表运行和 PBN 运行需求。

（2）逐步推动从陆基导航向星基导航过渡，形成以 GNSS 为主用导航源、陆基导航设施为备份导航源的导航系统构架。

（3）继续完善航路陆基导航设施布局，根据航路运行的需求，在继续维持 VOR/DME 规模的基础上，做适当的调整，并稳步推进 GNSS 在航路导航的应用，满足 ATS 航路需求。

（4）加强支持终端运行的 VOR/DME 的配置和建设，根据终端运行需求做适当调整和补充，并稳步推进基于 GNSS 的 PBN 终端运行。

（5）继续将 ILS、VOR/DME 作为进近和着陆的主要导航手段，根据运行需求做适当调整和补充，并稳步推进 GNSS 及其增强系统的应用。

（6）逐渐淘汰 NDB 设备，有特殊需求的除外，直到航路、终端和进近运行不再使用 NDB 设施。

（7）根据航路航线网规划和终端运行需求，优化航路运行和终端区运行的 DME/DME 网络覆盖，支持 RNAV 2 航路运行，支持雷达覆盖下 RNAV 1 终端运行。

（8）根据 GNSS 的发展，稳步推进基于 GNSS 的航路和终端运行。

（9）根据进近的运行需求，在继续维持 ILS 设施规模的基础上，适当增加 ILS 设施。

（10）在不具备建设 ILS 设施的机场建设Ⅰ类 GBAS，在大型枢纽机场建设Ⅰ类 GBAS 作为 ILS 备份。

（11）在指定机场开展 GBAS 的Ⅱ、Ⅲ类精密进近的试验和验证。验证通过后，逐步推进 GBAS 在有特殊需求机场的Ⅱ、Ⅲ类精密进近引导应用。

（12）鼓励解决特殊机场进近运行问题的技术应用。

（13）积极开展以北斗卫星导航系统为核心，兼容 GPS、GALILEO 的我国民航卫星导航体系的建设。

（14）推进北斗卫星导航系统的全球应用。

3）监视

监视的任务是对航空器及其他目标进行可靠的探测，提供准确的航空器及其他探测目标的位置、状态和告警信息[7]。

基于中国民航监视技术发展现状和运输航空运行需求，可用于空中交通服务的监视技术主要有一次监视雷达、场面监视雷达、二次监视雷达、自动相关监视和多点定位等，未来不排除使用新出现的监视技术。同时开展新监视技术的研究，如多静态一次监视雷达（multi-static primary surveillance radar，MPSR）、多功用监视雷达、低空监视雷达等。

为满足空中交通服务对监视技术应用的需求，提高空中交通安全的保障能力，增加空域容量，提升运行效率，适应中国民航快速发展的需要，中国民航对监视技术的应用应实现如下目标：

（1）改善空中交通监视能力。

（2）提高新技术的应用水平。

（3）优化监视基础设施布局。

（4）保障民航快速健康发展。

4）信息管理技术

"以信息为中心的运行"是新一代 ATM 系统的重要特征，准确、及时、可靠的信息是航空系统安全、高效运行的保障。SWIM 利用通信网络和计算机技术，在全系统范围内实现飞行、流量、航行情报、航空气象等信息的共享，并保证信息的安全。

信息管理的总体策略如下[7]：

（1）近期，开发并完善 SWIM 运行概念；部署初期 SWIM 系统，采用面向服务的架构（service-oriented architecture，SOA），在空管应用系统之间提供信息交换与共享服务。

（2）近期和中期，逐步引入新的航空数据交换规范，包括采用 AIXM 数据规范的数字化 NOTAM 信息、采用 WXXM 数据规范的气象信息、采用 FIXM 的航班对象信息。各种应用系统将通过 SWIM 系统共享这些信息。

（3）中期，进一步完善 SWIM 系统，完全实现航班对象信息，实现协同环境下的航班和流量信息(FF - ICE)的概念。

（4）远期，扩展 SWIM 系统实现空地之间的信息共享系统，航空器将成为 SWIM 系统中的一个节点。使包括航空器在内的所有相关方都能够获得运行信息和相关服务，如完全的四维航迹信息共享。

5）航空电子技术

航空电子相关技术主要包括通信、导航、监视、机载安全网络及机载系统等[7]。

（1）通信和监视。近期，逐步引入 FANS 2/B，支持基于 ATN 的数据链；安装 TCAS。中期，FANS 3/C 就绪，通过连接 FANS 设备和 FMS，提供集成的通信和监视能力。

（2）导航。近期，FMS 支持 PBN；中期，FMS 将集成机场导航功能，并支持初始四维航迹能力；多星座、多频率的全球卫星导航系统的部署将支持空基增强系统(ABAS)的改进。远期，FMS 将支持全部的四维航迹能力。

（3）机载安全网络。近期，ACAS 7.1 是主要的机载安全网络(safety net，SNET)；电子飞行包将普及；机场地图和交通信息显示将实现。中远期，驾驶舱内用于机场的增强视景系统(enhanced vision system，EVS)和 SVS 将就绪。

7.4.4　实施情况

2014 年 12 月，CAAC"航行新技术应用与发展工作委员会"成立。委员会负责统一组织航行新技术的规划和实施工作，决策重大项目、解决重要问题，委员会下设办公室作为日常办事机构，办公室设在飞行标准司。

近年来 CAAC 陆续出台了多部规范性文件，以指导相关航行新技术的补充审定及应用推广工作。新技术推广工作重点在于 PBN、ADS-B、平视显示器(head up display，HUD)[33]、GLS、CPDLC 和 EFB。

1) PBN

截至 2016 年底，全国所有航路航线都实现了 PBN 运行[34]。截至 2019 年底，全行业 230 个运输机场具备 PBN 飞行程序[35]。

2) ADS-B

ADS-B 相关文件众多，如 2010 年发布的《民用航空机载无线电监测工作规范》;2011 年发布的《广播式自动相关监视(ADS-B)管制运行规程》;2012 年发布的《民用航空空中交通管制自动化系统测试要求》;2013 年发布了《中国民用航空 ADS-B 实施规划》，并于 2015 年进行了修订。2014 年 11 月 17 日，同时出台《民用航空 ADS-B 数据处理中心系统配置要求》和《民用航空 ADS-B 数据处理中心系统运行最低功能与性能要求》。

CAAC 飞行标准司于 2016 年 8 月发布《航空承运人航空器追踪监控实施指南》，将基于星基的 ADS-B 技术作为航空承运人可用于实施追踪的技术手段。

截至 2018 年 12 月，中国民航 98% 的运输飞机具备 ADS-B 能力[35];中国民航已完成 308 个 ADS-B 地面站的建设[36]。同时，中国民航在北京、西安、重庆、武汉、长沙、桂林、郑州、乌鲁木齐等 8 个机场开展场面多点定位系统的应用;此外，天津、上海、深圳、广州、杭州等 12 个机场的多点定位系统正在实施阶段[36]。

3) HUD

2017 年 2 月，信息通告《使用 HUD 实施特殊批准 Ⅱ 类运行的仪表着陆系统性能评估指导材料》发布。

2017 年 5 月，咨询通告《使用平视显示器(HUD)运行的评估与批准程序》发布。

截至 2019 年底，全行业 19 家航空公司具备 HUD 运行能力，1 256 架运输飞机具备 HUD 能力,具备 HUD 特殊Ⅰ类标准的机场有 97 个(2019 年新增 15 个),具备 HUD 特殊Ⅱ类标准的机场有 21 个,具备 HUD RVR 150 米起飞标准的机场有 11 个[35]。

4) GLS

2015 年 4 月,浦东机场完成验证飞行;同年 12 月,咨询通告《卫星着陆系统(GLS)运行批准指南》发布。2017 年 5 月,深圳宝安机场 RNP AR＋GLS/ILS 模拟机试飞验证顺利完成。

5) CPDLC

2018 年发布了与 CPDLC 相关的数据链的咨询通告《航空承运人地空数据通信系统的标准与指南》和《使用数据链通信系统的运行批准程序》。

截至 2018 年 8 月,中国民航已在 44 个机场塔台提供数字放行(DCL)和数字式自动终端信息服务(D－ATIS),在西部 L888 等航路提供符合基于性能的通信和监视运行规范的 CPDLC/ADS－C 服务[37]。

6) EFB

2018 年 8 月,发布了咨询通告《电子飞行包(EFB)运行批准指南》;截至 2019 年底,39 家航空公司应用了 EFB[35]。

参考文献

[1] 邓霄霄. 国际航空旅客运输纠纷之赔偿责任研究[D]. 北京:外交学院,2016.

[2] ICAO. 全球空中航行计划(CH)[R]. ICAO,2019.

[3] ICAO. 2016－2030 Global Air Navigation Plan Fifth Edition [R]. ICAO,2016.

[4] ICAO. 空中航行的全面战略:核准经更新的《全球空中航行计划》[R]. ICAO,2019.

[5] ICAO. GANP PORTAL [EB/OL]. https://www4. icao. int/ganpportal/.

[6] ICAO. Basic Building Block (BBB) Framework [R]. ICAO,2019.

[7] 中国民用航空局空管行业管理办公室. 中国民航航空系统组块升级(ASBU)发展
     与实施策略[R]. 中国民用航空局,2015.

[8] 何光勤. 美国新一代航空运输系统及其对中国的借鉴意义[J]. 科技经济市场,2011
     (5): 71 - 73.

[9] FAA. New Technology. [EB/OL]. [2019 - 3 - 11]. https://www. faa. gov/
     nextgen/how_nextgen_works/new_technology/.

[10] 空中交管未来更精准安全[J]. 党政干部参考,2012(6): 49.

[11] 刘天华,王洪全. 天地一体化信息网络在我国民航领域的应用设想[J]. 电讯技术,
     2018,58(6): 738 - 744.

[12] FAA. ADS - B In the Operation [EB/OL]. [2019 - 7 - 12]. https://www. faa.
     gov/nextgen/how_nextgen_works/new_technology/adsb/in_depth/.

[13] FAA. Installation [EB/OL]. [2018 - 8 - 29]. https://www. faa. gov/nextgen/
     equipadsb/installation/.

[14] FAA. Data Comm In the Operation [EB/OL]. [2018 - 12 - 19]. https://www.
     faa. gov/nextgen/how_nextgen_works/new_technology/data_comm/in_depth/.

[15] FAA. En Route Automation Modernization (ERAM) [EB/OL]. [2018 - 5 - 11].
     https://www. faa. gov/air_traffic/technology/eram/.

[16] FAA. Terminal Automation Modernization and Replacement (TAMR) [EB/OL].
     [2019 - 11 - 05]. https://www. faa. gov/air_traffic/technology/tamr/.

[17] FAA. NAS Voice System [EB/OL]. [2018 - 05 - 11]. https://www. faa. gov/
     nextgen/how_nextgen_works/new_technology/nvs/.

[18] FAA. SWIM In the Operation [EB/OL]. [2018 - 11 - 09]. https://www. faa.
     gov/nextgen/how_nextgen_works/new_technology/swim/in_depth/.

[19] 韩弘,韩立彬. 全球未来空中交通管理系统的基石——全球航行信息共享 SWIM
     系统[J]. 北京:民航管理,2018,327(1): 80 - 85.

[20] 严勇杰,曹罡. 下一代空管系统运行概念及其关键技术[J]. 指挥信息系统与技术,

2018,9(3)：8 - 17.

[21] FAA. SWIM Timeline［EB/OL］.［2018 - 01 - 10］. https：//www. faa. gov/air_traffic/technology/swim/overview/timeline/.

[22] 中国民航网.SESAR 对中国民航现代化空管建设的启示［EB/OL］.［2018 - 11 - 24］. http：//news. carnoc. com/list/470/470785. html.

[23] 吴薇竹.公共危机管理视角下的航班延误管理［D］.上海：华东政法大学,2017.

[24] SESAR. About Vision［EB/OL］.［2018 - 11 - 23］. https：//www. sesarju. eu/index. php/vision.

[25] SESAR.欧洲空中交通管理(ATM)总体规划［R］.SESAR,2015.

[26] SESAR. SESAR Solutions Catalogue［R］. SESAR,2016.

[27] SESAR. D-TAXI SERVICE FOR CONTROLLER-PILOT DATALINK COMMUNICATIONS (CPDLC) APPLICATION［EB/OL］.［2019 - 10 - 15］. https：//www. sesarju. eu/sesar-solutions/d-taxi-service-controller-pilot-datalink-communications-cpdlc-application.

[28] SESAR. ACAS ground monitoring system and presentation system［R］. SESAR, 2018.

[29] SESAR. Aeronautical mobile airport communication system［R］. SESAR,2018.

[30] 中国民用航空总局.中国民航新航行系统(CNS/ATM)实施政策［J］.国际航空, 1995(7)：27 - 29.

[31] 中国民航报.昂首,飞向更广阔的天空［N/OL］.［2010 - 01 - 12］. http：//finance. people. com. cn/caac/GB/114124/10751195. html.

[32] 国际民用航空组织.中国民航现代化空管战略［R］.国际民用航空组织,2016

[33] 中国民用航空局.民航局举行 9 月例行新闻发布会［N/OL］.［2017 - 09 - 20］. http：//www. caac. gov. cn/XWZX/MHYW/201709/t20170920_46848. html.

[34] 中国民用航空局.2016 年航班正常工作交出满意答卷［EB/OL］.［2017 - 01 - 19］. https：//www. sohu. com/a/124719770_319434.

[35] 中国民用航空局. 2018 年民航行业发展统计公报[R]. 中国民用航空局, 2019.

[36] 中国民用航空局空管行业管理办公室. 民用航空监视技术应用政策[S]. 中国民用航空局空管行业管理办公室, 2018.

[37] 中国民用航空网. 数字化服务在空管管制中的应用[EB/OL]. [2018 - 08 - 16] http://www.ccaonline.cn/news/hqtx/444426.html.

缩略语

缩略语	中文名	
AAC	航空管理通信	aeronautical administrative communications
ABAS	空基增强系统	aircraft based augmentation system
ACARS	飞机通信寻址与报告系统	aircraft communications addressing and reporting system
ACAS	机载避撞系统	airborne collision avoidance system
ACDM	机场协同决策	airport collaborative decision-making
ACP	音频控制面板	audio control panel
AC	咨询通告	advisory circular
ADCC	中国民航数据通信有限责任公司	Aviation Data Communication Corporation
ADF	自动定向仪	automatic direction finder
ADIRU	大气数据惯性基准组件	air data inertial reference unit
ADOA	等效设计组织批准书	alternative procedures to DOA
ADS-B-ACC	航路监视	ATC surveillance for en-route airspace
ADS-B-ADD	为其他地面设备提供飞机数据	aircraft derived data for ground tools
ADS-B-APT	机场场面 ADS-B 监视	airport surface surveillance
ADS-B-NRA	无雷达覆盖区 ADS-B 监视	ATC surveillance in non-radar areas
ADS-B-RAD	雷达覆盖区 ADS-B 监视	ATC surveillance in radar areas

ADS-B-TMA	终端区监视	ATC surveillance in terminal areas
ADS-B	广播式自动相关监视	automatic dependent surveillance-broadcast
ADS-C	合约式自动相关监视	automatic dependent surveillance-contract
ADS	自动相关监视	automatic dependent surveillance
AD	适航指令	airworthness directive
AEEC	航空电子工程委员会	Airlines Electronic Engineering Committee
AeroMACS	航空机场场面移动通信系统	aeronautical mobile airport communications system
AEROTHAI	泰国航空无线电通信公司	Aeronautical Radio of Thailand
AES	高级加密标准	advanced encryption standard
AFDX	航空电子全双工交换式以太网	avionics full-duplex switched ethernet
AFN	空中交通服务设施通告	ATS facilities notification
AFTN	航空固定电信网	aeronautical fixed telecommunication network
AGC	自动增益控制	automatic gain control
AGU	音频网关单元	audio gateway unit
AIDC	ATS 设备间数据通信	ATS inter-facility data communications
AIMM	航空信息管理现代化	aeronautical information management modernization
AIR	航空器审定服务司	Aircraft Certification Service
AIS	音频综合系统	audio Integrated system
AIXM	航空信息交换模型	aeronautical information exchange model
AMC	可接受的符合性方法	acceptable means of compliance
AMET	先进的气象信息	advanced MET information
AMHS	ATS 报文处理系统	ATS message handling system
AMU	音频管理组件	audio management unit

AM	调幅	amplitude modulation
ANSP	空中导航服务提供商	air navigation service provider
ANS	空中航行服务	air navigation services
AOC	航空公司运营通信	airline operational communications
APEX	应用软件执行	application executive
APTA	机场可达性	airport accessibility
APU	辅助动力装置	auxiliary power unit
AP	适航管理程序	airworthiness procedure
ARINC	美国航空无线电公司	Aeronautical Radio Incorporated
ASAS	机载间隔辅助系统	airborne separation assistance system
ASBU	航空系统组块升级	aviation system block upgrade
ASEP	机载间隔	airborne separation
ASN‐GW	接入服务网络网关	access service networks gateway
ASN	接入服务网络	access service network
ASUR	替代监视	alternative surveillance
ATCRBS	空中交通管制雷达信标系统	air traffic control radar beacon system
ATC	空中交通管制	air traffic control
ATFM	空中交通流量管理	air traffic flow management
ATG	地空宽带	air to ground
ATM	空中交通管理	air traffic management
ATN	航空电信网	aeronautical telecommunication network
ATO	空中交通组织	Air Traffic Organization
ATP	警告和应答机控制面板	alerting and transponder control panel
ATSA‐SURF	增强型机场场面交通状况咨询	airborne traffic situational awareness for surface
ATSA	空中交通情景意识	airborne traffic situational awareness

ATSU	空中交通服务组件	air traffic service unit
ATS	空中交通服务	air traffic services
BBB	基础建设组块	basic building block
BCD	二进制编码的十进制	binary coded decimal
B2C	商务对消费者	business to customer
BGAN	宽带全球区域网	broadband global area network
BIH	国际时间局	bureau international de l'heure
BITE	机内自检测设备	built-in test equipment
BIT	机内自检测	built-in test
BNR	二进制数	binary number
BS	基站	base station
CAAC	中国民用航空局	Civil Aviation Administration of China
CAD	适航指令	CAAC airworthness directive
CAT	类别	category
CA	冲突避免	collision avoidance
CCAR	中国民用航空规章	China civil aviation regulations
CCA	共因分析	common cause analysis
CCMR	候选审定维修要求	candidate certification maintenance requirement
CCO	持续爬升运行	continuous climb operations
CCR	公共计算资源	common computing resource
CDMA-EVDO	码分多址-演进数据专用	code division multiple access evolution data only
CDM	协作决策	collaborative decision-making
CDO	持续下降运行	continuous descent operations
CDTI	驾驶舱交通信息显示设备	cockpit display of traffic information
CDU	控制显示组件	control display unit

CFDIU	中央故障显示接口组件	centralized fault display interface unit
CFIT	可控飞行撞地	controlled flight into terrain
CFR	联邦条例汇编	code of federal regulations
CGCS2000	2000 国家大地坐标系	China geodetic coordinate system 2000
CIWS	空中走廊综合天气系统	corridor integrated weather system
CMAN	集群管理器	cluster manager
CMA	共模分析	common mode analysis
CMC	中央维护计算机	central maintenance computer
CMF	通信管理功能	communication management function
CMR	审定维修要求	certification maintenance requirement
CMU	通信管理组件	communication management unit
CM	关联管理	context management
CNS	通信导航监视	communication navigation surveillance
CPDLC	管制员-飞行员数据链通信	controller pilot data link communications
CRC	循环冗余校验	cyclic redundancy check
CSMA	载波侦听多路访问	carrier sense multi-access
CSN	网络联通服务	connectivity service network
CSS-Wx	共同支持服务-天气	common support services-weather
CTP	协议地球极	conventional terrestrial pole
CTSOA	中国技术标准规定项目批准书	China technical standard order approval
CTSO	中国技术标准规定	China technical standard order
CTTIC	中国交通通信信息中心	China Transport Telecommunications & Information Center
CVOR	普通 VOR	common VOR

DAL	研制保证等级	development assurance level
DATAC	数字式自主终端存取通信	digital autonomous terminal access communication
D-ATIS	数字式自动终端信息服务	digital automatic terminal information service
DATM	数字 ATM	digital ATM
DCB	需求和容量平衡	demand and capacity balancing
DCL	起飞前放行	departure clearance
DH	决断高度	decision height
DME	测距仪	distance measuring equipment
DOA	设计组织许可	design organization approval
DPSK	差分相移键控	differential phase shift keying
DSB	双边带	double side band
DSP	数据链服务供应商	data link service provider
D-TAXI	数据链滑行	data link taxi
DVOR	多普勒 VOR	Doppler VOR
EASA	欧洲航空安全局	European Aviation Safety Agency
EC	欧洲共同体委员会	European Commission
EFB	电子飞行包	electronic flight bag
EFIS	电子飞行仪表系统	electronic flight instrument system
EGNOS	欧洲地球静止导航重叠服务	European geostationary navigation overlay service
EGPWC	增强型近地告警计算机	enhanced ground proximity warning computer
EGPWS	增强型近地告警系统	enhanced ground proximity warning system
ERAM	航路自动化现代化	en route automation modernization
ES	端系统	end system
ETA	预计到达时间	estimated time of arrival

ETSI	欧洲电信标准协会	European Telecommunications Sdandards Institute
EUROCONTROL	欧洲航空安全组织	European Organization for the Safety of Air Navigation
EU	欧盟	European Union
EVS	增强视景系统	enhanced vision system
FAA	美国联邦航空管理局	Federal Aviation Administration
FANS	未来空中航行系统	future air navigation system
FAR	联邦航空条例	federal aviation regulations
FCC	飞行控制计算机	flight control computer
FDAL	功能研制保证等级	function development assurance level
FDPS	飞行数据发布服务	flight data publication service
FDR	故障检测率	fault detection rate
FF-ICE	协同环境中的飞行和流量信息	flight and flow information for a collaborative environment
FHA	功能危害性评估	functional hazard assessment
FIR	故障隔离率	fault isolation rate
FIS-B	广播式飞行信息服务	flight information services-broadcast
FIS	飞行信息服务	flight information services
FIXM	飞行情报交换模型	flight information exchange model
FLTA	前视地形回避	forward looking terrain avoidance
FMCW	调频连续波	frequency modulated continuous wave
FMC	飞行管理计算机	flight management computer
FMEA	失效模式与影响分析	failure modes and effects analysis
FMF	飞行管理功能	flight management function
FMGC	飞行管理与导航计算机	flight management and guidance computer
FO	航班对象	flight object

FRTO	自由航线运营	free-route operations
FSF	飞行安全基金会	Flight Safety Foundation
FSM	飞行系统消息	flight system message
FSS	固定卫星业务	fixed satellite service
FTA	故障树分析	fault tree analysis
FTOM	试飞运行手册	flight test operation manual
GAGAN	GPS 辅助地球同步轨道增强导航系统	GPS aided GEO augmented navigation
GALILEO	伽利略卫星导航系统	Galileo satellite navigation system
GBAS	地基增强系统	ground based augmentation system
GEO	地球静止轨道	geostationary earth orbit
GLONASS	格洛纳斯卫星导航系统	global navigation satellite system
GLS	卫星着陆系统	GBAS landing system
GMDSS	全球海上遇险与安全系统	global maritime distress and safety system
GM	指导材料	guidance material
GNSS	全球导航卫星系统	global navigation satellite system
GPI	全球计划倡议	global plan initiative
GPM	通用处理模块	general processing module
GPS	全球定位系统	global positioning system
GPWM	近地告警模块	ground proximity warning module
GPWS	近地告警系统	ground proximity warning system
GSM	全球移动通信系统	global system for mobile communications
GS	下滑信标	glide slope
GTRF	GALILEO 地球参考框架	GALILEO terrestrial reference frame
HF	高频	high frequency
HSI	水平状态指示器	horizontal situation indicator

HUD	平视显示器	head up display
I4D	初始四维航迹	initial 4D
ICAO	国际民用航空组织	International Civil Aviation Organization
IERS	国际地球自转服务	international earth rotation service
IGSO	倾斜地球同步轨道	inclined geosynchronous satellite orbit
IGS	国际 GNSS 服务	International GNSS Service
ILS	仪表着陆系统	instrument landing system
IMA	综合模块化航空电子	integrated modular avionics
INMARSAT	国际海事卫星组织	International Maritime Satellite Organization
INR	综合导航无线电	integrated navigation radios
ION	导航学会	Institute of Navigation
IPS	互联网协议栈	internet protocol suite
IPV6	互联网协议第 6 版	internet protocol version 6
IP	互联网协议	internet protocol
IR	实施规章	implementation rules
ISDN	综合服务数字网络	integrated services digital network
ISO	国际标准组织	International Organization for Standardization
ISS	综合监视系统	integrated surveillance system
IS	中间系统	intermediate system
ITRS	国际地球参考系统	international terrestrial reference system
ITWS	综合终端天气系统	integrated terminal weather system
IWXXM	国际民航组织气象信息交换模型	ICAO meteorological information exchange model
JAA	联合航空局	Joint Aviation Authorities
JPDO	联合计划发展办公室	Joint Planning & Development Office
KPI	关键绩效指标	key performance indicator
LAAS	局域增强系统	local area augmentation system
LCD	液晶显示器	liquid crystal display

L - DACS	L 频段数字航空通信系统	L-band digital aeronautical communication system
LED	发光二极管	light emitting diode
LOC	航向信标	localizer
LRM	外场可更换模块	line replaceable module
LRRA	低空无线电高度表	low range radio altimeter
LRU	外场可更换单元	line replaceable unit
LTE	长期演进	long term evolution
MAC	介质访问控制	media access control
MB	指点信标	marker beacon
MCDU	多功能控制显示组件	multifunction control display unit
MEO	中地球轨道	medium earth orbit
MFD	多功能显示器	multifunction display
MGEX	多星座 GNSS 实验	multi-GNSS experiment
MLAT	多点定位系统	multilateration
MMR	多模式接收机	multi-mode receiver
MOPS	最低运行性能标准	minimum operation performance standards
MPSR	多静态一次监视雷达	multi-static primary surveillance radar
MRO	多跑道运行	multi-runway operation
MSAS	（日本研制）星基增强系统	MTSAT satellite based augmentation system
MS	移动台	mobile station
MTTR	平均修复时间	mean time to repair
NASA	美国国家航空航天局	National Aeronautics and Space Administration
NAS	国家空域系统	national airspace system
NCP	导航控制面板	navigation control panel
NDB	无方向性信标	nondirectional beacon
ND	导航显示器	navigation display

NEMS	NAS 企业信息服务	NAS enterprise messaging service
NOPS	网络运行	network operations
NOP	网络运营计划	network operations plan
NOTAM	航空情报	notice to airmen
NTSB	美国国家运输安全委员会	National Transportation Safety Board
NVS	国家空域系统语音系统	NAS voice system
OANS	机载机场导航系统	onboard airport navigation system
OBS	全向方位选择器	omnibearing selector
OCL	洋区放行	oceanic clearance
OEM	原始设备制造商	original equipment manufacturer
OPFL	最佳飞行高度层	optimum flight levels
OPMA	机载性能监视和告警	on board performance monitoring and alerting
OSD	运行符合性数据	operational suitability data
OSI	开放式系统互联	open system interconnect
PA	乘客广播	passenger address
PBN	基于性能的导航	performance based navigation
PDA	过早下降告警	premature descent alert
PFD	主飞行显示器	primary flight display
PIREP	飞行员报告	pilot report
POC	概念验证	proof of concept
PPM	脉冲位置调制	pulse position modulation
PPS	精密定位服务	precise positioning service
PRA	特殊风险分析	particular risks analysis
P - RNAV	精密 RNAV	precision-area navigation
PSSA	初步系统安全性评估	preliminary system safety assessment
PSTN	公用交换电话网络	public switched telephone network

PTT	按压通话	push to talk
QoS	服务质量	quality of service
QTP	鉴定测试规程	qualification test procedure
RAIM	接收机自主完好性监测	receiver autonomous integrity monitoring
RA	无线电高度表	radio altimeter
RCP	所需通信性能	required communication performance
RDC	远程数据集中器	remote data concentrator
RDIU	远程数据接口单元	remote data interface unit
RECAT	尾流再分类	recategorization
REU	遥控电子组件	remote electronics unit
RF	射频	radio frequency
RMI	无线电磁指示器	radio magnetic indicator
RMP	无线电管理面板	radio management panel
RNAV	区域导航	area navigation
RNP	所需导航性能	required navigation performance
RPAS	远程驾驶航空器系统	remotely polited aircraft system
RPA	远程驾驶航空器	remotely polited aircraft
RSEQ	跑道排序	runway sequencing
RSP	所需监视性能	required surveillance performance
RTCA	航空无线电技术委员会	Radio Technical Commission for Aeronautics
RVR	跑道视距	runway visual range
SAE	国际自动机工程师学会	Society of Automotive Engineers
SATCOM	卫星通信	satellite communications
SBAS	星基增强系统	satellite-based augmentation system
SBB	高速宽带	swift broadband

SCM	SDU 配置模块	SDU configuration module
SC	专用条件	special condition
SDCM	差分校正和监测系统	system of differential correction and monitoring system
SDI	源/目的识别码	source destination identifier
SDU	卫星数据单元	satellite data unit
SELCAL	选择呼叫	selective calling
SESAR	欧洲单一天空空中交通管理研究	single European sky ATM research
SES	欧洲单一天空	single European sky
SFAR	特殊联邦航空条例	special federal aviation regulations
SFDPS	SWIM 飞行数据发布服务	SWIM flight data publication service
SFHA	系统功能危害性评估	system function hazard assessment
SITA	国际航空电信协会	Societe International De Telecommunications Aero-nautiques
SMGCS	场面活动导引和控制系统	surface movement guidance and control system
SNET	安全网	safety nets
SOA	面向服务的架构	service-oriented architecture
SPS	标准定位服务	standard positioning service
SRU	车间可更换单元	shop replaceable unit
SSA	系统安全性评估	system safety assessment
SSB	单边带	single sideband
SSM	符号状态矩阵	sign status matrix
SSR	二次监视雷达	secondary surveillance radar
SS	用户站	subscriber station
STARS	标准终端自动化更换系统	standard terminal automation replacement system

STDDS	SWIM 终端数据分配系统	SWIM terminal data distribution system
SUA	特殊用途空域	special use airspace
SURF	场面运行	surface operations
SVS	综合视景系统	synthetic vision system
SWIM	广域信息管理	system-wide information management
TAMR	终端自动化现代化更换	terminal automation modernization and replacement
TAWS	地形感知及告警系统	terrain awareness and warning system
TA	交通咨询	traffic advisory
TBO	基于航迹的运行	trajectory based operation
TBS	基于时间的间隔	time based service
TCAS	空中交通告警与防撞系统	traffic alert and collision avoidance system
TCF	地形净空基底	terrain clearance floor
TCP	调谐控制面板	transmission control protocol
TC	型号合格证	type certificate
TFM	交通流量管理	traffic flow management
TIS-B	广播式空中交通情报服务	traffic information service-broadcast
TRACON	终端雷达进近管制	terminal radar approach control
TRF	转换	transfer
TSO	技术标准规定	technical standard orders
TVOR	终端 VOR 信标台	terminal VOR
TWIP	飞行员终端气象信息	terminal weather information for pilots
UAT	通用访问收发机	universal accessed transceiver
UDP	用户数据报协议	user datagram protocol
USIM	全球用户身份模块	universal subscriber identity module
UTC	协调世界时	coordinated universal time

VDB	甚高频数据广播	VHF data broadcast
VDL	甚高频数据链	VHF data link
VFR	目视飞行规则	visual flight rules
VHF	甚高频	very high frequency
VOIP	网络电话	voice over internet protocol
VOR	甚高频全向信标	VHF omnidirectional range
VSAT	甚小口径天线终端	very small aperture terminal
VSWR	电压驻波比	voltage standing wave ratio
WAAS	广域增强系统	wide area augmentation system
WAKE	尾流分离	wake turbulence separation
WAM	广域多点定位	wide area multilateration
WAP	无线应用协议	wireless application protocol
WXR	气象雷达	weather radar
WXXM	气象信息交换模型	weather information exchange model
WX	气象	weather
XPDR	应答机	transponder
ZSA	区域安全性分析	zonal safety analysis

索引

A 安全性　15

C 测距机　135

测试验证　265

D 单一天空　253

导航　3

地形感知及告警系统　10

多星座　336

F 发展规划　364

分析　10

G 高频　5

工作原理　37

功能危害性　265

广播式自动相关监视　5

H 航空电信网　3

J 基于性能导航　324

架构　3

监视　3

K 客舱宽带　305

空地宽带　278

空中交通防撞系统　184

空中交通管制　5

M 目标 11

N NextGen 364

Q 气象雷达 5

全球导航卫星系统 5

全球空中航行计划 351

S SESAR 378

设备 5

甚高频 5

甚高频全向信标 5

适航研制流程 261

数据加载 277

数据链 5

数据总线 39

T 通信 3

通信技术 17

W 卫星导航 7

卫星通信 5

无线电高度表 5

X 系统集成 15

系统需求 265

新航行系统 3

选择呼叫系统 56

Y 仪表着陆系统 5

移动通信 6

音频技术　320

音频综合系统　55

运行环境　50

Z　政策　15

指点信标　5

自动定向机　5

综合模块化航空电子系统　46

大飞机出版工程　书目

一期书目（已出版）

《超声速飞机空气动力学和飞行力学》（译著）

《大型客机计算流体力学应用与发展》

《民用飞机总体设计》

《飞机飞行手册》（译著）

《运输类飞机的空气动力设计》（译著）

《雅克-42M 和雅克-242 飞机草图设计》（译著）

《飞机气动弹性力学和载荷导论》（译著）

《飞机推进》（译著）

《飞机燃油系统》（译著）

《全球航空业》（译著）

《航空发展的历程与真相》（译著）

二期书目（已出版）

《大型客机设计制造与使用经济性研究》

《飞机电气和电子系统——原理、维护和使用》（译著）

《民用飞机航空电子系统》

《非线性有限元及其在飞机结构设计中的应用》

《民用飞机复合材料结构设计与验证》

《飞机复合材料结构设计与分析》（译著）

《飞机复合材料结构强度分析》

《复合材料飞机结构强度设计与验证概论》

《复合材料连接》

《飞机结构设计与强度计算》

三期书目（已出版）

《适航理念与原则》

《适航性：航空器合格审定导论》（译著）

《民用飞机系统安全性设计与评估技术概论》

《民用航空器噪声合格审定概论》

《机载软件研制流程最佳实践》

《民用飞机金属结构耐久性与损伤容限设计》

《机载软件适航标准 DO‐178B/C 研究》

《运输类飞机合格审定飞行试验指南》（编译）

《民用飞机复合材料结构适航验证概论》

《民用运输类飞机驾驶舱人为因素设计原则》

四期书目（已出版）

《航空燃气涡轮发动机工作原理及性能》

《航空发动机结构强度设计问题》

《航空燃气轮机涡轮气体动力学：流动机理及气动设计》

《先进燃气轮机燃烧室设计研发》

《航空燃气涡轮发动机控制》

《航空涡轮风扇发动机试验技术与方法》

《航空压气机气动热力学理论与应用》

《燃气涡轮发动机性能》(译著)

《航空发动机进排气系统气动热力学》

《燃气涡轮推进系统》(译著)

《燃气涡轮发动机的传热和空气系统》

五期书目(已出版)

《民机飞行控制系统设计的理论与方法》

《民机导航系统》

《民机液压系统》(英文版)

《民机供电系统》

《民机传感器系统》

《飞行仿真技术》

《民机飞控系统适航性设计与验证》

《大型运输机飞行控制系统试验技术》

《飞行控制系统设计和实现中的问题》(译著)

《现代飞机飞行控制系统工程》

六期书目(已出版)

《民用飞机构件先进成形技术》

《民用飞机热表特种工艺技术》

《航空发动机高温合金大型铸件精密成型技术》

《飞机材料与结构检测技术》

《民用飞机构件数控加工技术》

《民用飞机复合材料结构制造技术》

《民用飞机自动化装配系统与装备》

《复合材料连接技术》

《先进复合材料的制造工艺》(译著)

七期书目(已出版)

《支线飞机设计流程与关键技术管理》

《支线飞机验证试飞技术》

《支线飞机电传飞行控制系统研发及验证》

《支线飞机适航符合性设计与验证》

《支线飞机市场研究技术与方法》

《支线飞机设计技术实践与创新》

《支线飞机项目管理》

《支线飞机自动飞行与飞行管理设计与验证》

《支线飞机电磁环境效应设计与验证》

《支线飞机动力装置系统设计与验证》

《支线飞机强度设计与验证》

《支线飞机结构设计与验证》

《支线飞机环控系统研发与验证》

《支线飞机运行支持技术》

《ARJ21‐700新支线飞机项目发展历程、探索与创新》

《飞机运行安全与事故调查技术》

《基于可靠性的飞机维修优化》

《民用飞机实时监控与健康管理》

《民用飞机工业设计的理论与实践》

八期书目(已出版)

《航空电子系统综合化与综合技术》

《民用飞机飞行管理系统》

《民用飞机驾驶舱显示系统》

《民用飞机机载总线与网络》

《航空电子软件开发与适航》

《民用机载电子硬件开发实践》

《民用飞机无线电通信导航监视系统》

《飞机环境综合监视系统》

《民用客机健康管理系统》

《航空电子适航性分析技术与管理》

《民用飞机客舱与机载信息系统》

《民用飞机驾驶舱集成设计与适航验证》

《航空电子系统安全性设计与分析技术》

《民机飞机飞行记录系统——"黑匣子"》

《数字航空电子技术(上、下)》